# 专项职业能力考核培训教材

# 核磁共振成像仪安装维修

人力资源社会保障部教材办公室　组织编写

主　编：陈珊珊　曹红婷

副主编：徐小萍　姚　蓓

编　者：黄锦剑　刘启祥　赵亚涛　周敏雄　王梦星
　　　　陶　陶　钱　斌

主　审：汪红志　王云龙

中国劳动社会保障出版社

**图书在版编目（CIP）数据**

核磁共振成像仪安装维修 / 人力资源社会保障部教材办公室组织编写. -- 北京：中国劳动社会保障出版社，2022

专项职业能力考核培训教材

ISBN 978-7-5167-5194-7

Ⅰ.①核…　Ⅱ.①人…　Ⅲ.①核磁共振成像 – 诊断机 – 设备安装 – 职业培训 – 教材 ②核磁共振成像 – 诊断机 – 维修 – 职业培训 – 教材　Ⅳ.①TH776

中国版本图书馆 CIP 数据核字（2022）第 004708 号

**中国劳动社会保障出版社出版发行**

（北京市惠新东街 1 号　邮政编码：100029）

\*

三河市华骏印务包装有限公司印刷装订　新华书店经销

787 毫米 ×1092 毫米　16 开本　18.25 印张　335 千字

2022 年 2 月第 1 版　2022 年 2 月第 1 次印刷

定价：**52.00 元**

读者服务部电话：（010）64929211/84209101/64921644

营销中心电话：（010）64962347

出版社网址：http://www.class.com.cn

# 前 言

职业技能培训是全面提升劳动者就业创业能力、促进充分就业、提高就业质量的根本举措，是适应经济发展新常态、培育经济发展新动能、推进供给侧结构性改革的内在要求，对推动大众创业万众创新、推进制造强国建设、推动经济高质量发展具有重要意义。

为了加强职业技能培训，《国务院关于推行终身职业技能培训制度的意见》（国发〔2018〕11号）、《国务院办公厅关于印发职业技能提升行动方案（2019—2021年）的通知》（国办发〔2019〕24号）提出，要深化职业技能培训体制机制改革，推进职业技能培训与评价有机衔接，建立技能人才多元评价机制，完善技能人才职业资格评价、职业技能等级认定、专项职业能力考核等多元化评价方式。

专项职业能力是可就业的最小技能单元，劳动者经过培训掌握了专项职业能力后，意味着可以胜任相应岗位的工作。专项职业能力考核是对劳动者是否掌握专项职业能力所做出的客观评价，通过考核的人员可获得专项职业能力证书。

为配合专项职业能力考核工作，人力资源社会保障部教材办公室组织有关方面的专家编写了这套专项职业能力考核培训教材。该套教材严格按照专项职业能力考核规范编写，教材内容充分反映了专项职业能力考核规范中的核心知识点与技能点，较好地体现了适用性、先进性与前瞻性。教材编写过程中，我们还专门聘请了相关行业和考核培训方面的专家参与教材的编审工作，保证了教材内容的科学性及与考核规范、题库的紧密衔接。

专项职业能力考核培训教材突出了适应职业技能培训的特色，不但有助于读者通过考核，而且有助于读者真正掌握专项职业能力的知识与技能。

本教材在编写过程中得到了上海市职业技能鉴定中心、上海医疗器械行业协会、上海健康医学院、飞利浦（中国）投资有限公司的大力支持与协助，在此表示衷心感谢。

教材编写是一项探索性工作，由于时间紧迫，不足之处在所难免，欢迎各使用单位及个人对教材提出宝贵意见和建议，以便教材修订时补充更正。

人力资源社会保障部教材办公室

# 目　录

# 培训任务 4　核磁共振成像仪故障维修

# 核磁共振成像基本原理

# 核磁共振物理学基础

核磁共振（nuclear magnetic resonance，NMR）是物质原子核磁矩在主磁场的作用下能级发生分裂，并在外加射频（radio frequency，RF）电磁波的激励下，吸收能量产生能级跃迁的物理现象。

## 一、原子核的自旋和磁矩

### 1. 原子核的自旋

在宏观世界中，质量为 $m$ 的质点绕距离为 $r$ 的固定轴以速度 $v$、角速度 $\omega$ 做圆周运动时，该质点具有角动量 $L$，其大小为 $L=rmv=r^2m\omega$，其方向可以根据右手法则确定，如图 1-1 所示。

在微观世界中，原子由原子核和绕核运动的电子组成，原子核又由带正电的质子和不带电的中子构成。自旋是所有微观粒子的基本属性，为了便于理解，可以认为自旋是以自身为轴的转动，因而自旋的粒子具有角动量。角动量是描述物体转动状态的物理量，质子和中子都具有自旋运动，存在自旋角动量，同时都具

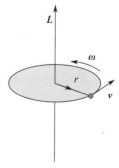

图 1-1　质点绕固定轴转动的角动量

有轨道运动，存在轨道角动量，因而原子核的总角动量是自旋角动量和轨道角动量的矢量和，原子核的总角动量又称为原子核的自旋。在微观世界里，物理量的取值是离散的，即量子化的。原子核的角动量 $P_1$ 的大小可用自旋量子数 $I$ 和普朗克常数 h 的乘积表示为 $P_1=\dfrac{h}{2\pi}\sqrt{I(I+1)}$。

自旋量子数 $I$ 的值是由质子数目和中子数目决定的。当原子核的质子数和中子数都是偶数时，自旋量子数 $I=0$，即成对的质子或者成对的中子的自旋相互抵消，原子核的总自旋为零。当原子核内的质子数和中子数都是奇数，而两者的和是偶数时，自旋量子数 $I$ 取整数值。当原子核内的质子数和中子数的和为奇数时，自旋量子数 $I$ 取半整数。由于 $I$ 的值是量子化的，原子核的角动量 $P_1$ 的值也是量子化的。

## 2. 原子核的磁矩

根据电磁学理论，环形电流会产生磁场，环形电流 $i$ 与环形电流所围的面积 $s$ 的乘积称为环形电流的磁矩 $\mu$，其大小为 $\mu=is$，其方向与环形电流的流向符合右手螺旋定则，如图1-2所示。

由于质子带正电荷，中子不带电，原子核的自旋运动可以等效于环形电流，因此原子核具有磁矩，简称核磁矩。角动量为 $P_1$ 的原子核产生的磁矩为 $\mu_1$，$\mu_1=\gamma P_1$，原子核的磁矩与角动量的比值 $\gamma$ 称为原

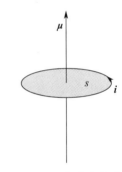

图1-2 环形电流产生的磁矩

子核的旋磁比，$\gamma$ 是一个与核性质有关的常量，不同的原子核的旋磁比不同，$\gamma=g_1\dfrac{e}{2m_pc}$，$g_1$ 称为朗德因子，为取决于原子核种类的无量纲的数；$e$ 为电子的电荷数；$m_p$ 为质子的质量；$c$ 为光速。当 $\gamma>0$ 时，$\mu_1$ 与 $P_1$ 同向；当 $\gamma<0$ 时，$\mu_1$ 与 $P_1$ 反向。核磁矩的大小还可以表示为 $\mu_1=g_1\mu_N\sqrt{I(I+1)}$，其中 $\mu_N=\dfrac{h}{2\pi}\cdot\dfrac{e}{2m_pc}$，称为核磁子。

## 3. 用于核磁共振成像的原子核

原子核的磁矩，除了有质子的贡献外，也有中子的贡献，另外质子和中子的轨道运动也会影响原子核的磁矩，总磁矩为各个磁矩的矢量合成。如果原子核中的质子数和中子数都为偶数，质子或中子两两配对，则其自旋量子数为零，自旋角动量为零，自旋为零，自旋磁矩也为零，如 $^4$He、$^{12}$C、$^{16}$O、$^{32}$S 等。这种自旋磁矩为零的原子核称为非磁性核，它们不存在核磁共振。相对立地，自旋磁矩不为零的原子核称为磁性核，

也就是质子数或者中子数至少有一个为奇数的核，它们可以发生核磁共振，如 $^1H$、$^{14}N$、$^{13}C$、$^{19}F$、$^{23}Na$、$^{31}P$ 等百余种元素。由于人体以及各种有机化合物中含氢质子的比重较大，且氢原子核的磁化最高，所以目前临床核磁共振成像主要采用的是氢质子成像，本书将以氢质子为例介绍核磁共振成像的基本原理。

# 二、磁场与磁场作用

## 1. 磁场

磁场是电流、运动电荷、磁体或变化电场周围空间存在的一种特殊形态的物质。处于磁场中的磁性物质或电流，会因为磁场的作用而感受到磁力，因而显示出磁场的存在。磁场是一种矢量，磁场在空间里的任意位置都具有方向和数值大小。磁场的强弱用磁感应强度描述，在国际单位制中，磁感应强度的单位是特斯拉（T），另一种常用单位是高斯（Gs），两者的关系是 1 T=10 000 Gs。核磁共振的主磁场是指一种均匀稳定的且具有一定强度的磁场环境，用 $\boldsymbol{B}_0$ 表示。

## 2. 磁场作用

（1）主磁场中的质子自旋磁矩的取向。对于质子，其自旋量子数 $I$ 为 1/2，其角动量 $\boldsymbol{P}_1$ 的大小为 $\dfrac{\sqrt{3}}{2}\dfrac{h}{2\pi}$，角动量的方向与质子绕自身为轴旋转的方向符合右手螺旋定则，如图 1-3 所示。

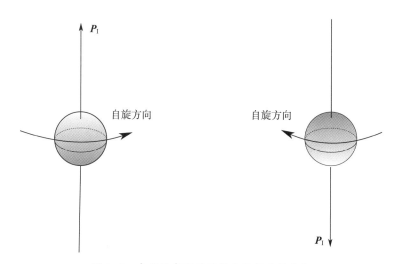

图 1-3　自然状态下质子的自旋角动量方向

当不存在主磁场 $B_0$ 时，核的自旋可以取任意方向。物质中具有无数的质子，核磁矩的空间取向是随机的、无规则的，处于完全无序的排列中，如图 1-4 所示。由于磁矩与磁矩可以相互抵消，因此在没有主磁场存在的情况下，物质在自然状态下宏观磁矩为零。

图 1-4 自然状态下质子自旋取向随机、无规则

当存在主磁场 $B_0$ 时，原子核的自旋角动量以及核磁矩在空间中的取向不再是随机的，而是只能取几个特定的方向，即量子化的。自旋角动量 $P_I$ 在主磁场方向上的投影为 $P_{IZ}=m_I\dfrac{h}{2\pi}$，对于某一个确定的自旋量子数 $I$，核的磁量子数 $m_I$ 可以取 $2I+1$ 个值，即 $m_I=I$，$I-1$，$I-2$，$\cdots$，$-I+1$，$-I$。因此，在主磁场 $B_0$ 中，原子核的角动量在空间中的取向只有（$2I+1$）种可能，称为角动量空间取向量子化。

对于氢质子，$I=1/2$，$m_I=1/2$，$-1/2$，因此置入主磁场中的氢质子的自旋磁矩的取向就有两种可能：当 $m_I=1/2$ 时，角动量与主磁场方向之间的夹角 $\theta$ 为锐角，其在主磁场 $B_0$ 方向的投影为 $\dfrac{1}{2}\dfrac{h}{2\pi}$，即质子的磁矩在主磁场方向上具有与主磁场平行的分量，这种情况称为平行状态；当 $m_I=-1/2$ 时，角动量与主磁场方向之间的夹角 $\theta$ 为钝角，其在主磁场方向的投影为 $-\dfrac{1}{2}\dfrac{h}{2\pi}$，即质子的磁矩在主磁场 $B_0$ 方向上存在与主磁场反平行的分量，这种情况称为反平行状态，如图 1-5 所示。

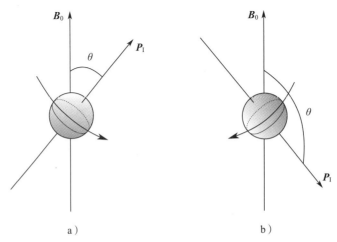

a)            b)

图 1-5 主磁场 $B_0$ 中质子自旋的两种取向
a) 平行状态 b) 反平行状态

（2）拉莫尔进动。在均匀稳定的主磁场 $B_0$ 中，具有磁矩的氢质子会受到磁力矩的作用，并非静止不动地排列着，而是在飞速地不停运动着。一方面，质子以自身磁矩方向为轴转动，另一方面还以主磁场 $B_0$ 方向为轴进动，这两种运动统称为旋进（又称为拉莫尔进动），这种旋进运动类似于陀螺的旋进运动，如图 1-6a 所示。当陀螺的转轴离开竖直向下的重力方向时，陀螺会在绕自身轴线旋转的同时绕重力方向旋转。陀螺的这种旋进运动是由于重力作用，而质子磁矩的旋进是受到主磁场 $B_0$ 的作用。质子在主磁场中的旋进对于核磁共振现象具有重要的意义，图 1-6b 所示为质子的旋进示意图。

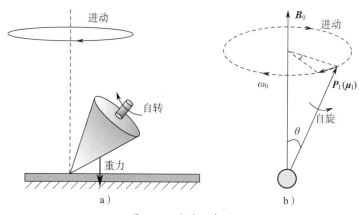

图 1-6　旋进示意图

a）陀螺的旋进　b）质子的旋进示意图

用右手定则可以判定磁力矩和角动量变化率的方向始终垂直于磁矩 $\mu_1$（或角动量 $P_1$）和主磁场 $B_0$ 所决定的平面。由于磁力矩的作用，$\mu_1$ 的方向连续变化，而 $\mu_1$ 的大小始终不变，结果形成 $\mu_1$ 绕主磁场 $B_0$ 的进动，即拉莫尔进动。质子角动量 $P_1$ 的端点每秒钟绕主磁场 $B_0$ 旋转的次数即质子绕主磁场进动的快慢，可以用拉莫尔频率 $\omega_0$ 表示。拉莫尔频率满足拉莫尔进动方程，可表示为：

$$\omega_0 = \gamma B_0$$

式中　$\omega_0$——拉莫尔频率，MHz。

　　$\gamma$——旋磁比，MHz/T。

　　$B_0$——主磁场的磁感应强度，T。

拉莫尔频率一般直接利用标量频率定义。对于氢质子来说，$\gamma = 42.58$ MHz/T，则当 $B_0 = 1$ T 时，1 s 时间内氢质子的磁矩绕主磁场旋进 $42.58 \times 10^6$ 圈。上述讨论是以平行状态的质子为例的，处于反平行状态的质子和平行状态的完全相同，即都以相同的频率沿相同的方向绕主磁场进动。

拉莫尔频率与磁场的磁感应强度以及原子核的旋磁比有关。同一种原子核，主磁场磁感应强度 $B_0$ 越大，进动的拉莫尔频率越快。表 1-1 给出了 NMR 中常见原子核的旋磁比及其在 0.5 T 磁场下的进动频率情况。

表 1-1　　　　　NMR 中常见原子核的旋磁比及其在 0.5 T 磁场下的进动频率

| 原子核 | 旋磁比 /（MHz/T） | 0.5 T 下进动频率 /MHz |
|--------|------------------|----------------------|
| $^{1}$H | 42.58 | 21.29 |
| $^{2}$H | 6.54 | 3.27 |
| $^{31}$P | 17.52 | 8.76 |
| $^{23}$Na | 11.27 | 5.635 |
| $^{14}$N | 3.08 | 1.54 |
| $^{13}$C | 10.71 | 5.355 |
| $^{19}$F | 40.08 | 20.04 |

（3）自旋核受磁场作用的附加能量。核磁共振研究的是自旋核，即质子数和中子数至少有一个是奇数的原子核，其自旋磁矩不为零。自旋核在没有外加磁场的作用下，将保持在基态，即处在能量为 $E_0$ 的能级上。当把自旋核置入主磁场为 $\boldsymbol{B}_0$ 的环境中后，自旋核绕主磁场的拉莫尔进动将使自旋核的能量发生变化，即在原来基态能量的基础上出现一定的附加能量。根据电磁学理论，原子核在主磁场中所引起的附加能量大小为 $\Delta E_m = -\mu_1 B_0 \cos\theta$，其中 $\theta$ 为 $\boldsymbol{\mu}_1$ 与 $\boldsymbol{B}_0$ 的夹角，核的磁量子数 $m_1$ 可以取 $2I+1$ 个值，核自旋在主磁场 $\boldsymbol{B}_0$ 中存在 $2I+1$ 个取向，即有 $2I+1$ 种 $\theta$，因此不同的 $m_1$ 绕主磁场进动所产生的附加能量也不同，磁量子数 $m_1$ 取正值时，对应的附加能量为负值，称为低能态；反之，磁量子数 $m_1$ 取负值时，对应的附加能量为正值，称为高能态。由于 $m_1$ 的取值依次相差 1，因此分裂后各层能级之间的能量差 $\Delta E$ 是相同的。$\Delta E$ 与核本身的特征以及主磁场磁感应强度 $B_0$ 有关，$B_0$ 越大，能级差越大，检测到的核磁共振信号越强，故通过提高 $B_0$ 可以增加核磁共振波谱的谱线分辨率和核磁共振图像的信噪比。图 1-7 所示为自旋量子数不同的原子核在主磁场中的能级分布情况。

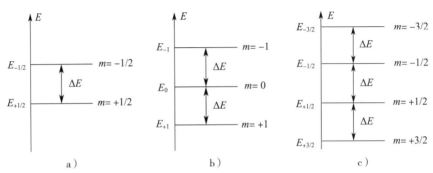

图 1-7　自旋量子数不同的原子核在主磁场中的能级分布
a）$I=1/2$　b）$I=1$　c）$I=3/2$

综上所述，在没有 $B_0$ 作用时，自旋核处在一个能量为 $E_0$ 的能级上，在有 $B_0$ 作用时，该能级分裂为 $2I+1$ 层，这种现象称为塞曼效应，分裂后的能级称为塞曼能级。图 1-8 表示质子在主磁场中的能级分裂情况，无 $B_0$ 时，处在基态的质子自旋的空间取向是任意的，能量为 $E_0$。在 $B_0$ 存在时，质子的自旋量子数 $I$ 为 1/2，其 $m_I$ 只能取 1/2 和 $-$1/2，当 $m_I=$1/2 时，质子的自旋或自旋磁矩方向与 $B_0$ 平行，由于进动所引起的附加能量大小为 $\Delta E_1 = -\dfrac{1}{2}g_1\mu_N B_0$，其所处的能级 $E_1 = E_0 - \dfrac{1}{2}g_1\mu_N B_0$ 为分裂后的低能级；当 $m_I=-$1/2 时，质子的自旋或自旋磁矩方向与 $B_0$ 反平行，由于进动所引起的附加能量大小为 $\Delta E_2 = -\dfrac{1}{2}g_1\mu_N B_0$，其所处的能级 $E_2 = E_0 + \dfrac{1}{2}g_1\mu_N B_0$ 为分裂后的高能级。分裂后的两个能级的能量差大小为 $\Delta E = g_1\mu_N B_0$。

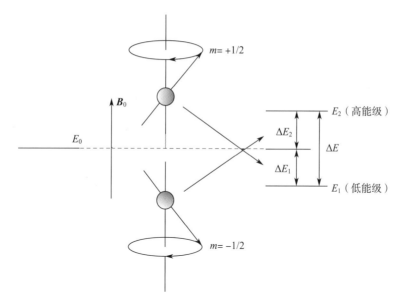

图 1-8　质子在主磁场中的能级分裂

关于塞曼能级，需要做如下说明。

1）分裂后的塞曼能级是正负对称的，并且间距是相等的。两个相邻的塞曼能级之间的能量差大小均为 $\Delta E = g_1\mu_N B_0$，处在电磁波谱中的无线电波范围内。

2）自旋核只在相邻的塞曼能级之间跃迁。

3）塞曼能级之间存在自发跃迁，主磁场中的自旋核在不同分裂能级的核数目不同，在磁力矩与热运动的共同作用下，达到动态平衡，在平衡状态下服从玻尔兹曼分布。例如，在 1 T 磁场下，常温 300 K 时，高能级上的核数目与低能级上的核数目的比值约为 0.999 993，即如果总体上的质子有 2 000 007 个，则有 1 000 007 个质子处于低能级，有 1 000 000 个质子处于高能级，可见两者数目相差 7 个，这是个非常微弱的数目差。如果数目差越大，则核磁共振的信号越强。提高磁场的强度，采用高旋磁比的核以及降低温度都有助于提高核磁共振信号的信噪比。

（4）宏观磁化强度矢量 $M_0$ 的产生。以上描述了单个自旋核的性质（自旋与磁矩）及其在主磁场中的运动状态（进动和能级分裂），目前单个原子核的行为还无法观测，所能观测的只能是大量自旋核的集体行为，也就是整个核系统的宏观表现。接下来讨论的对象就是质子（氢核）系统。质子系统运动状态的宏观体现，可以用布洛赫提出的原子核的磁化强度矢量（简称磁化矢量）描述。磁化矢量 $M$ 的定义是单位体积内总数为 $N$ 的所有核磁矩 $\mu_1$ 的矢量和，可以表示为 $M=\sum_{i=0}^{N}\mu_1 i$。在无 $B_0$ 时，氢核系统中各个核磁矩的空间取向是随机的、无序的，从统计学观点看，它们的核磁矩矢量和为零，宏观上的磁化矢量 $M$ 为零，对外不呈现磁性。

若在空间坐标系中的 $z$ 轴方向加上均匀稳定的且具有一定强度的主磁场 $B_0$，则系统中所有的核磁矩都会绕 $B_0$ 进动并产生能级分裂，并且不同取向的核磁矩绕主磁场的进动运动会描绘出一些不同的圆锥面。不同的圆锥面对应不同的塞曼能级。在氢核系统中，由于氢质子在主磁场中有 2 个空间取向，因此氢质子绕主磁场的进动会描绘出上、下两个不同的圆锥面，如图 1-9a 所示。在上圆锥面上均匀分布的是处于低能级的质子，这些质子的磁矩矢量和与 $z$ 轴同向；在下圆锥面上均匀分布的是处于高能级的质子，这些质子的磁矩矢量和与 $z$ 轴反向。根据微观粒子在热平衡状态下的玻尔兹曼分布规律，处在低能级上（上圆锥面）的质子数目多于处在高能级上（下圆锥面）的质子数目，因此氢核系统总的磁化强度如图 1-9b 所示，对这些磁矩按照沿着主磁场方向和垂直于主磁场方向作矢量分解后分别得到 $\mu_\perp$ 和 $\mu_{//}$，如图 1-9c 所示。由于氢质

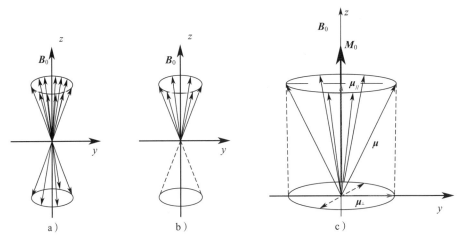

图 1-9　宏观磁化矢量 $M_0$ 的解析示意图

a）氢核系统的磁化矢量　b）合成后总磁化矢量　c）分解后的横向和纵向磁化矢量

子的磁矩矢量在进动相位上的随机分布，因此 $\boldsymbol{\mu}_\perp$ 相互抵消，而 $\boldsymbol{\mu}_{//}$ 相互叠加，最后体现出宏观磁化矢量 $\boldsymbol{M}_0$。在核磁共振中，与 $\boldsymbol{B}_0$ 平行的方向通常被称为纵向，与 $\boldsymbol{B}_0$ 垂直的方向被称为横向，因此最后体现出的平行于 $\boldsymbol{B}_0$ 的宏观磁化矢量 $\boldsymbol{M}_0$ 又被称为纵向磁化矢量。

纵向磁化矢量的大小 $M_0$ 与自旋核的密度 $\rho$、主磁场的大小 $B_0$ 及环境温度 $T$ 有关：自旋核的密度 $\rho$ 越大，$M_0$ 越大；主磁场的大小 $B_0$ 越大，$M_0$ 越大；环境温度 $T$ 越低，$M_0$ 越大。

# 三、射频场与射频场激励

## 1. 射频场

根据麦克斯韦的电磁波理论，电磁波的两个成分电场 $\boldsymbol{E}$ 和磁场 $\boldsymbol{B}_1$ 均以光速 $c$ 进行传播，两者均与传播方向垂直，且电场 $\boldsymbol{E}$ 和磁场 $\boldsymbol{B}_1$ 彼此相互垂直，具有相同的频率，相位相差 $90°$。由于电场成分产生的是热，在核磁共振中不考虑电磁波的电场成分，仅考虑其磁场成分。

核磁共振中的射频场指的是射频电磁波的磁场成分，即射频磁场 $\boldsymbol{B}_1$。射频场是由射频发射线圈中的电流所产生的，这种射频场的频率属于电磁波谱内的射频无线电波范围，因此称为射频波。在脉冲傅里叶核磁共振中，射频波仅做短暂的发射，因此又称为射频脉冲。需要指出的是：首先，射频磁场 $\boldsymbol{B}_1$ 的方向需垂直于 $z$ 轴，后文如无特别说明则射频磁场 $\boldsymbol{B}_1$ 方向都是沿着 $x$ 轴的；其次，射频脉冲的频率需等于质子在主磁场中进动的频率，即拉莫尔频率，例如对应 $0.1 \sim 3 \text{ T}$ 的主磁场 $\boldsymbol{B}_0$，射频脉冲的频率范围大致在 $3 \sim 130 \text{ MHz}$。

## 2. 射频场对样品的激励

当自旋核置入主磁场中后，产生了一个宏观磁化矢量 $\boldsymbol{M}_0$，如果能够检测到该磁化矢量便可以获取有用信息，但由于该磁化矢量的方向与主磁场的方向平行，且叠加于主磁场 $\boldsymbol{B}_0$，因此无法将其检测到。为了检测到宏观磁化矢量，必须使其偏离主磁场方向，为了达到这个目的，在核磁共振中采用射频场作为激励源。通过对受检样品发射频率等于氢质子在主磁场中进动的拉莫尔频率的射频脉冲，受检样品中的氢质子将会吸收该射频脉冲的能量发生核磁共振现象，产生两种效应。

（1）低能级（上圆锥面）上的质子吸收能量后跃迁到高能级（下圆锥面）上，使 $\boldsymbol{M}_0$ 减少为 $\boldsymbol{M}_z$。

（2）射频脉冲的激励，改变了质子在圆锥面上的均匀分布方式，质子变成做同步、同方向、同速度的运动，即质子的进动相位一致，于是出现了横向磁化矢量 $M_{xy}$，如图 1-10 所示，由于主磁场 $B_0$ 一直存在，$M_{xy}$ 也会以拉莫尔频率绕主磁场 $B_0$ 进动。

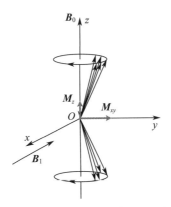

图 1-10  纵向磁化矢量减小与横向磁化矢量的产生

# 四、核磁共振现象的解释

## 1. 能量吸收观点解释

共振是自然界普遍存在的一种能量交换的物理现象，其本质是某一物体反复受到外力作用，如果该外力作用的频率恰好等于物体自身运动的固有频率，那么物体将不断吸收外力的能量，从而出现振幅突然剧烈增大的现象。

从量子力学的角度，当自旋核被置于主磁场 $B_0$ 中，由于塞曼效应，原来的能级分裂成 $(2I+1)$ 个不同的能级，分裂后相邻的能级差为 $\Delta E = g_1 \mu_N B_0$，如果在垂直于 $B_0$ 的方向，施加一个射频磁场 $B_1$，当此射频脉冲的频率 $v$ 满足 $hv = \Delta E$，即射频磁场的能量刚好等于自旋核因能级分裂而存在的两个相邻能级之间的能量差时，自旋核会表现出对射频磁场能量的强烈吸收，从低能级跃迁到高能级，这种现象称为核磁共振现象。因此，当射频脉冲的频率等于自旋核绕主磁场 $B_0$ 进动的拉莫尔频率时，才能发生核磁共振现象。除了频率的要求，核磁共振对射频场的方向也有要求，即射频磁场 $B_1$ 的方向必须垂直于主磁场 $B_0$。

## 2. 电磁学观点解释

从电磁学观点解释核磁共振现象，需要讨论的是宏观磁化矢量 $M_0$ 的运动规律。处于主磁场 $B_0$ 中的自旋核在达到热平衡时，$M_0$ 表现为在 $z$ 轴的投影 $M_z = M_0$，在 $xy$ 平面的投影 $M_{xy} = 0$。为了检测 $M_0$，引入一个射频磁场 $B_1$，对受检样品中的自旋核进行激励，若射频磁场 $B_1$ 的方向与主磁场 $B_0$ 方向垂直，且频率与自旋核在 $B_0$ 中进动的拉莫尔频率 $\omega_0$ 相同时，那么宏观磁化矢量 $M_0$ 将受到 $B_1$ 的磁力矩作用，该作用与绕主磁场 $B_0$ 的进动效果类似，$M_0$ 将以 $B_1$ 为轴在 $yz$ 平面做圆周进动，其频率同时也遵循拉莫尔进动方程 $\omega_1 = \gamma B_1$。由于射频磁场的幅值 $B_1$ 远小于 $B_0$，因此 $\omega_1$ 远小于 $\omega_0$，即绕 $x$ 轴的进动频率远小于绕 $z$ 轴的进动频率，物理学上称这种缓慢的旋进为章动。因此，在主磁场 $B_0$ 与射频磁场 $B_1$ 的共同作用下，宏观磁化矢量 $M_0$ 一边以角频率 $\omega_0$ 绕主磁场 $B_0$ 高速旋进，一边以角频率 $\omega_1$ 绕射频磁场 $B_1$ 缓慢章动，这两种运动叠加后，在实验室坐标系下的宏观磁化矢量的运动轨迹如图 1-11 所示。磁化矢量 $M_0$ 由 $z$ 轴按螺旋形向 $xy$ 平面运动，围绕 $B_1$ 的运动使 $M_0$ 与 $B_0$ 之间的夹角 $\theta$ 不断增大，夹角 $\theta$ 也称为章动角，章动角 $\theta$ 的大小取决于章动的角频率 $\omega_1$ 及章动的时间。

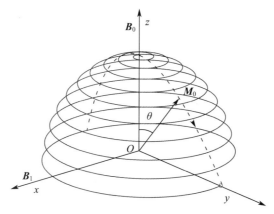

图 1-11　射频脉冲激励下 $M_0$ 的运动

　　上述运动过程的求解是十分复杂的，需要通过某种方法简化求解。此处考虑引入旋转坐标系，把宏观磁化矢量 $M_0$ 绕 $z$ 轴的 $\omega_0$ 进动作为背景消除掉，这样 $M_0$ 的运动将大为简化。设实验室坐标系 $xyz$，旋转坐标系 $x'y'z'$，两个坐标系的原点重合，$z$ 轴和 $z'$ 轴重合，旋转坐标系 $x'y'z'$ 同样以自旋核绕主磁场进动的角频率 $\omega_0$ 绕 $z$ 轴旋转，其旋转方向与自旋核绕 $z$ 轴旋转的方向相同，如图 1-12a 所示。

　　如果沿着 $x$ 轴方向施加一个交变磁场 $B_{1x}$，其强度变化规律为 $B_{1x} = 2B_1\cos\omega_0 t$，其振幅为 $2B_1$，其角频率 $\omega_0$ 和自旋核在 $B_0$ 中进动的拉莫尔频率 $\omega_0$ 相同，那么就可以获取频率为 $\omega_0$ 的射频磁场 $B_1$。这是由于一个圆偏振信号可以分解为两个线偏振信号，即交变磁场 $B_{1x}$ 可以分解为大小均为 $B_1$、角频率均为 $\omega_0$ 且旋转方向相反的两个旋转磁场 $B_1^+$ 和 $B_1^-$。$B_1^+ = B_1\cos\omega_0 t$，$B_1^- = B_1\cos(-\omega_0 t)$，两个旋转磁场在 $x$ 轴上的投影叠加刚好为交变磁场 $B_{1x}$。两个旋转磁场中，只有旋转方向与自旋核进动方向相同的磁场能驱动自旋核发生核磁共振现象，该旋转磁场称为 $B_1$，它是频率与自旋核在 $B_0$ 中进动的

拉莫尔频率 $\omega_0$ 相同的射频磁场。在旋转坐标系 $x'y'z'$ 中，$\boldsymbol{B}_1$ 是固定在 $x'$ 轴上的，可以认为是作用在 $\boldsymbol{M}_0$ 上的静磁场，则在旋转坐标系下只能看到 $\boldsymbol{M}_0$ 绕 $x'$ 轴进动，由 $z$ 轴向 $x'y'$ 平面内的 $y'$ 轴以角频率 $\omega_1$ 缓慢进动，当射频脉冲停止后，射频磁场消失，$\boldsymbol{M}_0$ 将偏离 $z$ 轴一个角度，即发生翻转，如图 1-12b 所示。因此，施加短暂的射频脉冲使磁化矢量 $\boldsymbol{M}_0$ 绕 $\boldsymbol{B}_0$（$z$ 轴）转过了 $\theta$ 角，满足 $\theta=\gamma B_1\tau$，可见，翻转角 $\theta$ 正比于射频脉冲的作用时间 $\tau$、射频脉冲的磁场强度 $B_1$ 以及自旋核的旋磁比 $\gamma$。施加一个较短时间的强脉冲或者一个较长时间的弱脉冲可以获得相同大小的翻转角。综上，在引入旋转坐标系后，磁化矢量 $\boldsymbol{M}_0$ 的运动过程大大简化，在特定射频脉冲的作用下，磁化矢量 $\boldsymbol{M}_0$ 的运动仅仅为由纵向向横向翻转。

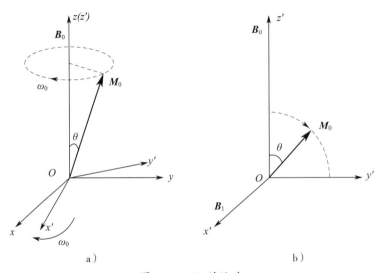

图 1-12　$\boldsymbol{M}_0$ 的运动

a）旋转坐标系　b）旋转坐标系下的 $\boldsymbol{M}_0$

对于特定的 RF 脉冲，有以下几点说明。

第一，RF 脉冲频率范围属于电磁波谱内的无线电波频率范围，RF 脉冲属于电磁波。在核磁共振中，仅仅考虑 RF 脉冲的磁场成分，其强度很弱，用 $B_1$ 表示其大小。它是一个振荡的磁场，就像交流电一样；而主磁场 $\boldsymbol{B}_0$ 均匀稳定，就像直流电一样。

第二，使磁化矢量 $\boldsymbol{M}_0$ 以 $\boldsymbol{B}_1$ 为轴翻转 $\theta$ 角的 RF 脉冲称为 $\theta$ 角脉冲。例如 90° 脉冲使磁化矢量 $\boldsymbol{M}_0$ 刚好翻转 90°，即从 $z$ 轴翻转到 $xy$ 平面上；180° 脉冲使磁化矢量 $\boldsymbol{M}_0$ 翻转到负 $z$ 轴。翻转角度 $\theta$ 取决于 RF 脉冲的磁场强度 $B_1$ 和 RF 脉冲的脉宽 $\tau$。射频脉冲使 $\boldsymbol{M}_0$ 发生偏转的过程称为激励或激发，射频脉冲又称为射频激励脉冲。最常用的激励脉冲是 90° 激励脉冲，最常用的重聚焦脉冲是 180° 脉冲。

第三，RF 脉冲是通过一个带宽为 $\Delta\omega$ 的基带信号对频率为拉莫尔频率 $\omega_0$ 的载波信号进行调制而得到的，载波频率称为射频的中心频率。根据调制波形的不同，脉冲分为不同的类型，常见的有硬脉冲、软脉冲和高斯脉冲。

硬脉冲的基带信号为方波信号，由于 sinc 函数和方波函数互为傅里叶变换对，硬脉冲的频谱为 sinc 函数，硬脉冲的时域波形与频谱如图 1-13 所示。

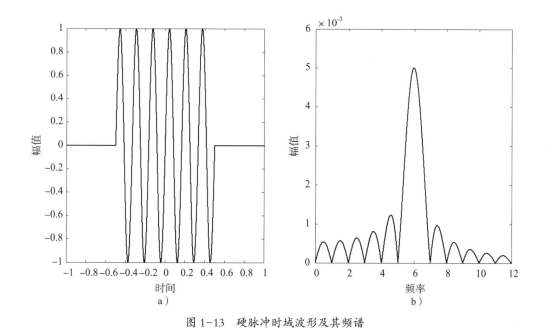

图 1-13　硬脉冲时域波形及其频谱

a）硬脉冲的时域波形　b）硬脉冲的频谱

宽度为 $\tau$ 的硬脉冲，其频谱的主瓣带宽为 $\dfrac{2}{\tau}$。可见，硬脉冲的脉宽越小，频带宽度越大。通常可以激励较宽频率范围的信号作为非选择性激励用于核磁共振波谱。如果要将硬脉冲作为选择性激励，激励很薄层面的信号达到选层的目的，则需要很大脉宽的方波，这会延长核磁共振信号的采集时间，在实际操作中是不可取的，因此核磁共振成像中不采用硬脉冲进行选层激励。

软脉冲的基带波形为 sinc 信号，软脉冲的频谱是一个矩形波，如图 1-14 所示。

主瓣宽度为 $2\tau$ 的软脉冲，其频谱带宽为 $\dfrac{1}{\tau}$。软脉冲的频谱形状为矩形波，带宽内的各个频率的能量为均匀的射频磁场，用这种脉冲进行层面内的射频激励，可以得到标准的立方体层面的信号，同时通过增加脉冲宽度可以减小激励的带宽，实现选择性激励，因此软脉冲常用在核磁共振成像中作为射频激励脉冲。

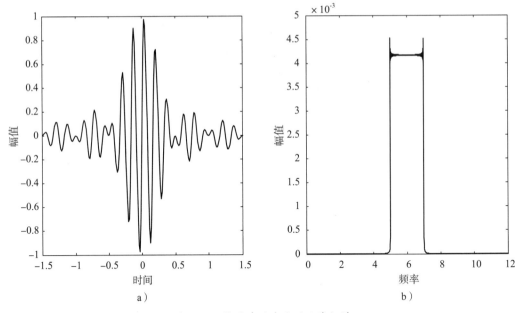

图 1-14　软脉冲时域波形及其频谱
a）软脉冲的时域波形　b）软脉冲的频谱

　　射频脉冲的基带信号具有一定的带宽 $\Delta\omega$，但是它的中心频率较低。为了产生频率与拉莫尔频率相同的射频磁场 $\boldsymbol{B}_1$，还需要将基带信号对载波信号进行调制。载波信号一般采用频率等于拉莫尔频率的余弦信号，常用调制方法有正交振幅调制法等。调制后的射频脉冲的中心频率为拉莫尔频率 $\omega_0$，带宽为基带信号的带宽 $\Delta\omega$。此外，在脉冲傅里叶式核磁共振中，由于射频脉冲具有一定频率范围，因此射频的中心频率不一定要与拉莫尔频率完全相等，只要拉莫尔频率落在射频频带范围之内，均可以产生核磁共振现象，称为偏共振。

## 五、弛豫过程与弛豫时间

　　任何系统在受到外界激励时均会发生变化，当激励撤销后，系统将恢复到原始的平衡状态，从激励状态恢复到平衡状态的过程称为弛豫过程。在核磁共振中，弛豫过程指当射频脉冲停止后，原本处于高能状态的自旋核迅速恢复到低能状态的过程。

　　处在主磁场中的质子系统会产生一个初始的纵向磁化矢量 $\boldsymbol{M}_0$，该状态是一种不随时间变化的平衡状态。在射频脉冲的作用下，磁化矢量 $\boldsymbol{M}_0$ 将会偏离主磁场方向，此时，质子系统处于一种非平衡状态。当射频脉冲停止后，磁化矢量不能长久保持这种偏离主磁场的非平衡状态，会逐渐恢复到原来的平衡状态，将激励过程中吸收的射频脉冲能量逐渐释放出来，可见弛豫过程是一种能量的释放过程，需要一定的时间，反映了质子系统中质子与质子之间、质子与周围环境之间的相互作用。弛豫过程比较复杂但却是核磁共振成像的关键，被检对象的每一个质子都要经过反复的激励和弛豫过程。完成弛豫过程需要分两个过程进行，即纵向磁化矢量要从 $M_z$ 恢复到初始平衡状态的 $M_0$，横向磁化矢量要从 $M_{xy}$ 衰减到零，两个过程同时开始但是是独立完成的，分别对应纵向弛豫过程和横向弛豫过程。

### 1. 纵向弛豫过程与 $T_1$

纵向弛豫过程是在射频脉冲停止后，纵向磁化矢量 $M_z$ 向 $M_0$ 恢复的过程。由于该过程的本质是质子系统把吸收的能量通过相互作用传递给周围晶格，释放能量，使质子从高能级跃迁回低能级的过程，所以又称为自旋－晶格弛豫过程。图 1-15 给出了质子系统的纵向弛豫过程：图 1-15a 表示 4 个质子均处于低能级状态，形成初始的纵向磁化矢量 $M_0$；图 1-15b 表示 90° 射频激发后的非平衡状态，高、低能级上所处的质子数目相同，此时纵向磁化矢量为零；图 1-15c 和图 1-15d 表示进行的纵向弛豫过程，磁化矢量逐渐恢复到 $M_0$。

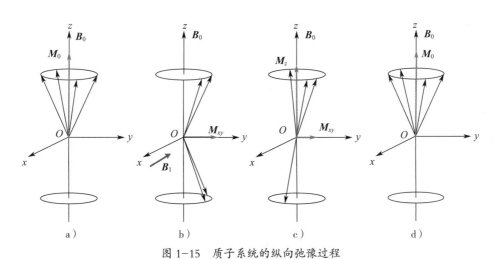

图 1-15　质子系统的纵向弛豫过程

a）初始 $M_0$ 形成　b）90° 射频激励后　c）$M_0$ 部分恢复　d）$M_0$ 完全恢复

对于 90° 射频脉冲激励后的质子系统，其纵向磁化矢量 $M_z(t) = M_0(1 - e^{-\frac{t}{T_1}})$。图 1-16 表示纵向弛豫过程中任意时刻 $t$ 的 $M_z$ 的变化曲线，该曲线称为 $T_1$ 恢复曲线。当射频脉冲停止时刻，即 $t=0$ 时，$M_z=0$；当 $t=T_1$ 时，$M_z$ 恢复至 $M_0$ 的 63%，即纵向弛豫时间 $T_1$ 指的是纵向磁化矢量恢复到 $M_0$ 的 63% 所需要的时间。当 $t=5T_1$ 时，纵向磁化矢量已经恢复了 99.33%，因而通常用 $5T_1$ 表示纵向磁化矢量恢复到初始值 $M_0$ 所需要的时间。

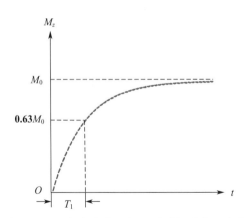

图 1-16　纵向弛豫过程中 $M_z$ 随时间的变化曲线

纵向弛豫时间 $T_1$ 又称自旋 - 晶格弛豫时间，它的大小取决于磁场和质子与周围环境之间的相互作用，在主磁场给定后，组织的 $T_1$ 是确定的。人体内不同组织中的氢质子所处的化学环境不同，因此组织有不同的 $T_1$ 值，见表 1-2，其中脑脊液的 $T_1$ 较大，而脂肪的 $T_1$ 较小。

表 1-2　　　　　　　　常见组织在不同磁场强度下的弛豫时间 $T_1$

| 组织 | 0.5 T 场强的 $T_1$ 值 /ms | 1.5 T 场强的 $T_1$ 值 /ms |
| --- | --- | --- |
| 脂肪 | 210 | 250 |
| 肝 | 350 | 490 |
| 肌肉 | 550 | 863 |
| 脑白质 | 500 | 783 |
| 脑灰质 | 650 | 917 |
| 脑脊液 | 1 800 | 3 000 |

人体的正常组织与异常组织的 $T_1$ 也有明显差异。病变组织中含有大量的游离水分子，如脑脊液水肿区、囊性病变、坏死组织及肿瘤等，具有较大 $T_1$ 值，为 1 500 ～ 3 000 ms。

## 2. 横向弛豫过程与 $T_2$

（1）本征 $T_2$ 弛豫。在射频脉冲的激励下，质子系统中的所有质子的相位相同，即核磁矩在横向的分量均沿同一个方向，以相同的角频率绕主磁场进动，形成最初的横向磁化矢量 $M_{xy}$。当射频脉冲停止后，同相位的质子彼此之间将逐渐出现相位差，最后达到在横向 $xy$ 平面内以 $B_0$ 为轴的均匀分布，$M_{xy}$ 逐渐衰减为零。这种质子由同相位逐渐分散，最终均匀分布，宏观上的质子系统的横向磁化矢量 $M_{xy}$ 从最大值逐渐衰减至零的过程称为横向弛豫过程。由于横向弛豫过程是质子与质子之间发生能量交换的过程，因此该过程又称为自旋 – 自旋弛豫，如图 1–17 所示。

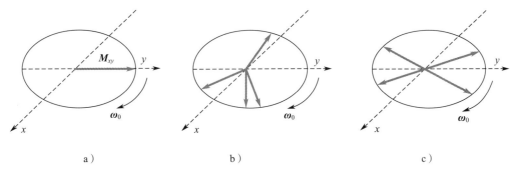

图 1–17　质子系统的横向弛豫过程

a）初始 $M_{xy}$ 形成　b）$M_{xy}$ 部分衰减　c）$M_{xy}$ 完全衰减

　　图 1–17a 为射频脉冲作用后 4 个质子磁矩的横向分量同相，形成初始的横向磁化矢量 $M_{xy}$；图 1–17b 为 4 个质子开始逐渐出现相位差，即失相位；图 1–17c 为完全失相位，横向磁化强度衰减为零。

　　横向弛豫过程与纵向弛豫过程是同时、独立进行的。如果激发使用的是 90° 射频脉冲，则横向磁化矢量的衰减规律为 $M_{xy}(t)=M_0\mathrm{e}^{-\frac{t}{T_2}}$，图 1–18 表示横向弛豫过程中 $M_{xy}$ 随时间的变化曲线，该曲线称为 $T_2$ 衰减曲线。

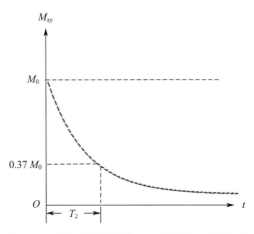

图 1–18　横向弛豫过程中 $M_{xy}$ 随时间的变化曲线

　　在 $T_2$ 衰减曲线中，当弛豫开始时，即 $t=0$ 时，$M_{xy}=M_0$；当 $t=T_2$ 时，$M_{xy}$ 衰减至 $M_0$ 的 37%，即横向弛豫时间 $T_2$ 指的是横向磁化矢量衰减到 $M_0$ 的 37% 所需要的时间。当 $t=5T_2$ 时，横向磁化矢量已经基本衰减到零。常见组织的 $T_2$ 大小不同，见表 1–3。

表 1-3　　　　　　　　　　　常见组织的弛豫时间 $T_2$

| 组织 | $T_2$ 值 /ms |
| --- | --- |
| 脂肪 | 84 |
| 肝 | 43 |
| 肌肉 | 47 |
| 脑白质 | 92 |
| 脑灰质 | 101 |
| 脑脊液 | 1 400 |

正常组织与异常组织的 $T_2$ 也有明显差异，人体脾脏、肝脏、肌肉和含水量较少或纤维化明显的肿瘤组织的 $T_2$ 值较小。人体脂肪组织的 $T_2$ 值中等，人体含有游离水的组织如肾组织、脑脊液、囊肿、脓肿、炎症组织、肿瘤等，它们的 $T_2$ 值比较大。

（2） $T_2^*$ 弛豫。造成质子失相位，使其横向磁化矢量逐渐衰减到零的原因有本征 $T_2$ 弛豫和主磁场的不均匀性两种。主磁场的不均匀性是客观存在的，处在磁场中的质子的进动频率与磁场大小成正比，磁场的不均匀性会导致不同位置的质子以不同的角频率进动，这些进动频率上的微小差异会导致质子的失相位。

在质子的自旋 – 自旋相互作用以及主磁场的不均匀性两种因素影响下的横向磁化矢量 $M_{xy}$ 衰减到原来的 37% 所需要的时间，称为横向弛豫时间 $T_2^*$。只有主磁场绝对均匀以及组织内部磁化率完全一致的情况下，横向弛豫时间 $T_2^*$ 才等于横向弛豫时间 $T_2$。 $T_2^*$ 由本征 $T_2$ 和不均匀磁场 $\Delta B$ 共同决定，可以表示为：$1/T_2^* = 1/T_2 + \gamma \Delta B/2$，可见，$T_2^*$ 总是小于 $T_2$，$T_2^*$ 衰减总是快于 $T_2$ 衰减，如图 1–19 所示。

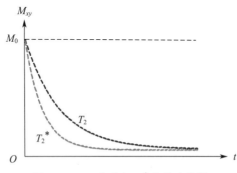

图 1–19　$T_2$ 弛豫与 $T_2^*$ 弛豫曲线图

### 3. 宏观磁化矢量的综合弛豫轨迹

当质子系统被施加的射频脉冲激励后，初始的磁化矢量 $M_0$ 会偏离主磁场方向发生翻转，如果把磁化矢量分解成纵向分量 $M_z$ 和横向分量 $M_{xy}$，在 90° 射频激励过程中，纵向磁化矢量 $M_z$ 逐渐减小至 0，而横向磁化矢量 $M_{xy}$ 逐渐增大到 $M_0$；当 90° 射频消失后，质子系统逐渐回到初始的平衡状态，发生弛豫过程，如图 1-20 所示。

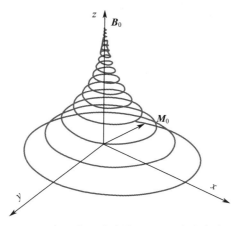

图 1-20　90° 射频脉冲作用后 $M_0$ 的弛豫过程

在弛豫过程中，宏观磁化矢量 $M_0$ 弛豫轨迹包含了三种运动：一是横向磁化矢量逐渐减小至零；二是纵向磁化矢量逐渐增加至 $M_0$；三是磁化矢量以拉莫尔频率绕主磁场做圆周运动。横向弛豫和纵向弛豫由于产生的机制不同，彼此是独立的过程，一般组织的横向弛豫时间小于纵向弛豫时间，即横向磁化矢量很快衰减到零而纵向磁化矢量慢慢恢复到 $M_0$。对于 180° 射频脉冲激励后的质子系统，由于没有外来因素改变核磁矩的均匀分布状态，质子系统在弛豫过程中的纵向磁化矢量由 $-M_0$ 恢复到 $+M_0$，而横向磁化矢量 $M_{xy}$ 始终保持为零。

# 六、FID 信号及其傅里叶变换

为了避免射频激励信号的耦合，核磁共振信号的采集是在射频脉冲停止后系统的弛豫过程中进行的。核磁共振信号根据成因不同可以分为自由感应衰减信号、自旋回波信号、梯度回波信号、反转恢复信号等，下面讨论自由感应衰减（free induction decay，FID）信号及其傅里叶变换。

## 1. 自由感应衰减信号

为了便于理解，把射频线圈放置于 $x$ 轴，如图 1-21a 所示，确保其发射的射频脉冲中的磁场 $B_1$ 沿着 $x$ 轴，且与主磁场 $B_0$ 垂直。以 90° 射频脉冲激励后的系统为例，射频脉冲结束时，纵向磁化矢量翻转到 $xy$ 平面内位于 $y$ 轴，此时的横向磁化矢量达到最大，随后质子系统在弛豫过程中，磁化矢量一边以 $\omega_0 = \gamma B_0$ 绕主磁场转动，一边按指数规律衰减，磁化矢量的横向分量 $M_{xy}$ 的运动是一种螺旋形衰减，如图 1-21b 所示。

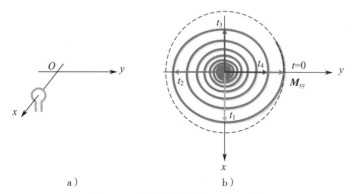

图 1-21　自由感应衰减信号的产生

a）置于 $x$ 轴的射频线圈　b）横向磁化矢量的螺旋形衰减

　　根据法拉第电磁感应定律，当旋转的 $M_{xy}$ 穿过位于 $x$ 轴的射频线圈，引起射频线圈中的磁通量的变化，便可以在射频线圈中产生一个感应电动势，这个感应电动势称为核磁共振信号。由于 $M_{xy}$ 是一个按正弦规律振荡、按指数规律衰减的信号，所以接收的信号也是按正弦规律振荡、按指数规律衰减，这种规律的核磁共振信号被称为自由感应衰减信号。图 1-22 所示是几种典型的 FID 信号波形。

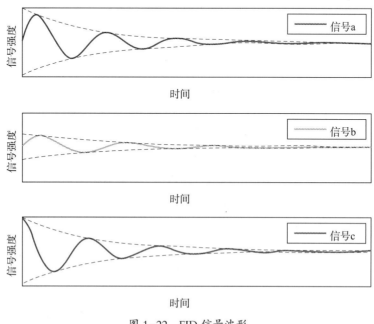

图 1-22　FID 信号波形

根据图 1-21b，当 $t=0$ 时，$\boldsymbol{M}_{xy}$ 指向 $y$ 轴正向，没有通过 $x$ 轴上接收线圈的磁化强度分量，因此，没有 FID 信号；在 $t=t_1$ 时刻，磁化矢量沿着 $x$ 轴方向，将产生一个较大的 FID 信号；在 $t=t_2$ 时刻，没有 FID 信号；在 $t=t_3$ 时刻，此时因横向弛豫，$\boldsymbol{M}_{xy}$ 比 $t_1$ 时刻的小且方向相反，产生一个与 $t_1$ 相比反方向且强度较小的 FID 信号；在 $t_4$ 时刻，$\boldsymbol{M}_{xy}$ 再次指向 $y$ 轴方向，没有 FID 信号，即 FID 信号随时间的变化如图 1-22 中信号 a。当一个较小的纵向磁化矢量 $\boldsymbol{M}_0$ 在 90° 射频脉冲的作用下翻转到横向 $xy$ 平面，则其产生的 FID 信号如图 1-22 中信号 b。如果取图 1-21b 中的 $t_1$ 时刻为接收信号的开始时刻，则 FID 信号如图 1-22 中信号 c。

综上，考虑了核磁共振信号的频率、初始幅值和衰减规律，可以用下式 $M_0\sin\theta e^{-t/T_2^*}\sin(\omega_0 t+\varphi)$ 描述 FID 信号，FID 的频率是拉莫尔频率 $\omega_0$；FID 信号的初始幅值的大小与射频脉冲作用前纵向磁化矢量 $\boldsymbol{M}_0$ 的大小以及射频脉冲的翻转角 $\theta$ 有关；FID 信号衰减的时间常数为 $T_2^*$。图 1-23 表示了 $T_2$ 衰减与 $T_2^*$ 衰减之间的关系。

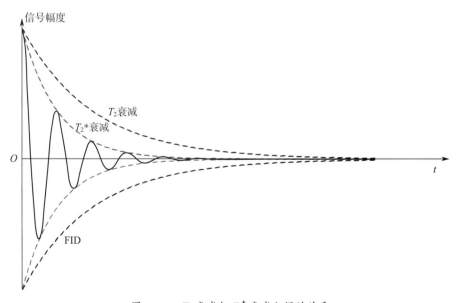

图 1-23　$T_2$ 衰减与 $T_2^*$ 衰减之间的关系

FID 信号本质上是宏观磁化矢量的综合运动所致，因此可以通过宏观磁化的布洛赫方程求解 FID 信号的数学表达式。方程的求解是十分复杂的，需要通过某种方法简化。当实验室坐标系以 $\omega_0$ 速度绕 $z$ 轴旋转时，将看不到磁化矢量绕主磁场 $\boldsymbol{B}_0$ 的进动，仅仅看到绕射频场 $\boldsymbol{B}_1$ 的章动，以及 $T_1$ 和 $T_2$ 弛豫过程。因此运动描述大为简化。在旋转坐标系下，消除了进动项后，布洛赫方程更加容易求解，对核磁共振信号而言，消除了进动项不会有任何损失。

旋转坐标系下，在 $x$ 轴方向施加 $\theta$ 角度 RF 脉冲结束瞬间，位于 $x$ 轴的射频线圈中感生到的信号可以表示为 $s(t)=M_0\sin\theta\cos[(\omega-\omega_0)t]e^{-\frac{t}{T_2}}$。

在实际的仪器中，旋转坐标系是由混频器实现的。混频器有两路输入信号，一路为参考信号，其频率为射频的中心频率 $\omega$，另一路为 FID 信号，其频率为拉莫尔频率 $\omega_0$，混频器输出信号的频率为 $|\omega-\omega_0|$，该信号再经过正交检波后得到 FID 信号的实部和虚部。

图 1-24 所示为在不同参考频率 $\omega$ 下的 FID 信号，也即旋转坐标系旋转频率 $\omega$ 不同时的 FID 信号。当 $\omega=\omega_0$ 时，信号将呈现单调指数衰减规律，没有正弦振荡规律；否则信号一边按指数规律衰减，一边按 $|\omega-\omega_0|$ 频率正弦规律振荡。当 RF 中心频率与拉莫尔频率接近但不相等时，拉莫尔频率 $\omega_0$ 还在 RF 带宽范围之内，将可以看到 FID 信号的振荡，且振荡频率为 $|\omega-\omega_0|$：如果两者相差较大，系统处于"偏置共振"状态，FID 信号表现为振荡频率较大的指数衰减信号；当两者差别较小时，为"接近共振"状态，FID 信号表现为振荡频率较小的指数衰减信号。当 RF 中心频率 $\omega$ 等于拉莫尔频率 $\omega_0$ 时，系统处于"在共振"状态，FID 信号的振荡成分消失，即 FID 信号的频率为零，信号表现为单调指数衰减信号。

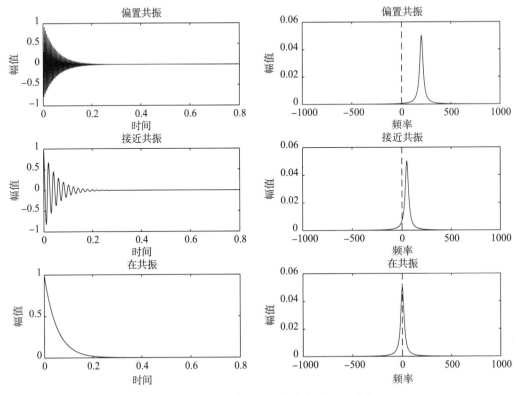

图 1-24　不同频率旋转坐标系中的 FID 信号

## 2. FID 信号的傅里叶变换

时间域内的 FID 信号是强度随时间变化的波形，经过傅里叶变换后，可得到信号的某种特征量随信号频率变化的关系，称为信号的频谱。其中，信号的各次谐波幅值随频率的变化关系称为幅度频谱，信号的相位随频率的变化关系称为相位频谱。以下讨论的频谱主要指幅度频谱。

当样品中只有一种共振频率 $\omega_0$ 的信号，且共振频率与射频中心频率 $\omega$ 相等时，在旋转坐标系中，FID 信号的进动频率 $\Omega=\omega-\omega_0=0$，这时的 FID 信号是单调指数衰减信号，其频谱的实部代表吸收信号线形，虚部代表色散信号线形，如图 1-25 所示。

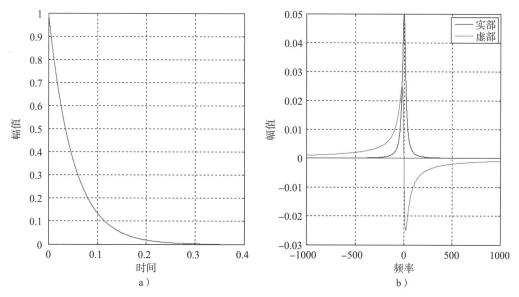

图 1-25　射频中心频率与拉莫尔频率相等时的 FID 信号及频谱
a）FID 信号　b）信号的频谱

频谱的半高宽（full width at half maximum，FWHM）定义为频谱的幅度下降到峰值的一半时对应的频率差。频谱最大峰值为 $M_0T_2^*$，半高频率对应的幅度为 $M_0T_2^*/2$，频谱的半高宽为 $2\sqrt{3}/T_2^*$，由于 $T_2^*$ 与受检组织的 $T_2$ 以及主磁场的均匀性呈正相关，样品的 $T_2$ 是固定的，因此提高主磁场均匀性可以减小频谱的半高宽。增大主磁场的强度以及低温可以增大 $M_0$，可以提高最大峰值。

当样品中只有一种共振频率 $\omega_0$ 的信号，且共振频率与射频中心频率 $\omega$ 不相等时，在旋转坐标系中，FID 信号的进动频率 $\Omega=\omega-\omega_0=\Delta\omega$，这时的 FID 信号是以 $\Delta\omega$ 按正弦规律振荡同时以 $T_2^*$ 指数规律衰减的信号，如图 1-26 所示。信号频谱的实部代表吸收峰，相比较图 1-25，频谱的峰位发生移动。

当样品中有两种共振频率分别为 $\omega_1$、$\omega_2$ 的信号，且两种共振频率均不等于射频中心频率 $\omega$ 时，不同频率信号调制时会出现干涉现象，即形成拍频。拍频周期为两频率差的倒数。由于傅里叶变换是线性变换，因此拍频在频率域内是两种频率的线性相加。图 1-27 所示为拍频 FID 信号及频谱。

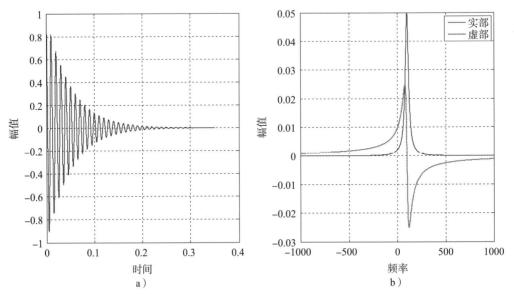

图 1-26　射频中心频率与拉莫尔频率不相等时的 FID 信号及频谱
a）FID 信号　b）信号的频谱

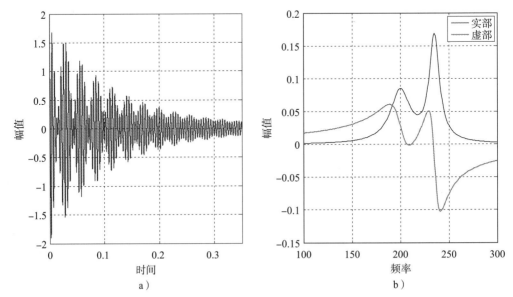

图 1-27　拍频 FID 信号及频谱
a）FID 信号　b）信号的频谱

当样品中含有多个共振频率时，尽管其时域上的 FID 信号复杂难以辨认，但对其进行傅里叶变换后获得的频谱是各条谱线的线性相加，因此能够对不同共振频率的核进行直观区分。

# 七、化学位移与核磁共振波谱

## 1. 化学位移

根据核磁共振产生的条件，同种自旋核在相同的主磁场中应该具有相同的共振频率，但通过对样品的核磁共振信号进行频谱分析，发现分子中同一种核或者不同分子中同一种核的共振频率稍有差别，这种由于自旋核所处的化学环境不同而导致的共振频率的偏移，称为化学位移，用 $\delta$ 表示。它主要源于自旋核外的电子云对外加磁场 $B_0$ 的磁屏蔽效应。原子和分子中的原子核并不是裸露的，周围被电子云围绕。考虑电子云对静磁场的屏蔽作用后，原子核实际所受到的磁场强度的大小不是 $B_0$，而是（$1-\sigma$）$B_0$，$\sigma$ 称为屏蔽常数。分子中的核与其他原子所结合的化学键不同，即核所处的化学环境不同，其屏蔽系数也不同，从而引起共振频率不同。

确定化学位移 $\delta$ 的方法：选择适当物质作为参考物质，以其谱线的位置为标准位置，则待测样品物质的谱线位置偏离标准位置的多少就是该样品的化学位移。对于氢谱，通常以只有一个峰的四甲基硅烷作为参考物质，其谱线作为化学位移的零点，其他化合物的峰大多出现在它的左边，与它偏差多少即该化合物的化学位移为多少。例如，$CH_3$ 基团的谱线出现在 1.22 ppm 处，表示 $CH_3$ 基团的化学位移为 1.22 ppm。再例如，水中的氢质子和脂肪中的氢质子之间的化学位移为 3.5 ppm，则在主磁场的强度为 0.5 T 时，水中的氢质子和脂肪中的氢质子之间的共振频率相差 74 Hz；在主磁场强度为 1.5 T 时，水中的氢质子和脂肪中的氢质子之间的共振频率相差 223 Hz，因此化学位移在较高磁场强度中更大。

需要注意的是，如果主磁场不够均匀以及主磁场强度不够高，核磁共振信号的频谱的分辨率会降低，以致不同化学环境中的同种自旋核的峰无法区分开，化学位移信息会被淹没掉。因此，获取核磁共振波谱的仪器对主磁场均匀性的要求比核磁共振成像仪器对主磁场均匀性的要求要高两个数量级，同时核磁共振波谱仪器的磁场强度要比核磁共振成像仪器的强度高。

## 2. 核磁共振波谱

时域的 FID 信号经过傅里叶变换后，可得到核磁共振信号强度随频率的变化波形，即核磁共振波谱（MRS），核磁共振波谱的特征（谱线的宽度、形状与面积，以及谱线的精细结构等）可以用于了解原子核的性质及其所处的化学环境，从而确定分子结构。

核磁共振波谱技术可以研究生物分子的结构、构象进而了解其功能；还可以研究蛋白、肽和核酸等生物分子结构；可以获取人体的氢谱、碳谱、磷谱等元素图谱，为生物医学基础研究及临床研究提供了许多有价值的信息。例如，获取磷谱能够提供细胞的能量状态、细胞的 pH 值以及磷脂代谢的信息，而水抑制氢谱能提供各种代谢中间产物（如氨基酸和乳酸）浓度的定量信息。在许多疾病的发生、发展过程中，其代谢变化比病理形态改变发生得更早，而核磁共振波谱技术检测代谢变化的敏感性很高，能对疾病进行早期检出。

# 学习单元 ②

# 核磁共振成像概述

核磁共振成像（nuclear magnetic resonance imaging，NMRI），又称自旋成像（spin imaging），也称磁共振成像（magnetic resonance imaging，MRI）。核磁共振成像的原理是利用射频电磁波激励处于静磁场中的含有磁性原子核的物质发生核磁共振，利用梯度磁场实现信号的空间定位，用射频接收线圈采集带有位置信息的核磁共振信号，最后按一定数学方法重建出数字图像。

核磁共振成像的"核"容易引起使用核素材料的错误联想，因而核磁共振成像常被惯用语"磁共振成像"取代，以突出核磁共振成像没有电离辐射的优点。

## 一、梯度磁场

### 1. 梯度磁场的定义

处于自然状态下的质子系统，虽然每个质子都有微小的磁矩存在，但由于磁矩在空间方向上的随机取向，使总体磁矩为零，对外不呈现磁性。当质子系统进入主磁场环境中，所有质子的磁矩方向将会产生两种不同的取向，一种是处于平行状态，一种是处于反平行状态，且处于平行状态的质子数目多于处于反平行状态的质子数目，因此总体上产生了一个与主磁场方向相同的纵向磁化矢量 $M_0$，即质子系统被磁化。磁化后的质子系统处于稳定状态，当外界给质子系统施加一个频率与质子进动频率相等且方向与主磁场垂直的射频电磁场后，进动的质子吸收射频脉冲的能量，纵向磁化矢量 $M_0$ 将会脱离主磁场方向，发生核磁共振现象，在外加射频电磁场消失后，质子系统释放已吸收的能量，在纵向和横向同时发生弛豫过程，并发射出与质子共振频率一致的核磁共振信号，通过射频接收线圈被检测出来，用于核磁共振成像。

处在主磁场中的质子系统在射频脉冲的激励下产生核磁共振，但是所有质子以相同的频率共振，具有相同的频率特征却不含有任何的位置信息，不能对信号进行空间定位，无法形成核磁共振图像。因此，要形成核磁共振图像还需要第三种场，即梯度磁场。

介绍梯度磁场之前，先介绍磁体的空间坐标系。如果按照主磁场的方向进行分类，医用核磁共振成像设备的磁体可以分为产生水平磁场的磁体和产生竖直磁场的磁体，如产生水平磁场的超导磁体和产生竖直磁场的永磁体。按照习惯，在核磁共振设备中，主磁场方向公约为 $z$ 方向，在与之垂直的平面内确定 $x$ 方向和 $y$ 方向。以产生水平磁场的超导磁体为例，其磁体孔 $B_0$ 方向取作 $z$ 方向，另一水平方向取作 $x$ 方向，竖直方向取作 $y$ 方向，受检者取仰卧姿势，如图 1-28 所示，其头指向 $z$ 方向，右手边指向 $x$ 方向，正前方指向 $y$ 方向。临床解剖学上约定了人体的方位，分别是横断面（平行于 $xy$ 的平面）、矢状面（平行于 $yz$ 的平面）、冠状面（平行于 $xz$ 的平面）。对于产生竖直磁场的永磁磁体，左右方向是 $y$ 方向，头脚方向是 $x$ 方向，竖直 $B_0$ 方向是 $z$ 方向。

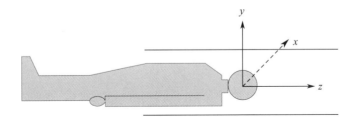

图 1-28 超导核磁共振成像设备的坐标系

根据拉莫尔方程 $\omega_0=\gamma B_0$ 可知，氢质子共振频率随主磁场 $B_0$ 的变化而变化，如果能够使磁体成像空间内每一点上的磁场强度和位置建立起一一对应的关系，成像样品的不同位置处的受激发自旋核将在不同频率下共振，这一点可以用来编码受激励的自旋核的空间信息，即空间定位。通过在主磁场 $B_0$ 上叠加一个变化的小磁场 $\Delta B$，可实现成像层面上各处磁场的改变。$\Delta B$ 不仅同 $B_0$ 一样，具有向量场的性质，且是变化的向量场，即具有梯度场的特点，故 $\Delta B$ 又叫线性梯度磁场（linear field gradient），它是磁感应强度大小随位置以线性方式变化的磁场，简称梯度场。在核磁共振系统中，为了获得任意层面的空间信息，在 $x$、$y$、$z$ 三个坐标方向建立 $x$ 方向梯度磁场、$y$ 方向梯度磁场和 $z$ 方向梯度磁场，它们分别由 X 梯度线圈、Y 梯度线圈和 Z 梯度线圈产生，三个方向的梯度场是指沿直角坐标系三个方向呈线性变化的磁场，即每单位长度上的磁场是线性递增的，如图 1-29 所示，图中箭头指向表示磁场的方向，线段的长短表示磁场的强弱。

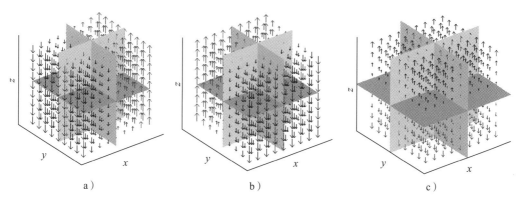

图 1-29　成像区域线性梯度磁场 $\Delta B$ 示意图

a）$x$ 梯度场随 $x$ 坐标线性变化　b）$y$ 梯度场随 $y$ 坐标线性变化　c）$z$ 梯度场随 $z$ 坐标线性变化

## 2. 磁场梯度

磁场梯度反映了梯度磁场的变化情况，是一个有方向的量，其方向由低场强指向高场强，其大小为梯度方向上单位距离上的场强之差，一般用直线的斜率表示磁场梯度的大小。磁场梯度用 $G_r$ 表示，下标表示梯度方向，单位是 Gs/cm（或 T/m），如 $z$ 方向的线性梯度磁场的值可表示为 $\Delta B_z=zG_z$。核磁共振系统在成像时，梯度线圈产生的梯度磁场与主磁场叠加后共同作用于成像对象，梯度磁场 $\Delta B$ 的作用就是动态地修改主磁场 $B_0$。梯度磁场和主磁场叠加后使磁场发生梯度性的变化，其值可以用 $B_z=B_0+zG_z$ 表示，主磁场 $B_0$ 是均匀强磁场，其大小和方向是固定不变的，梯度磁场 $\Delta B_z$ 的大小和方向均可以改变，如图 1-30 所示。

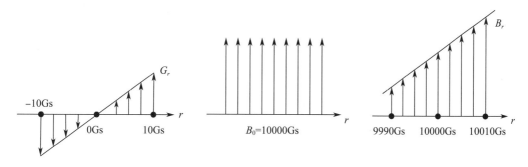

图 1-30　梯度磁场与主磁场的叠加

图 1-30 所示的沿 $r$（$x$、$y$ 或 $z$）方向的梯度磁场，设其磁场梯度 $G_r=1$ Gs/cm。核磁共振系统中，梯度磁场中心与主磁场中心重合，因此在中心位置（$r=0$）处梯度磁

场为 0，在 $r=10$ cm 和 $r=-10$ cm 处的梯度磁场分别为 10 Gs 和 -10 Gs。梯度磁场与主磁场叠加后的磁场为 $B_r$，设 $B_0=1$ T=10 000 Gs，则在 $r=0$ 处，$B_r=B_0+0=10\,000$ Gs，在 $r=10$ cm 和 $r=-10$ cm 处的 $B_r$ 分别为 10 010 Gs 和 9 990 Gs。

## 二、选层

施加梯度磁场后，沿成像对象的 $r$（$x$、$y$ 或 $z$）方向上的质子所处的磁场 $B_r$ 呈线性变化，根据拉莫尔方程，质子进动频率 $\omega_r$ 也会呈线性变化，以 $z$ 方向为例：$\omega_z=\omega_0+\gamma z G_z$，已知 $G_z$，则 $z=(\omega_z-\omega_0)/(\gamma G_z)$，可知质子在 $z$ 方向的坐标位置与该位置处质子的共振频率是一一对应的。因此，核磁共振成像时可以利用频率与位置的对应关系实现信号的空间定位。基于上述原理，具体实现成像的方法有很多种，目前广泛采用的是二维傅里叶变换（2D-FT）成像法，下面就以该方法具体描述核磁共振信号的空间编码过程。

确定空间坐标的第一步是选择层面，它是由层面选择梯度完成的。在图 1-28 所定义的坐标系统下，分别以 $G_x$、$G_y$、$G_z$ 作层面选择梯度时，就可以选定矢状面、冠状面和横断面的层面。层面选定以后，质子的空间位置被限制在层面选择梯度所确定的平面内，再用两个坐标值就可以精确确定出其位置了，另外两个坐标值是由其余两个梯度确定的，在 2D-FT 成像方法中，它们分别被用来进行相位编码和频率编码，解码后即得到检测点的平面坐标，见表 1-4。例如，获取横断面的图像时，以 $G_z$ 作为层面选择梯度，对 $G_x$ 和 $G_y$（或 $G_y$ 和 $G_x$）分别进行相位编码和频率编码，可以得到层面内任意点的坐标，对该坐标对应的空间体素所发出的核磁共振信号进行检测，再通过二维傅里叶变换可以将带有位置信息的信号转换为具有像素亮度对比的二维图像。表 1-4 中给出的是横断面、矢状面和冠状面的空间定位情况，通过 $G_x$、$G_y$ 和 $G_z$ 之间两个或者多个同时使用可以得到体内的任意斜切的层面，这一点和 CT 成像只能作横断面截面图像不同，核磁共振可以对任意的截面断层进行成像。

表 1-4　　　　　　　　　　　　梯度场的空间定位

| 层面的方向 | 层面选择梯度 | 相位编码梯度 | 频率编码梯度 |
| --- | --- | --- | --- |
| 横断面 | $G_z$ | $G_x$ 或 $G_y$ | $G_y$ 或 $G_x$ |
| 矢状面 | $G_x$ | $G_y$ 或 $G_z$ | $G_z$ 或 $G_y$ |
| 冠状面 | $G_y$ | $G_x$ 或 $G_z$ | $G_z$ 或 $G_x$ |

## 1. 层面的选择

如图 1-31 所示，在 $z$ 方向叠加一线性梯度磁场 $G_z$，则沿着 $z$ 方向的质子进动频率出现线性变化，因而垂直于 $z$ 方向的同一平面上的磁场强度相同；因梯度磁场的强度不同，不同位置平面（图中 $z1$、$z2$ 和 $z3$）的磁场强度不同。如果射频脉冲的频率使 $z2$ 平面内的氢质子发生共振，则 $z1$ 和 $z3$ 平面内的质子将由于不满足核磁共振条件而不会发生共振。因此通过施加不同中心频率的射频脉冲，使处于不同层面的质子被激发产生核磁共振信号，从而区分不同位置的层面，此过程被称为选层或者选片。在梯度磁场作用下，质子进动频率 $\omega_r$ 满足 $z=(\omega_r-\gamma B_0)/(\gamma G_r)$，可见通过调整射频的中心频率 $\omega_r$，可实现选层位置的调节。当射频中心频率分别调节为 $\omega_1$、$\omega_2$ 和 $\omega_3$ 时，共振的层面分别是 $z1$、$z2$ 和 $z3$。

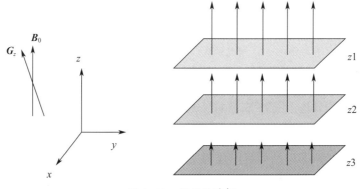

图 1-31　层面的选择

## 2. 层厚的调节

图 1-31 中的层面在实际的扫描过程中存在一定的层厚，层厚是被激发的成像层面的厚度。由于梯度磁场的作用，每一层面内的质子所处的磁场大小也是不一致的，共振频率也是在一定范围内线性变化的，即层厚 $\Delta r$ 满足 $\Delta r=(\Delta\omega_r)/(\gamma G_r)$，其中 $\Delta\omega_r$ 是与所选择层面的拉莫尔频率相匹配的射频脉冲的频率范围，该范围即射频脉冲的带宽。因此层厚由射频带宽和磁场梯度共同决定，如图 1-32 所示。

层厚与射频带宽呈正相关，即射频脉冲频率范围越大，能够激发的质子层面越厚，反之越薄。层面厚度与磁场梯度呈反相关，磁场梯度越大，层面越薄。在实际设备中，由于射频带宽与序列中射频脉冲施加时间是关联的，不能轻易改变，因此临床上主要是通过改变梯度场的强度 $G_r$ 达到对不同层厚的选择。增加梯度场的斜率受到了核磁共振梯度功率放大器（简称功放）的限制，层厚不能无限制降低，因此可以获取的最小层厚是核磁共振设备梯度性能和射频脉冲选择性能好坏的重要指标。

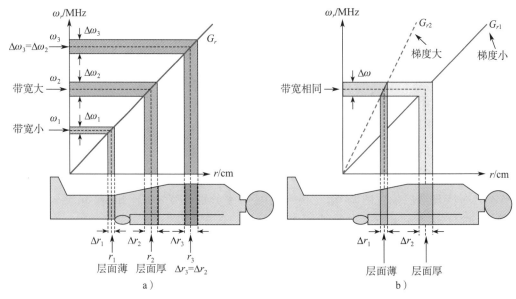

图 1-32  射频带宽以及磁场梯度与层厚的关系
a）射频带宽与层厚的关系  b）磁场梯度与层厚的关系

（1）部分容积效应。三维成像对象是由体素构成的，体素既有平面上的长和宽，也有深度或高度，层厚实质上是三维体素的深度或高度。当层厚增加时，体素内的质子数目增加，信号强度会增加，但在图像重建时是用体素信号的平均值，忽略了深度方向上的信号差异，当体素存在高信号的小块组织时，就会导致整个体素呈现高信号。这是一种假象，它是由体素中部分容积造成的以点概面的假象，称之为部分容积效应。通过减少层厚能够提高层面选择方向上的空间分辨率，以减少部分容积效应。

（2）层间交叉。在核磁共振成像中，软脉冲被用作射频激励脉冲。理想的软脉冲频谱为矩形窗，具有良好的频带选择性能。但实际上受到射频脉冲时间的限制，软脉冲一般只截取部分 sinc 函数作为调制波形。这种截断效应导致其频谱不是理想的矩形窗，边缘部分有突起或拖尾，类似高斯曲线形状。当两个高斯曲线的频率相距很近，它们会有部分频率重叠，而层厚是由射频脉冲的带宽决定的，这样具有一定带宽的高斯形状的频率所对应的相邻层面就会产生交叉，即层间交叉。为了避免层间交叉，可以在层与层之间保持一定的间隙，相邻两个层面之间的距离称为层间距，如图 1-33 所示。

（3）层面选择梯度的失相位和复相位。选层时，线性梯度场在射频脉冲作用时打开，在射频脉冲作用结束时马上关闭，对不同层面施加射频脉冲时，磁场的梯度 $G_r$ 保持不变。尽管在射频脉冲结束时梯度场立刻关闭，但在横向磁化矢量产生到层面选择梯度关闭期间，由于梯度场的存在导致质子所处的磁场不均匀，使质子以不同的频率进动，因此被射频脉冲激励的层面内的质子进动相位的一致性被层面选择的梯度场迅速扰乱，使横向磁化矢量迅速衰减。这种梯度造成的失相位，会使核磁共振信号的强度很小而无法用来重建图像。解决这一问题的方法是在线性梯度场施加之后紧接着再施加方向相反的梯度场。通常把最初使用的层面选择梯度称为失相位波，而把之后使用的方向相反的梯度称为复相位波，它们共同作用使层面内质子的相位恢复一致，以补偿信号幅度的降低，如图 1-34 所示。对于复相位波需满足：若复相位波的磁场强度与层面选择梯度（失相位波）的磁场强度相同，则复相位波作用时间为层面选择梯度的一半；或者，复相位波与失相位波的持续时间相同，而幅度为失相位波的一半。

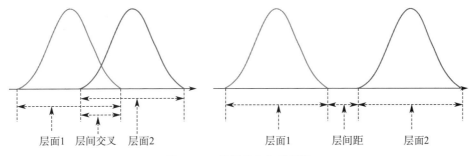

图 1-33　层间交叉与层间距

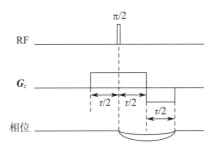

图 1-34　层面选择梯度的失相位和复相位

## 三、频率编码与相位编码

通过一定中心频率和带宽的射频脉冲选定人体特定的层面，层面内各个体素的纵向磁化矢量 $M_0$ 在 90° 射频脉冲的激励下翻转到横向 $xy$ 平面内，射频停止后，在弛豫过程中接收到的核磁共振信号是该层面所有体素共同产生的，不能确定各个体素的信号强度。2D-FT 成像技术是通过层面选择梯度以外的两个梯度确定层面内的各个体素位置。这两个梯度根据在定位中所起的作用分别被称为频率编码梯度和相位编码梯度。

### 1. 频率编码

频率编码是在信号接收期间，在 $x$ 方向施加一线性梯度磁场，使各列体素的核磁共振信号的频率发生变化的过程。由于各列体素的体积很小，体素沿着 $x$ 方向的宽度可以不考虑，这样垂直于 $x$ 方向的不同列所处的磁场不同，同一列所处磁场相同，因此各列中质子的进动频率不同，造成各列体素的核磁共振信号的频率发生变化，此处的线性梯度 $G_x$ 被称为频率编码梯度。

频率编码梯度仅仅在接收信号期间施加，非接收信号期间不施加，在每次接收信号期间所施加的频率编码梯度都相同。以 $3 \times 3$ 矩阵共 9 个体素的层面为例，假定 9 个体素的信号如图 1-35a 所示，每个体素的频率都是拉莫尔频率，只是这些体素的质子数有多有少，体现出信号幅值的差别。施加频率编码梯度后的 9 个体素的信号如图 1-35b 所示，中间一列中的体素由于所施加的频率编码强度为零，可以认为这一列体素的质子所产生的核磁共振信号的频率与没有施加梯度时保持一致，仍然为 $\omega_0$，右侧的一列位于较高的磁场中，那么这一列中各个体素的质子进动的频率比 $\omega_0$ 要快，记作 $\omega_{+1}$，而左侧的一列位于较低的磁场中，该列中各个体素的质子进动的频率比 $\omega_0$ 要慢，记作 $\omega_{-1}$。

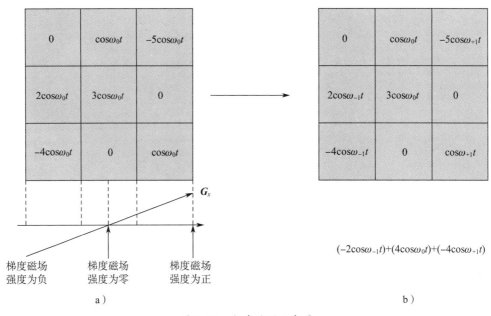

图 1-35　频率编码示意图

a）沿 $x$ 方向施加的频率编码梯度　b）施加频率编码后不同列产生不同频率

## 2. 相位编码

相位编码是以接收核磁共振信号的相位为基础确定信号源。在 $z$ 方向选层之后，施加一个线性梯度 $G_y$，使沿 $y$ 方向不同位置处的磁场不同，则层面中垂直于 $y$ 方向各行体素处在不同的磁场中，同一行体素处在相同的磁场中，如图 1-36a 所示。由于同一行体素的质子处于相同的磁场中，具有相同的进动频率，而不同行的质子进动频率不同，则梯度场作用 $\tau$ 时间后，各行体素的质子进动存在一定的相位差异，可以表示为 $\theta=\omega\tau=\gamma yG_y\tau$，可见质子进动相位与所处位置的 $y$ 坐标呈现一一对应关系。用该相位差异作为一种标记，可以区别垂直于 $y$ 方向的不同行产生的核磁共振信号，这个过程称为相位编码，$G_y$ 称为相位编码梯度。在施加了相位编码梯度后，由于中间一行的体素所处的磁场强度没有发生变化，所以这一行体素质子的进动相位没有发生任何变化，和没有施加梯度之前一样，最上面一行由于处在较强的磁场中，各体素横向磁化矢量进动的频率加快，比中间一行的相位超前一个角度 $\theta$，最下面一行因处在较弱的磁场中，各体素横向磁化矢量进动的频率减慢，相对中间一行的相位滞后一个角度 $\theta$，如图 1-36b 所示。这里没有考虑各行频率的变化，这是因为相位编码梯度作用很短时间后，在接收信号之前就已经关闭，关闭相位编码梯度后，不同行的质子又处在相同的磁场中，质子进动频率又都相同为 $\omega_0$，因此相位编码梯度对接收信号的频率没有影响，但是，每行质子的进动出现了永久性的相位差异，这就是编码的相位记忆功能。

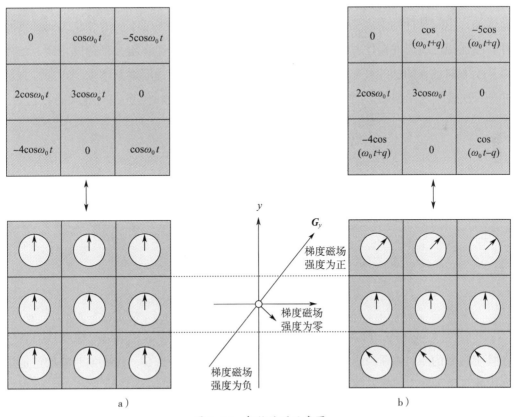

图 1-36 相位编码示意图

a）沿 $y$ 方向施加的相位编码梯度 b）施加相位编码后不同行出现相位差

经过相位编码梯度和频率编码梯度后，得到的信号代表的是整个特定层面的信号，此处特定层面是由若干体素构成，代表一定体积的组织。体素具有一定的长、宽和高，体素的高即为层面的厚度 $\Delta z$，如图 1-37 所示。体素在二维图像中体现为像素。

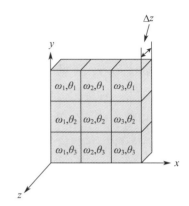

图 1-37　相位编码梯度和频率编码梯度施加后的体素

图 1-37 是具有 9 个体素的矩阵，沿着 $x$ 方向的质子信号频率为 $\omega_1 \sim \omega_3$，沿着 $y$ 方向的质子信号相位为 $\theta_1 \sim \theta_3$，最终的信号为这 9 个体素信号之和。该信号经过傅里叶变换后还无法得到二维图像，还需要多次采集不同幅值的信号，即获取多条相位不相干的数据后才能进行图像的重建，因此相位编码梯度 $G_y$ 必须以不同的强度反复施加。反复使用不同强度的相位编码梯度的次数决定了层面矩阵的行数，这个行数称为相位编码步数。例如，对 $3 \times 3$ 的矩阵，需要施加 3 次不同强度的相位编码梯度 $G_y$。图 1-38a 所示为一重复使用的相位编码梯度脉冲 $G_y$，共有 7 个脉冲，脉冲的强度依次减小再依次反方向增加，中间脉冲的强度为零，通常用图 1-38b 表示使用强度不同的相位编码梯度脉冲。施加相位编码时顺序是任意的，可以从梯度为零开始逐步增大到梯度正向，也可以从反方向最强的脉冲开始，然后逐渐到梯度为零，再使梯度逐渐增大到正向最强脉冲。每次使用相位编码梯度 $G_y$ 可以使相邻的两行之间产生相位差 $\Delta\theta = 360° /$ 行数。

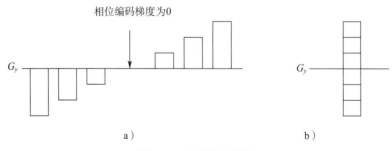

图 1-38　相位编码梯度

a）不同强度的相位编码梯度　b）相位编码梯度符号

下面仍以 $3 \times 3$ 的矩阵为例，说明如何施加 3 次不同强度的相位编码梯度 $G_y$。首先在特定频率的 90° 射频激励脉冲作用期间施加层面选择梯度 $G_z$，使成像对象的选定层面内的氢质子发生核磁共振，每隔相同的 $TR$（time of repetition，脉冲重复时间），再发射一次相同频率的 90° 射频脉冲。图 1-39 所示为 3 个 $TR$ 内的信号的空间编码情况。

在第一个 $TR$ 内，在 $y$ 方向施加相位编码梯度为零的 $G_y$，经过 $TE$（time of echo，回波时间，即 90° 射频脉冲施加时到核磁共振信号接收时的间隔）在 $x$ 方向施加频率编码

梯度 $G_x$ 并接收信号，则接收到信号各行之间没有相位差异，各列之间具有频率差异。

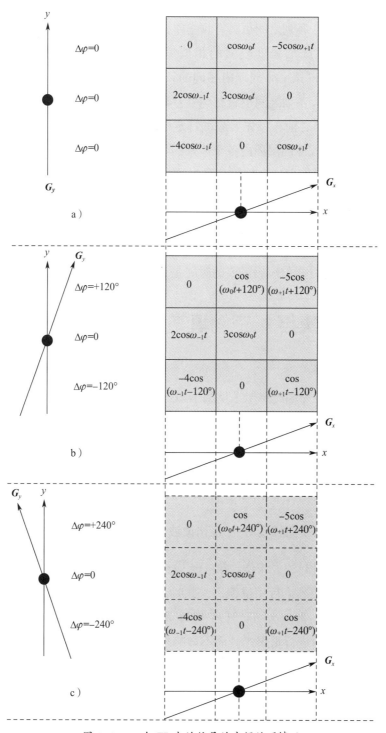

图 1-39　3 个 TR 内的信号的空间编码情况

a）第一个 TR　　b）第二个 TR　　c）第三个 TR

在第二个 $TR$ 内，施加强度较弱的相位编码梯度 $G_y$，各行之间将产生相位差 120°，再经过 $TE$ 施加同第一个周期内相同的频率编码梯度 $G_x$，则接收到信号各行之间产生 120° 相位差异，各列之间也具有频率差异。

在第三个 $TR$ 内，施加强度较强的相位编码梯度 $G_y$，各行之间将产生相位差 240°，再经过 $TE$ 施加同第一个周期内相同的频率编码梯度 $G_x$，则接收到信号各行之间产生 240° 相位差异，各列之间也具有频率差异，至此完成了相位编码。

可见，在相位编码之前，首先要施加特定中心频率和带宽的 90° 射频脉冲，通过层面选择梯度 $G_z$ 使要成像的层面内各个体素的氢质子产生共振，然后施加一定强度的相位编码梯度进行相位编码，在接收信号时施加频率编码梯度，即得到一条核磁共振信号。在下一个周期内，仅改变相位编码梯度的强度（层面选择梯度和频率编码梯度在每个周期中强度都是相同的），得到另一条核磁共振信号。因此，每进行一次相位编码就需要一个脉冲重复时间 $TR$，对于 $3 \times 3$ 矩阵，进行相位编码需要的时间是 $3 \times TR$，对于 $64 \times 64$ 矩阵，进行相位编码需要的时间是 $64 \times TR$。

## 四、数据采集与 K 空间填充

### 1. 原始数据采集

以一个典型的成像周期时序图（见图 1-40）为例，描述核磁共振二维数据的采集过程。

图 1-40 表示一个成像周期内三个梯度的先后施加顺序。首先在 $t_1$ 时刻开启正向层面选择梯度 $G_z$（失相位波），同时，90° RF 产生，使激励限制在所选定的层面内，这时受激层面的纵向磁化矢量 $M_0$ 立刻倾倒至 $xy$ 平面，在 $t_2$ 时刻正向层面选择梯度 $G_z$ 关断，$t_2$ 到 $t_3$ 时刻施加反向梯度 $G_z'$（复相位波），满足 $G_z \times \dfrac{t_2 - t_1}{2} = G_z' \times (t_3 - t_2)$，目的是消除层面选择梯度引起的失相位。第三条横直线表示在 $t_4$ 到 $t_5$ 时刻施加相位编码梯度，对层面内各共振质子进行相位编码，此时，FID 信号已出现，但暂不检测。随着相位编码梯度的关断，再一次同时开启 180° 重聚焦射频脉冲和层面选择梯度 $G_z$，其目的是仅对选定的层面进行重聚焦，而不影响外面的层面。第四条横直线表示施加频率编码梯度，在 $t_6$ 时刻施加反向梯度 $G_x'$ 持续到 $t_7$ 时刻，马上施加正向梯度 $G_x$ 并持续到 $t_8$，满足 $G_x \times \dfrac{t_8 - t_7}{2} = G_x' \times (t_7 - t_6)$。此处频率编码梯度的施加方法也可以是：在 $t_4$ 到 $t_5$ 时刻施加正向梯度 $G_x'$，在 $t_7$ 到 $t_8$ 时刻再施加正向梯度 $G_x$，满足 $G_x \times \dfrac{t_8 - t_7}{2} = G_x' \times (t_5 - $

$t_4$），其目的是补偿频率编码梯度引起的失相位。最后一条横直线表示信号的获取，由于质子相位在 $TE$ 时相同，之后又失去相位，因此信号呈现先弱后强然后又弱的形状，形似回波状。

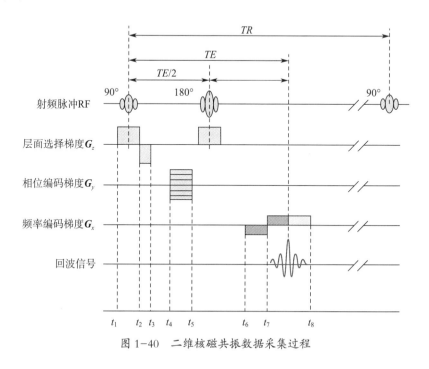

图 1-40 二维核磁共振数据采集过程

在每个周期的数据采集过程中，频率编码梯度 $G_x$ 的大小保持不变，在回波信号出现后，每个周期将在 $G_x$ 的配合下采集 $n$ 个数据。这 $n$ 个数据中已经包含了所有体素的相位编码和频率编码的信息，但它们不足以重建图像。对于 $m$ 行的图像，至少需要加入 $m$ 个相位编码步数，不同的周期相位编码梯度 $G_y$ 不同，周期与周期之间采用的相位编码梯度值可以递增或者递减，因而需要 $m$ 次扫描周期才能完成相位编码过程，最后得到一个 $m$ 行 $n$ 列的原始离散数据矩阵，对该矩阵进行二维图像重建才能获得核磁共振图像。

为了提高信噪比，通常在一个周期中进行多次累加采集，采集次数称为信号平均数（number of signal averages，NSA）。将累加后的信号取平均值作为该周期的 $n$ 个数据。典型数据采集过程的总时间 $t=m \times TR \times NSA$，可见，采集时间取决于相位编码步数 $m$、脉冲重复时间 $TR$ 以及累加次数 $NSA$，与频率编码方向上的像素数 $n$ 以及回波时间 $TE$ 无关。一般要等待受激自旋系统充分弛豫才能进行下一周期的激励，所以成像序列的 $TR$ 较长，序列的执行时间也就不可能缩短，成像周期中仅有约 5% 的时间用于数据采集，另外 95% 的时间处于等待纵向磁化矢量的恢复之中。

需要注意的是，在脉冲序列图中层面选择梯度、相位编码梯度和频率编码梯度

分别用 $G_s$、$G_p$ 和 $G_f$ 表示，这是由于临床上通常需要根据组织和器官的解剖结构选取所需要的斜切面。对于斜切面，其层面选择需要同时使用 $G_z$、$G_y$ 和 $G_x$ 中的两个，相位编码和频率编码也需要选择 $G_z$、$G_y$ 和 $G_x$ 中的两个组合出彼此正交的梯度，此时用 $G_z$、$G_y$ 和 $G_x$ 表示层面选择梯度、相位编码梯度和频率编码梯度就不恰当，只有在轴位成像时，层面选择梯度、相位编码梯度和频率编码梯度才可以分别用 $G_z$、$G_y$ 和 $G_x$ 表示。

## 2. K 空间及其特点

K 空间起源于数据空间，对于层面是一个 $n \times m$（$n$ 列 $m$ 行）的矩阵，需要对它进行 $m$ 次相位编码，每次相位编码进行一次频率编码，接收 $m$ 个核磁共振信号，相位编码数为 $m$，频率编码数为 $n$。假定层面是一个 $15 \times 15$ 的矩阵，共有 255 个体素，对应 255 个像素，像素和体素的区别在于体素包含层面的厚度而像素不包含，如图 1-41 所示。对于 $15 \times 15$ 的矩阵，需要沿 $y$ 方向共进行 15 次相位编码，沿着 $x$ 方向进行 15 次频率编码，每一次相位编码都要进行一次频率编码，每一次频率编码获得 15 个不同的频率。由于需要进行 15 次相位编码，序列的 $TR$ 需要重复 15 次，每个周期的相位编码梯度强度不相同，相位编码梯度强度从最大负值开始经过零再到最大正值结束。

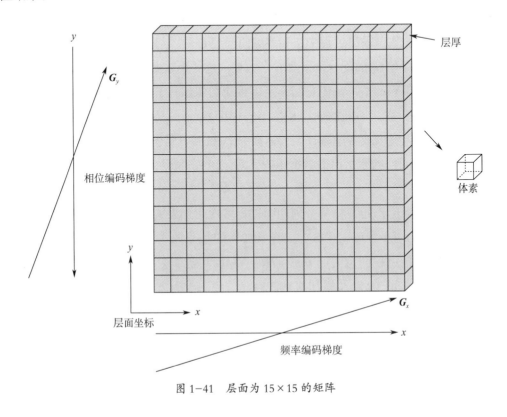

图 1-41　层面为 $15 \times 15$ 的矩阵

因此，经过 15 个 TR 对这一层面进行 15 次相位编码，得到 15 个自旋回波信号，每个回波信号含有 15 种不同的频率成分。这些信号按一定方式填充到数据空间内：第一个 TR 内，采集到的信号填充到数据空间的最下面一行（−7 行），它对应最大的负向相位编码梯度，如图 1−42 所示。

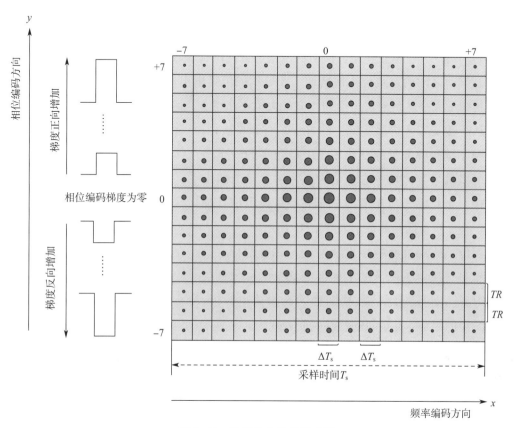

图 1−42　时间域内的数据空间

由于频率编码数为 15，对每个自旋回波信号进行 15 次采样，每个采样数据用一个点表示，点的粗细表示回波信号的强度，每一行即 15 个点表示的一个回波信号；在第二个 TR 内，将采样的数据填充到数据空间的 −6 行，依次到第八个 TR，此时相位编码梯度为零，将采样的数据填充到数据空间的中央一行，即 0 行，直到第十五个 TR，相位编码梯度为正向最大梯度，采样信号填充到数据空间的最上面一行，即 +7 行，最终得到一个 15×15 的点矩阵。

数据空间的水平方向和竖直方向均为时间轴。水平方向相邻两个点之间的时间为采样间隔 $\Delta T_s$，水平方向的最左端到最右端的时间为采样点数乘以采样间隔，一般为几毫秒到数十毫秒；竖直方向相邻两行之间为连续两个采样周期采样信号的间隔，即为 TR，竖直方向从最上端到最下端的时间为相位编码数乘以 TR，一般为数十分钟。

可见，数据空间的两个坐标轴所表示的时间的数量级相差很大，在时间域上，数据空间是一个很不对称的矩阵。数据采集完成后得到的数据空间是一个完整的数据矩阵，称为原始数据，也称为时域的K空间。

K空间数据并不直接代表成像对象的物理位置。K空间内的每个数据点包含了所有像素点的信号，对图像中的所有点均有贡献。但K空间不同位置的点对图像的贡献不同。核磁共振成像中采用梯度场实现信号的空间定位。但线性梯度场实际上对于静磁场的均匀性具有退化作用。使沿梯度施加方向的样品质子处于不同的场强下，与射频中心频率之间的差距也线性增加，获取到的信号则出现递减。对于相位编码梯度，由于其梯度大小从负向最大值到正向最大值逐步增加，跨越零梯度，因此信号要经历一个从小逐步增大再逐步减小的过程。对于每次相位编码，需要施加频率编码梯度，而且频率编码梯度场的变化率是中心为零的一条斜线，所以信号会出现中心值最大，往两边逐渐减小的规律。于是信号与梯度的总体关系呈现出信号幅值中心高、四角低的关系，如图1-43所示。

相位编码梯度跨越零点及附近的几行数据，信噪比较高，决定了图像的主体部分信息，称为低频傅里叶线。处于边缘的数据则称为高频傅里叶线，影响图像的细节。K空间的特性主要表现为：一是K空间中的点阵与图像的点阵不是一一对应的，K空间中每一点包含有扫描层面的全层信息，而图像阵列中的每个点（像素）的信息仅对应层面内相应体素的信息；二是填充K空间中央区域的核磁共振信号主要决定图像的对比度，填充K空间周边区域的核磁共振信号主要决定图像的空间分辨力；三是K空间在$K_x$和$K_y$方向上都呈现镜像对称的特性。

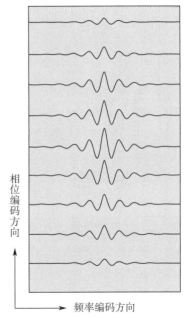

图1-43　空间编码对原始数据空间信号幅值的影响

## 3. K空间数据的填充顺序与填充轨迹

K空间的水平坐标代表频率编码，竖直坐标代表相位编码，列数表示采样点数，行数表示相位编码数，每一次相位编码采集一个回波填充到数据空间的一行，称为傅里叶行，每一行对应不同的相位编码梯度，每个采样点代表数据空间的一个点，把核磁共振信号在K空间平面上的投影曲线称为K轨迹，或称为傅里叶线。K空间的矩阵的填充方式取决于脉冲序列的类型，K轨迹可以为直线或者曲线。K空间填充时可以采用笛卡尔坐标系、极坐标或球面坐标等多种形式，图1-44给出了标准长方形、平面回波成像形、圆形、螺旋形及辐射形的 K 空间填充轨迹，采用不同的填充轨迹对于提高成像质量及减少成像时间有重要意义。

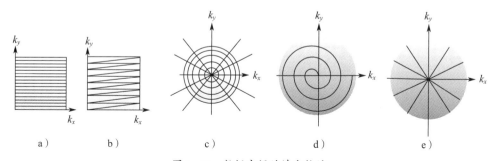

图 1-44　数据空间的填充轨迹

a）标准长方形　b）平面回波成像形　c）圆形　d）螺旋形　e）辐射形

## 4. K 空间数据采集与图像的关系

按照相位编码步数采集多条数据，并对每条数据进行离散化采样后，可得到二维离散化的原始数据空间，即以上讨论的时域的 K 空间。为了获得真正的 K 空间，需要经过一个代数转换，将时域数据空间的坐标变换到空间频率域内，如图 1-45 所示。经过变换后所得到的 K 空间是一个更加对称的空间，即在水平方向的大小与竖直方向的大小大致相同，水平方向也称为空间频率编码方向，坐标为 $k_x=2\pi\gamma G_x t$，竖直方向也称为空间相位编码方向，坐标为 $k_y=2\pi\gamma G_y T_y$，$G_x$ 为频率编码梯度幅值，$G_y$ 为相位编码梯度步进值，$T_y$ 为相位编码梯度施加时间。

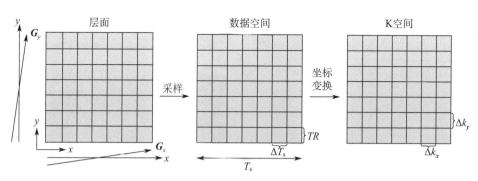

图 1-45　从层面到层面对应的 K 空间

时域数据空间以二维时间为坐标，将空间的积分效应包含在每个时间域的数据点内；K 空间以二维空间频率为坐标，将时间的积分效应包含在每个空间域数据点内，因此原始数据与 K 空间只是两种不同存储方式，或者仅为表达方式的不同。信号离散化后的存储空间为 K 空间，它是复数时间域信号的离散化数据存储空间的另一种表达。K 空间是频率空间，又称傅里叶空间，是带有空间定位编码信息的核磁共振信号原始数据的填充空间。与其他成像设备不同的是，核磁共振在信号测量过程中并不直接得到图像，而仅获取包含空间编码信息的原始数据。每一幅核磁共振图像都有其相应的 K 空间数据。对 K 空间的数据进行傅里叶逆变换，就能对原始数据中的空间定位编码信息进行解码，将不同强度的核磁共振信号分配到相应的空间位置上，频率和相位决定了信号在核磁共振图像中的空间位置，而幅值则决定了信号的强度，从而重建出了核磁共振图像。图 1-46a 所示为 1 024 次相位编码后的 K 空间数据以及傅里叶变换后的图像数据。从图上可看出，K 空间图像上看不出结构图像的任何信息，而且较高幅值决定图像主要结构的数据都集中在 K 空间的中央，四角上都是幅值较小的细节信号。图 1-46b 所示为仅选取信噪比较高的 K 空间中央部分数据和重建得到的图像，图像的主要结构仍能够分辨，只是细节不够清晰。图 1-46c 所示为仅选取信噪比较低的 K 空间四角部分数据和重建得到的图像，图像的主要结构分辨较差，主要体现了组织边缘的细节信息。

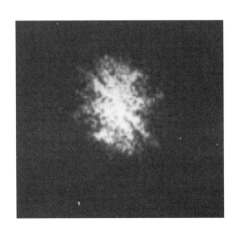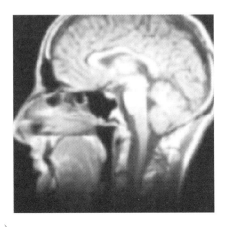

a )

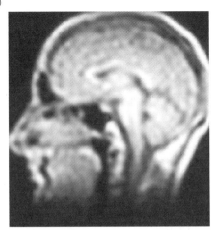

b )

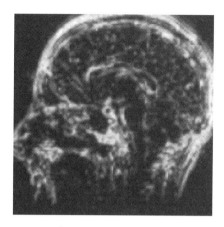

c）

图 1-46　K 空间与图像
a）正常 K 空间数据和重建图像　b）K 空间中央部分数据和重建图像
c）K 空间四角部分数据和重建图像

# 五、图像重建

处于主磁场中的自旋核经过射频脉冲激励和三个方向的梯度磁场空间编码后，形成了携带空间位置信息的核磁共振信号，再由计算机将采集到的核磁共振信号重建成一幅二维图像，这个过程称为图像重建。

## 1. 图像重建方法

射频脉冲和梯度脉冲的组合方式不同，对应不同的图像重建方法，主要有点成像法、线成像法、面成像法和体积成像法。

点成像法是通过依次选择某个点获取信号，直至获取全部点的信号进行图像重建。点成像法耗时多、效率低。

线成像法是指在层面选择梯度施加后，同时施加另外两个方向的梯度磁场，激励某条线上的质子共振并获取信号，此后通过不断调整梯度组合实现不同角度数据线的采集。线成像法又可分为敏感线成像法、线扫描成像法、多线扫描成像法和化学位移成像法等。其中多线扫描成像法与 CT 投影重建类似，采集到足够的线投影后再通过反投影算法得出每个体素的信号幅值，采用该方法的设备又称为 CT-MR。由于该方法每次获取一个投影线的信号，因此效率也比较低。

面成像法通过在不同时间段分别施加层面选择梯度、相位编码梯度和频率编码梯度对整个层面内的信号进行空间信息标记，最后采用傅里叶变换实现空间位置的解析。由于每次都获取整个层面的信号，因此成像效率明显高于前两种方法。二维傅里叶变换法（2D-FT）是面成像法的最主要的代表。

体积成像法是在面成像法的基础上发展起来的。体积成像法不使用层面选择梯度进行层面的选择，而是施加两维的相位编码梯度和一维的频率编码梯度同时对组织进行整个三维体积的数据采集和成像。体积成像法由于每次采集整个成像容积内的信号，因此效率更高。

## 2. 图像重建原理

二维傅里叶变换法是目前最为广泛采用的核磁共振图像重建的方法。二维傅里叶变换法是利用三个方向的梯度分别实现层面选择、频率编码与相位编码。其中相位编码是利用相位差在空间位置与信号之间建立起对应关系，相位差满足：$\theta_y = \omega_y \Delta t = \gamma y G_y \Delta t = \gamma y \tau \Delta G_y$。因此相位编码可分为两种：一种是固定 $G_y$，通过改变 $\Delta t$ 实现相位编码，由 Kumar、Welti 和 Edelstein 等人提出，称为 KWE 法，在二维核磁共振波谱中得到应用；另一种是固定 $\tau$，通过改变 $\Delta G_y$ 实现相位编码，由 Hunchison 等发明，称为 Hunchison 法，在核磁共振成像中得到应用。

基于二维傅里叶变换法，图像重建是用射频脉冲使选定的层面被激励，然后沿层面 $y$ 轴施加相位编码，在回波采集过程中沿 $x$ 轴施加频率编码，采样数据填充到时间域内的 K 空间，对数据空间进行坐标变换后，得到了空间频率域的 K 空间。对 K 空间进行二维傅里叶变换，可将各种频率和相位的信号分离，依据频率和相位与层面位置一一对应的关系，得到层面内各个体素的信号强度，依据信号强度决定像素灰度，从而得到层面图像。

学习单元 ③

# 核磁共振成像脉冲序列

核磁共振成像脉冲序列是指按照一定时序排列的射频脉冲、梯度脉冲和信号采集的组合。它给出了在核磁共振成像过程中事件的顺序时间步骤。脉冲序列图对核磁共振设备操作人员而言，提供了核磁共振成像过程中射频脉冲、梯度磁场和核磁共振信号接收的时间图，如同音乐家的五线谱一样，可以帮助核磁共振设备操作人员理解各种扫描参数之间的关系，这对掌握不同参数对图像的灰度对比的影响有重要作用。

## 一、成像脉冲序列分类

一个完整的核磁共振成像脉冲序列包含五个部分：射频脉冲、层面选择梯度场、相位编码梯度场、频率编码梯度场和核磁共振信号。综合调节序列的各项参数，如脉冲重复时间和回波时间，可以确定对组织的信号强度及图像的对比度起决定性作用的因素。目前生产核磁共振设备的厂家推出的各种序列，从名称上统计大概有一百多种，其中有些序列本质上是相同的，只是名称有差异。为了方便理解和学习，此处按照获取的核磁共振信号类型将序列分为四个类别，分别是 FID 序列、自旋回波（spin echo，SE）序列、梯度回波（gradient echo，GRE）序列、杂合序列。

FID 序列是利用 90° 射频激励之后的 FID 信号重建图像，最早期的核磁共振序列就属于这一类型，如部分饱和脉冲序列（又称为饱和恢复脉冲序列）。利用 90° 射频脉冲激发的 FID 信号重建图像存在一定的缺点：一是射频线圈的死时间决定了 FID 信号的初始幅值，导致信号的信噪比低；二是信号采集时，为了避免射频信号耦合进入接收机，将射频系统从发射状态切换到接收状态，这需要一定的切换时间，在这个时间内，FID 信号的较大幅值部分也错过了信号的采集时期。由于核磁共振信号幅值较微弱，图像重建所需的原始数据应尽量采集较大幅值的信号，因此为了避开射频干扰，同时获取最大幅值的核磁共振原始信号，利用自旋回波信号进行图像重建的自旋回波序列应运而生。

## 二、自旋回波序列

自旋回波（SE）序列是核磁共振成像的经典序列，SE 序列的运用使核磁共振能作为一种有效的临床影像诊断模式。SE 序列在主磁场、梯度磁场以及射频脉冲均不够完善的情况下，有很强的实用性和较高的耐受性。

图 1-47 所示是基本 SE 序列示意图。回波是通过"90°—$TE/2$—180°—$TE/2$—echo"射频脉冲配合实现的。180° 射频脉冲的采用，消除了由于固定主磁场不均匀所导致的失相位。层面选择梯度由正向梯度和负向梯度两部分构成，负向梯度部分的面积为正向梯度部分的一半，负向梯度的作用是补偿正向层面选择梯度造成的横向磁化矢量的失相位。频率编码梯度使用了两次，其中失相位波可以在 90° 射频脉冲和 180° 射频脉冲之间正向施加，也可以在 180° 射频脉冲之后反向施加，目的是使磁化强度矢量有不

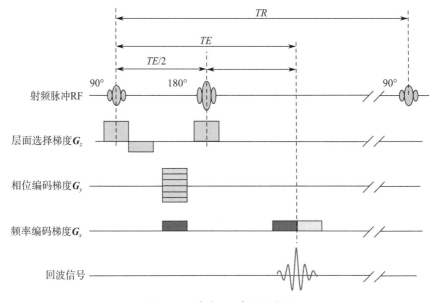

图 1-47　基本 SE 序列示意图

同的进动频率，从而加速失相位，使 FID 信号以 $T_2^*$ 规律很快衰减为零，以避免 FID 信号和自旋回波信号之间形成干扰，可以缩短回波时间，同时可以弥补在 180° 射频脉冲之后采集信号时的频率编码梯度造成的失相位。图 1–47 中所施加的两个频率编码梯度需同方向，且前者面积为后者的一半。

## 1. 自旋回波的产生

90° 射频脉冲作用的同时，层面选择梯度 $G_z$ 打开，激励样品内与中心频率相对应的层面中各个体素的纵向磁化矢量 $M_0$ 翻转到 $xy$ 平面内形成横向磁化强度。如图 1–48a 与图 1–48b 所示，取其中某个体素分析，在 90° 射频的激励下，该体素中所有质子处于同相位，即处于相同位置指向同一方向以相同的角频率 $\omega_0$ 进动，形成最初的横向磁化矢量。如果磁场不均匀，会使体素中的质子磁矩的横向分量进动的角频率不再相同，假定质子磁矩横向分量因磁场不均匀，分成两组，一组以较慢的 $\omega^-$ 进动，一组以较快的 $\omega^+$ 进动。在 90° 射频脉冲作用后的 $\tau$ 时刻，进动角频率快的一组转了一圈多，即 $2\pi+\theta$，而进动慢的一组转了不到一圈，即 $2\pi-\theta$，如图 1–48c 所示。这样，由于磁场不均匀导致质子进动角频率不同，使两组不再同相而导致横向磁化矢量衰减。如果在 90° 射频脉冲作用后的 $\tau$ 时刻，施加一个 180° 射频脉冲，这样，质子磁矩的横向分量绕射频场（$x$ 轴）旋转 180° 达到其镜像位置，保持原来的角频率沿着原来的方向进动，如图 1–48d 所示。由于进动角频率慢的在前面，进动角频率快的在后面，因此在 180° 脉冲作用后的 $\tau$ 时刻或者 90° 射频脉冲作用后的 $2\tau$ 时刻，两组又变成同相，形成一个较大的横向磁化矢量，但这个横向磁化矢量比 90° 脉冲作用后最初的横向磁化矢量要小，如图 1–48e 所示。因为 180° 射频脉冲作用仅仅是消除了磁场不均匀造成的失相位，而在上述过程中，由于本征 $T_2$ 造成的失相位是不能用 180° 射频脉冲加以消除的，之后又由于磁场不均匀，两组逐渐失相位，如图 1–48f 所示。而信号采集的时间为 180° 射频脉冲作用后的 $\tau$ 时刻的前后持续一段时间，线圈内可以感生到磁化矢量聚相后逐渐散相的过程，所以获取的信号类似为两个 FID 背靠背地叠在一起，前后包络的指数衰减时间均为 $T_2^*$，该信号类似于回声，因此被称为回波信号。

回波信号的最大值出现在 180° 脉冲作用后的 $\tau$ 时刻（90° 射频脉冲作用后的 $2\tau$ 时刻），这是由于 180° 射频脉冲使因磁场不均匀造成的失相位又重新逐渐变成同相位，所以称 180° 射频脉冲为 π 重聚焦脉冲，而最初的 FID 信号峰值和自旋回波信号的峰值之间的连线是遵循 $T_2$ 规律衰减的，如图 1–49 所示，但一般组织的本征 $T_2$ 远大于回波时间 $TE$，因此由 $T_2$ 导致的信号衰减可以忽略。

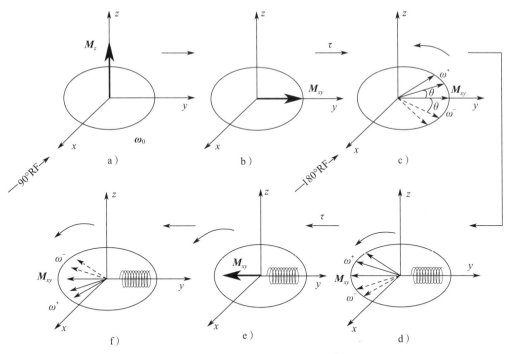

图 1-48  自旋回波的产生

a）90°射频激励前的 $M_z$  b）90°射频激励后的 $M_{xy}$  c）180°射频激励前的 $M_{xy}$
d）180°射频激励后 $M_{xy}$ 镜像翻转  e）回波时刻 $M_{xy}$ 相位重聚  f）回波时刻后 $M_{xy}$ 散相

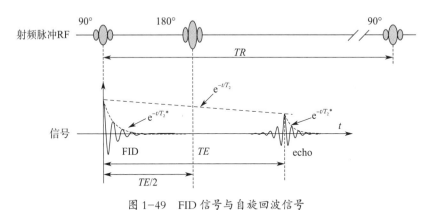

图 1-49  FID 信号与自旋回波信号

## 2. 自旋回波序列参数对图像权重的影响

SE 序列中，90° 脉冲施加到回波产生之间的时间间隔称为回波时间 $TE$，90° 脉冲到下一周期的 90° 脉冲之间的时间间隔称为脉冲重复时间 $TR$。以重复时间为 $TR$ 的两个90° 射频脉冲为例，设样品组织初始的纵向磁化矢量为 $M_0$，第一个 90° 射频脉冲后翻转到 $xy$ 平面的磁化矢量大小为 $M_0$，经过 $TR$，第二个 90° 射频脉冲激励后翻转到 $xy$ 平面的磁化矢量大小为 $M_0(1-\mathrm{e}^{-TR/T_1})$，即此时的横向磁化矢量强度的大小为 $M_0(1-\mathrm{e}^{-TR/T_1})$，由于主磁场的不均匀性和自旋－自旋相互作用，它以很快的速率衰减。而 SE 序列克服了主磁场的不均匀性对信号的衰减影响，横向磁化矢量服从 $T_2$ 规律衰减，第二个 90° 射频激励后的 $TE$ 时刻，横向磁化矢量强度的大小为 $M_{xy}=M_0$（$1-\mathrm{e}^{-TR/T_1}$）$\mathrm{e}^{-TE/T_2}$。

线圈中接收到的核磁共振信号是横向磁化矢量切割线圈产生的，此外，对像素而言，信号与磁化矢量成正比，即与质子密度成正比，再考虑接收电路对信号的放大作用，因而接收信号强度 $S \propto A\rho$（$H$）（$1-\mathrm{e}^{-TR/T_1}$）$\mathrm{e}^{-TE/T_2}$。可见，核磁共振信号的强度由组织的质子密度 $\rho$（$H$）、$T_1$、$T_2$ 和序列的可调参数 $TR$、$TE$ 共同决定。通过改变序列参数 $TR$ 和 $TE$，可以得到不同权重的图像，即 $T_1$ 加权像（$T_1$-weighted image，$T_1$WI）、$T_2$ 加权像（$T_2$-weighted image，$T_2$WI）和质子密度加权像（Pd-weighted image，PdWI）。

加权是对质子密度 $\rho$（$H$）、$T_1$ 和 $T_2$ 这三个参数中某一参量增加权重，即强调或突出某一参量。例如 $T_1$ 加权图像实际上都受到一定程度的 $T_2$ 和质子密度 $\rho$（$H$）的影响，$T_1$ 是决定图像对比的主要因素，每幅图像都包含三个参数的权重，每幅图像中三个参数的权重之和为 100%。

### 3. 加权图像的特点及意义

当 $TR$ 较长，$TE$ 较长时，（$1-\mathrm{e}^{-TR/T_1}$）$\rightarrow 1$，$S \propto A\rho$（$H$）$\mathrm{e}^{-TE/T_2}$，此时信号主要由 $T_2$ 和质子密度 $\rho$（$H$）决定，与组织 $T_1$ 关系不大，随着 $TE$ 越长，信号强度受 $T_2$ 影响越大，$T_2$ 权重越大，即获取了 $T_2$ 加权像。当 $TE>$（$3\sim5$）$T_2$ 时，此时只有极长 $T_2$ 的组织的信号还存在，其他较短 $T_2$ 的组织的信号均弛豫完，在图像上只体现出长 $T_2$ 的组织，如水的信号。

当 $TR$ 较长，$TE$ 较短时，（$1-\mathrm{e}^{-TR/T_1}$）$\rightarrow 1$，$\mathrm{e}^{-TE/T_2} \rightarrow 1$，$S \propto A\rho$（$H$），此时信号主要由质子密度决定，与组织 $T_1$ 和 $T_2$ 关系不大，获取该信号重建的图像主要反映组织的质子密度差别，即获取了质子密度加权像。短 $TE$ 和长 $TR$ 均使信号变大，图像信噪比高，因此质子密度加权像一般都显得亮。但较长的 $TR$ 会导致较长的采集时间，运动伪影及其他方面影响会造成图像降质，因此一般长 $TR$ 可设定为 $3\sim5$ 倍 $T_1$ 时间即可。

当 $TR$ 较短，$TE$ 较短时，$\mathrm{e}^{-TE/T_2} \rightarrow 1$，$S \propto A\rho$（$H$）（$1-\mathrm{e}^{-TR/T_1}$），此时信号主要由组织的 $T_1$ 和质子密度决定，与组织的 $T_2$ 关系不大，获取该信号重建的图像能反映组织的 $T_1$ 差别，即获取了 $T_1$ 加权像。随着 $TR$ 时间的缩短，信号强度受 $T_1$ 影响越大，$T_1$ 权重越大。由于信号随着 $TR$ 增加呈指数规律增加，因此缩短 $TR$ 虽然可以增加 $T_1$ 对比，但同时降低了信噪比。在相同的 $TR$ 下，$T_1$ 越短的组织信号越强，在图像上体现出高信号。

当 $TR$ 较短，$TE$ 较长时，短 $TR$ 和长 $TE$ 均使信号减小，总体信号很微弱，信噪比很低，整个图像无法体现出某个参数的权重，没有临床意义。

因此，通过选择合适的 $TR$ 和 $TE$，可以改变样品中不同组织在图像上的灰度对比，以突出或者强调某个参数的权重。通过选取短的 $TE$ 和长的 $TR$，得到质子密度加权像。通过选取短的 $TE$ 和短的 $TR$，得到 $T_1$ 加权像，弛豫时间较短的组织在 $T_1$ 加权像上呈现的亮度更高。以脑脊液（主要成分是水，具有长 $T_1$ 和长 $T_2$）和皮下脂肪组织（主要成分是脂肪，具有短 $T_1$ 和中等 $T_2$）为例，由于脂肪的 $T_1$ 远小于水的 $T_1$，因此脂肪显得亮，脑脊液则体现出近似背景的低信号，一般应用 $T_1$ 加权像观察组织结构。通过选取长的 $TE$ 和长的 $TR$，得到 $T_2$ 加权像。同样以脑脊液和皮下脂肪组织为例，由于脂肪的 $T_2$ 小于水的 $T_2$，在 $T_2$ 加权像中，$T_2$ 越长的组织信号越高，因此，水体现出最高的信号，而脂肪则体现出中等信号，一般应用 $T_2$ 加权像观察组织病变。由于病变组织相对正常组织的一个典型变化是含水量增加，而水在 $T_2$ 加权像中为高信号，因此只要出现比正常组织要高的异常信号，可以怀疑有病变。

## 4. 快速自旋回波序列

根据 2D-FFT 图像重建原理，常规 SE 序列要采集一幅图像数据所需要的时间为 $t=N_p \times TR \times NSA$，$N_p$ 为相位编码步数，$NSA$ 是为了提高信噪比而进行的平均采集次数。例如要获取 $T_2$ 加权像，$TR$=2 500 ms，$N_p$=128，$NSA$=2，则采集一幅图像数据需要时间为 $t$=128 × 2.5 × 2=640 s，设一次检查共需采集 11 层图像，则总共所需时间接近 2 h，这显然是不现实的。采集时间长极大地限制了常规 SE 序列的临床应用。基于常规 SE 序列提高成像速度的方式有两种：多次自旋回波（fast spin echo，FSE）序列和多层面自旋回波（multi slice spin echo，MSE）序列。

（1）FSE 序列。FSE 序列如图 1-50 所示，在一个 $TR$ 周期内，以 90° 射频脉冲开始，随后用多个 180° 射频脉冲对横向磁化矢量进行反复的聚相后产生多个回波信号，产生的回波数被称为回波链长（echo train length，ETL）。一般回波链长为 2 ~ 16，图 1-50 所示为 $ETL$=3 的 FSE 序列。

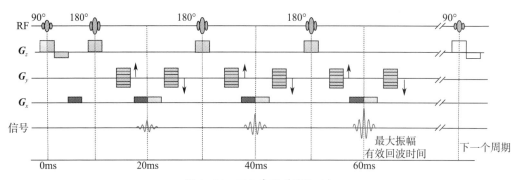

图 1-50　FSE 序列（$ETL$=3）

FSE 序列在每个扫描周期中多次施加 180° 重聚焦脉冲，每个重聚焦脉冲之后施加强度不同的相位编码梯度，每个回波采集完成后施加一个大小与相位编码梯度相等但方向相反的梯度（称为回复梯度），以消除相位编码梯度带来的失相位。如图 1-50 所示，在一个 $TR$ 周期，施加了 3 次强度不同的相位编码梯度进行了 3 次相位编码，所得的 3 个信号可以填充在同一 K 空间中产生 3 条傅里叶线。因而对于 FSE 序列，一个 $TR$ 周期内可以采集填充 $ETL$ 条数据，数据采集时间是常规 SE 序列数据采集时间的 $1/ETL$。$ETL$ 越大，扫描速度就越快，因而回波链长度又被称为加速因子。综上，FSE 序列之所以能够节省扫描时间，使扫描速度成倍提高，一方面是由于相位编码的施加方式，另一方面是由于接收信号在数据空间的填充方式。

（2）MSE 序列。基本 SE 序列采集完一个回波后需要等待 $5T_1$ 时间，等待 $M_z$ 恢复到 $M_0$，一般回波时间 $TE$ 都不长，人体组织的 $T_2$ 在几十毫秒数量级，而 $TE$ 总是小于 $T_2$，采样时间也很短，为几毫秒数量级。人体组织的 $T_1$ 在秒级，所以 $TR$ 时间很长，因而等待的无效时间（$TR-TE$）占了总时间的绝大部分，采集一个回波占用的时间（$TE$）并不多。检查身体的某一个器官或部位总是需要扫描若干个层面，而利用等待时间顺序激励其他层面是可能的。因此 MSE 序列可以大大减少扫描受检者的时间，其基本原理是，当第一个层面的第一条傅里叶数据采集后，在该层面内纵向磁化矢量弛豫过程中，调整选层，选择另一个需要成像的层面，获取该层面的一条数据，以此类推，再通过选层，选择下一个层面获取数据，多个层面的数据获取后，第一个层面的纵向弛豫已经基本完成，再将激发层面调整回第一个层面获取该层面的第二条傅里叶数据，重复前面的步骤，分别获取其他层面的第二条傅里叶数据。由于在一个层面的数据采集时间内，同时采集了多层图像数据，因此单幅图像数据的采集时间就缩短了。如图 1-51 所示，一个周期内，采集了 5 个层面的数据，每幅图像的数据采集时间就缩短为基本 SE 序列的 1/5。

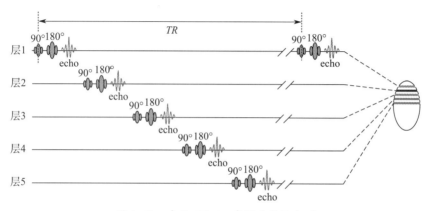

图 1-51　多层回波 SE 序列（层面为 5）

在临床核磁共振仪器上，已经将 MSE 技术与 FSE 技术相结合，使时间得到充分利用，极大地提高了临床效率。MSE 技术是充分利用 $TR$ 的无效时间，$TR$ 取决于 $T_1$；而 FSE 技术是充分利用横向磁化强度存在的时间，能取多少个回波取决于 $T_2$ 以及 $TE$ 能短到什么程度。回波链长 $ETL$ 对一个 $TR$ 周期内所采集的层数有直接影响，当 $ETL$ 增加一倍时，采集时间增加了一倍，采集的层面数就会减半，通常采用增大 $TR$ 的方式，虽然 $TR$ 延长造成采集时间延长，但通过长 $ETL$ 还是比常规 SE 节省了大量时间。

# 三、梯度回波序列

核磁共振快速序列发展经历了三个阶段：使用快速自旋回波序列使成像时间从原始的十分钟级缩短到了分钟级；梯度回波（GRE）序列使成像时间从分钟级缩短到了秒级；平面回波成像（echo planar imaging，EPI）将成像时间从秒级缩短到了几十毫秒级，许多方法还利用了 K 空间的对称性特点，从而减少用以重建图像所需要的数据量，或者结合多通道或并行采集技术，使成像速度不断得以提高。

EPI 源于梯度回波技术，EPI 采集到的信号属于梯度回波。EPI 并不是一种序列技术，它是目前最快的一种核磁共振数据采集方式，常与 SE 序列或 GRE 序列结合，形成 SE-EPI 序列或 GRE-EPI 序列，临床主要应用在脑功能成像、扩散成像、灌注成像和心脏成像等方面。接下来仅对 GRE 序列进行讨论，对 EPI 不做详细展开。

GRE 序列的提出开创了快速核磁共振成像的新时代。图 1-52 为该序列示意图。

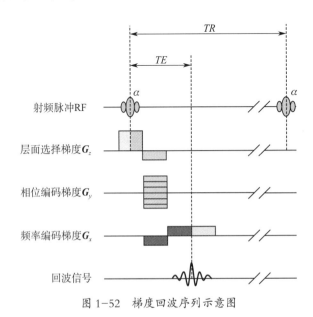

图 1-52　梯度回波序列示意图

GRE 序列采用小于 90° 的翻转角 $\alpha$（单位：度），使纵向磁化矢量恢复所需时间大为缩短，从而可以用较短的 $TR$ 获取一条傅里叶数据；序列采用翻转梯度而非 180° 脉冲实现回波信号的采集，从而缩短了 $TE$，$TE$ 的缩短为 $TR$ 的进一步缩短提供了条件。

### 1. 梯度回波的产生

GRE 序列通过频率编码梯度的反向施加产生回波信号，这种回波是由梯度脉冲产生的，故称为梯度回波。施加的相反方向的两个磁场梯度满足：沿着 $x$ 轴负向磁场梯度作用的时间是正向的一半，而磁场梯度的强度应相等；或者作用时间相等，但沿 $x$ 轴负向的磁场梯度的强度是沿 $x$ 轴正向的磁场梯度强度的一半。这样在施加沿 $x$ 轴负向磁场梯度时，横向磁化强度散相，而施加正向磁场之后，质子系统的相位开始聚集，即先失相位再聚相位，在正向梯度磁场作用时间的中间时刻，质子系统的相位完全一致，之后由于频率编码梯度场的作用，质子又开始失去相位，当正向磁场梯度结束时，质子系统将达到最大失相位。

图 1-53 所示为梯度回波产生的原理。设频率编码梯度方向的不同位置处有三个质子 a，b，c，其磁化矢量为 $M_a$、$M_b$、$M_c$，位置坐标 $x_a < x_b < x_c$。在 $t_1$ 时期，三质子所处的磁场关系为 $B_a > B_b > B_c$，进动频率关系为 $\omega_a > \omega_b > \omega_c$，因此相位上有 $\varphi_a > \varphi_b > \varphi_c$。梯度翻转后，在 $t_2$ 时期内，三质子所处的磁场关系为：$B_a < B_b < B_c$，进动频率关系为 $\omega_a < \omega_b < \omega_c$，原来相位超前的质子 a 的 $M_a$ 进动慢，而相位落后的质子 c 的 $M_c$ 进动快，因此，三个质子的进动相位又逐渐出现重聚。经过相同时间后，三质子相位完全一致，实现重聚，此时可以获取最大幅值的信号。此后的 $t_3$ 时期，质子再次出现散相。

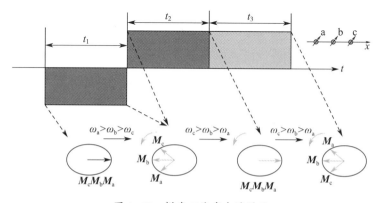

图 1-53 梯度回波产生的原理

由此可见，负向和正向梯度脉冲分别具有离散和汇聚进动质子相位的作用，因而分别被称作散相脉冲和相位重聚脉冲。

### 2. 梯度回波序列参数对图像权重的影响

与 SE 序列不同的是，GRE 序列由于未使用 180° 重聚焦脉冲，主磁场以及化学位移非均匀性导致的横向磁化矢量的衰减因素不能被消除，GRE 序列对磁场的不均匀性非常敏感，对磁场均匀性的要求较高，同时磁化率伪影也相应增加。GRE 序列中，横向磁化强度是按照 $T_2^*$ 规律衰减的，因此，在相同回波时间采集梯度回波信号，梯度回波信号强度的不同反映了组织之间的 $T_2^*$ 差异，即可获得 $T_2^*$ 加权像。

GRE 序列通过对 $\alpha$、$TR$ 和 $TE$ 三个参数的配合控制，可以在较短的时间内分别获取反映组织质子密度 $\rho(H)$、$T_1$ 和 $T_2^*$ 参数差别的图像。GRE 序列采用较短的 $TR$ 和 $TE$，因此较易得到 $T_1$ 加权像。为获得 $T_2^*$ 加权像和质子密度加权像，必须像 SE 序列那样延长 $TR$，以便使纵向磁化在下次射频脉冲作用前充分弛豫。由于使用的是小角度激励，纵向磁化的恢复进行得很快。因此，用比 SE 序列短得多的 $TR$ 即可除去 $T_1$ 对比度的影响。一般，由 $\alpha<30°$ 的 RF 脉冲、较短的 $TR$ 和 $TE$ 即获得较好的 $T_2^*$ 加权像和质子密度加权像。表 1-5 列出了 GRE 序列各种加权像的扫描参数。

表 1-5 　　　　　　　　　　　　　GRE 序列的扫描参数

| 扫描参数 | $T_1$ 加权像 | 轻度 $T_2^*$ 加权像 | 重度 $T_2^*$ 加权像 | 质子密度加权像 |
|---|---|---|---|---|
| $TR$/ms | $20 \sim 50$ | $200 \sim 400$ | $200 \sim 400$ | $200 \sim 400$ |
| $TE$/ms | $12 \sim 15$ | $12 \sim 15$ | $36 \sim 60$ | $12 \sim 15$ |
| $\alpha$ | $45° \sim 90°$ | $30° \sim 60°$ | $5° \sim 20°$ | $5° \sim 20°$ |

### 3. 梯度回波序列的衍生序列

基本 GRE 序列中，由于通常存在 $TR \ll T_2$，因此在下一个周期的 $\alpha$ 脉冲对纵向磁化矢量进行翻转的时刻，上一周期的横向磁化矢量还未能完全弛豫，这部分磁化矢量称为剩余横向磁化矢量。剩余横向磁化矢量的存在会干扰下一周期翻转过来的横向磁化，从而对图像产生严重影响，因此有必要对剩余磁化进行处理，处理的方法有两种。

一种是在新的磁化矢量翻转之前，采用某种手段去除剩余磁化，该方法比较简单，可采用散相梯度或非均匀射频场去除，采用这类方法的 GRE 序列的典型代表是采用扰相梯度的快速小角度激励成像（fast low-angle shot，FLASH）序列。

另一种是通过精确控制或采用重聚焦梯度，使剩余磁化与新磁化进行矢量叠加。该方法较为复杂一些，但由于利用了剩余磁化，信噪比会更高。采用这类方法 GRE 序列的典型代表是稳态自由进动快速成像（fast imaging with steady-state procession，FISP）序列。FISP 是西门子公司的叫法，相同的序列在美国通用公司被称为残余横向磁化强度再聚焦（gradient recalled acquisition in the steady state，GRASS）序列，在飞利浦公司

被称为 $T_2$ 快速场回波（$T_2$-fast field echo，$T_2$-FFE）序列，在皮可公司被称为快速采集稳态进动技术（fast acquired steady-state technique，FAST）序列，类似序列在岛津公司则被称为稳态自由进动（steady state free precession，SSFP）序列。

# 四、反转恢复序列

反转恢复（inversion recovery，IR）序列也是采用自旋回波信号重建图像的序列，其数据采集时间比基本 SE 序列要长，但由于可以实现更大的 $T_1$ 权重，同时可以应用于组织抑制成像和图像对比度逆转等特殊场合，因此在临床上比较常用。

## 1. 序列原理

反转恢复序列采用两个 180° 脉冲和一个 90° 脉冲的时间组合，实现回波信号采集，如图 1-54 所示。

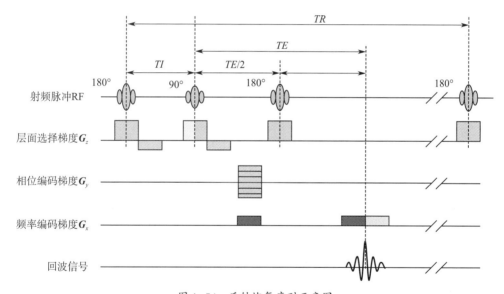

图 1-54 反转恢复序列示意图

序列中 *TI* 表示 180° 与 90° 之间的间隔时间，称为反转时间；*TR* 为重复时间；*TE* 仍为 90° 脉冲到产生回波的时间，为回波时间。对静磁场中的质子群施加 180° 脉冲，原来沿 $z$ 方向的纵向磁化矢量翻转 180°，变到 $-z$ 方向，然后发生弛豫，其过程如图 1-55 所示，在弛豫过程中会出现纵向磁化矢量为零的时刻，称为过零点时刻。180° 脉冲后的磁化矢量弛豫过程的表达式为 $M(t)=M_0(1-2e^{-t/T_1})$，当 $t=0$ 时，$M(t)=-M_0$；当 $t=\infty$ 时，$M(t)=M_0$。

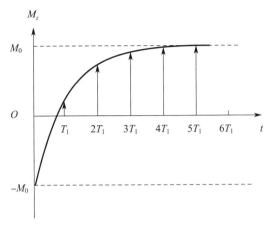

图 1-55　180° 脉冲结束后的纵向弛豫过程

IR 序列在施加 180° 脉冲结束后的纵向弛豫过程中（即间隔时间 TI 后），再施加自旋回波序列获取回波信号。自旋回波序列中每个周期的起始时刻（即 90° 射频施加的时刻），质子群系统处于平衡状态，纵向磁化矢量为 $M_0$，90° 射频将 $M_0$ 翻转到横向后再进行回波信号的加工与采集。IR 序列中，90° 射频施加于 180° 脉冲后的弛豫过程中间，90° 射频只能作用施加时刻的纵向磁化矢量而不是 $M_0$，另外纵向磁化矢量是从 90° 脉冲结束后开始弛豫的，因此纵向磁化矢量的实际恢复时间不是 TR 而是 TR-TI。

## 2. 反转恢复时间对图像权重的影响

IR 序列中，180° 脉冲使不同组织的纵向磁化矢量弛豫的范围增大一倍，$T_1$ 差别更大，$T_1$ 对比度更明显，这样便可以获取 $T_1$ 权重更大的图像。IR 序列最大的特点是可通过改变 TI 值灵活控制图像对比度。图 1-56 所示表明了反转时间的选取对信号强度的影响。

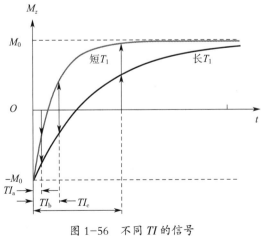

图 1-56　不同 TI 的信号

对于两种不同 $T_1$ 的组织，选择很短的 $TI=TI_a$ 时，两种组织都未弛豫过零，短 $T_1$ 组织信号幅值低，长 $T_1$ 组织信号幅值高，因此在图像上长 $T_1$ 组织比短 $T_1$ 组织显得亮；选择 $TI=TI_c$ 时，两种组织都已经弛豫过零，短 $T_1$ 组织信号幅值高，长 $T_1$ 组织信号幅值低，在图像上长 $T_1$ 组织比短 $T_1$ 组织显得暗。因此同样的两种组织，选择不同的 $TI$ 时间，可实现组织对比度的逆转。

如果选择合适的 $TI=TI_b$ 时，短 $T_1$ 组织弛豫过零点，长 $T_1$ 组织弛豫尚未过零点，但两者的磁化矢量的绝对值相等，大多数核磁共振图像都是采用信号的幅值信息（绝对值）重建得到模图像，因此在模图像上，这两种具有不同 $T_1$ 时间的组织却体现出相同的亮度。临床上的反弹点伪影技术就是利用这一点：两种不同 $T_1$ 的组织，选择合适的 $TI$ 时，两种组织体现出等高亮度，而两种组织的界面由于组织的均匀混合使正负磁化矢量相互抵消，信号很低，最后在图像上表现为两种等亮的组织之间出现黑色的交界线，从而达到区分器官边界和组织结构的临床目的。

### 3. 组织抑制技术中反转时间的确定

反转恢复序列虽然可以实现对比度逆转，但由于时间较长，导致应用受到限制，只有一些特殊场合才会使用。目前在临床中比较常用的 IR 序列有短时间反转恢复（short time inversion recovery，STIR）序列和液体衰减反转恢复（fluid attenuated inversion recovery，FLAIR）序列，分别用以进行脂肪和水的信号抑制序列。

STIR 序列是短反转时间的 IR 序列，主要用于脂肪抑制成像。由于脂肪具有短 $T_1$，在 $T_1$ 加权像上体现为最高亮信号，在 $T_2$ 加权像上也体现为中等亮度信号。为了更好地观察其他组织或病变的信号，需要抑制脂肪的高信号。如果选择合适的 $TI$，使 90° 施加时脂肪组织的信号刚好过零点，则脂肪的信号就被抑制。选择 $TI=(\ln 2) T_{1fat}$ 时，脂肪将体现出黑色背景，故也称为"压脂技术"，其他长 $T_1$ 和短 $T_1$ 组织由于弛豫过零或尚未过零，均体现出一定亮度。

脑脊液的主要成分为自由水，在 $T_2$ 加权像中体现为最高亮信号，对颅脑疾病的信号存在影响，并且脑脊液的脉动还会造成运动伪影，因此临床上有必要进行水信号抑制。选择 $TI=(\ln 2) T_{1water}$ 时，也可使水体现出背景黑色，因此也称为"黑水"技术，而其他短 $T_1$ 组织则体现出高信号。由于水的 $T_1$ 较长，抑制水信号所需的 $TI$ 也较长，这种采用较长 $TI$ 的序列称为 FLAIR 序列。由于 $TI$ 较长，一般为 2 s，所以 $TR$ 会更长，一般达到 5 s 以上，因此数据采集时间需要 0.5 h 左右，这是 FLAIR 序列的缺点。一些公司将 FLAIR 序列与 FSE 序列结合起来，可以将采集时间压缩到原来的 $1/ETL$。

# 伪影识别及成因分析

核磁共振成像是医学影像技术中原理较为复杂的技术，多参数成像、任意截面成像以及出色的软组织对比，使其成为医学影像技术中极具潜力的技术，但同时它也是出现伪影最多的影像技术。

伪影是指在核磁共振图像上出现的一些成像对象本身不存在的图像信息，使图像质量下降，也称假影或鬼影。正确识别和分析伪影的成因有利于抑制伪影和消除伪影，对于提高核磁共振图像质量非常重要。临床中较常出现的伪影主要有化学位移伪影、卷褶伪影、截断伪影、部分容积伪影、层间串扰伪影、运动伪影、金属异物伪影等。伪影产生的原因主要包括环境、受检者、设备、操作人员及图像处理软件等因素。

## 一、与环境相关的伪影

### 1. 射频噪声伪影

射频噪声伪影的表现形式为图像上出现明显的雪花斑点噪声，除了在频率编码的零频外，在其他特定频率也产生射频噪声，如图1-57所示。形成伪影的原因是环境中的无线电台、电视台、闪烁的荧光灯，以及受检者的电子监护设备等发射的无线电信号，如果它们的频率与频率编码梯度所得到的某一列体素信号的频率一致时，就会"馈通"到射频接收线圈，被采集而形成射频噪声。

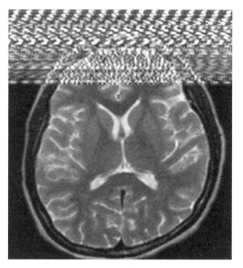

图 1-57　射频噪声引起的伪影

解决这种由射频噪声引起的伪影的方法有：对射频电路进行屏蔽；在可能的情况下移除受检者的监护装置及其他电子设备；关严磁体室的屏蔽门。

## 2. 灯芯绒伪影

灯芯绒伪影的表现形式为横跨整个核磁共振图像的规则灯芯绒样的十字形条纹状伪影，这些条纹可以有任意取向（水平、竖直、倾斜），且有任意间距，背景均匀，强度可能很严重，但也可能几乎不引人注意。灯芯绒伪影的表现形式取决于 K 空间的原始数据中坏点数据的位置以及错误的程度，图 1-58 所示为不同位置的数据点图像。

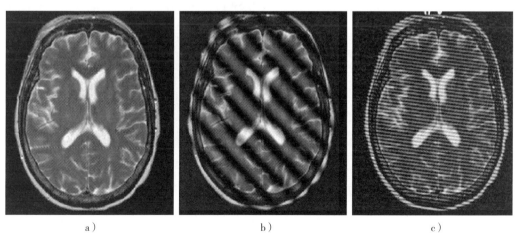

a)　　　　　　　　　　　　b)　　　　　　　　　　　　c)

图 1-58　不同位置的数据点图像

a）正常图像　b）错误数据点位于（135，135）处时的图像

c）错误数据点位于（135，185）处时的图像

灯芯绒伪影的形成原因是环境引起的 K 空间数据错误填充导致的数据点错误，比如磁体内受检者衣服引起的静电（尤其在北方干燥的冬季，静电放电很容易发生）。

消除这种由数据点错误引起的灯芯绒伪影的方法有：增加扫描室的湿度，尽可能减少静电；将坏的数据点用周围邻近数据点的平均值替代，获得正常图像；对 K 空间的所有数据进行重新采样，增加采集次数。

# 二、与受检者相关的伪影

## 1. 运动伪影

运动伪影是在核磁共振检查过程中，由受检者自主的或者不自主的运动造成的，在头、脊椎、胸、腹或者骨盆检查中经常遇到。运动伪影的形成原因主要有两个：第一，任何方向的运动在梯度场下都会导致相位变化的积聚，由于运动导致的额外相位改变，将会引起相位编码方向上不正确的相位编码，在回波峰值时相位不一致，导致伪影；第二，数据空间的明显不对称，数据空间的频率编码方向表示采样时间，一般为数毫秒，绝大多数运动明显慢于采样时间，因此一般不会在频率编码方向出现运动伪影，即便有也是无关紧要的，而在数据空间的相位编码方向上，每一次相位编码需要数秒钟，在这个时间内各种运动均会产生影响，所以相位编码方向上的运动伪影体现得更加严重。

运动伪影可以分为周期性运动伪影和随机性运动伪影两类。两类伪影的表现不同，解决方法也不同。

（1）周期性运动伪影。心脏的跳动、血管的搏动、脑脊液的脉动、呼吸运动等，这些周期性运动引起的伪影表现为连续地、规则间隔地出现在相位编码方向上，是搏动组织结构在相位编码方向上的等距离的复制，如图 1-59 所示。

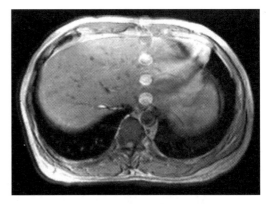

图 1-59 呼吸运动导致的伪影

增大 TR、相位编码步数以及累加采集次数都会增大伪影之间的距离。在快速成像序列中周期性运动伪影可以表现为边缘模糊，同时，周期运动伪影的强度与运动振幅成正比，与场强和运动组织的信号强度均成正比。

周期性运动伪影的消除方法有：让受检者屏气；调整 TR 和 NSA；使用心电和呼吸门控技术；改变相位编码和频率编码方向从而改变伪影的方向，可用于区别病灶和伪影；使用流动补偿，减少血液流动产生的伪影。

（2）随机性运动伪影。整体运动、肠蠕动、咳嗽、喷嚏、哈欠等受检者随机性运动使核磁共振信号在空间分散开来，引起图像模糊，在相位编码方向可观察到平行条带，如图 1-60 所示。这种随机性运动产生的伪影与截断伪影类似，但它们有差异，截断伪影产生衰减条带，随机性运动产生的条带均匀。

随机性运动伪影的消除方法有：使受检者保持镇静，确保身体的稳定，减

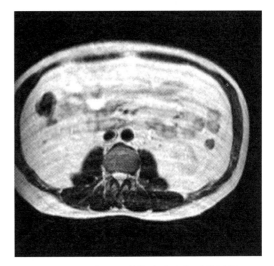

图 1-60　呼吸运动导致的腹部图像模糊

少扫描过程中的运动因素；采用呼吸补偿技术，减少呼吸运动产生的伪影；使用腹部扫描模式减少肠蠕动伪影；必要时使用镇痛剂，减少受检者的运动；使用快速扫描序列（如 FSE、GRE、EPI 等序列），减少扫描时间。

### 2. 金属异物伪影

金属异物伪影表现为图像上产生特征性黑洞并伴有月牙形亮缘、明亮的划痕或者扭曲变形等。图 1-61 是由义齿引起的头部图像中出现金属异物伪影的图像。金属异物伪影在梯度回波序列中更为严重。

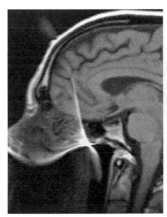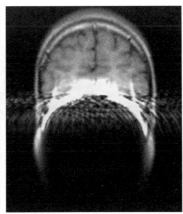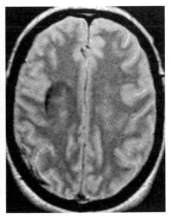

图 1-61　由义齿引起的头部图像中出现金属异物伪影

金属异物伪影的形成原因有：受检者体外或体内有铁磁性物质，比如体外的发夹、胸针、文胸钢圈或搭扣、拉链，一些包含铁磁性成分的饰品如发胶、睫毛膏、眼影、

唇膏等，体内的外科用金属夹、骨钉、固定用钢板、手术设备残片、节育环等。这些铁磁性物质的存在会局部干扰主磁场的均匀性，使不均匀区域内的核磁共振信号被移到其他频率，局部图像出现盲区或失真，这种类型的伪影在临床中经常出现。

消除金属异物伪影的方法有：有磁性金属植入物受检者不要做核磁共振检查；进入核磁共振扫描室的受检者、家属和医护人员需经过仔细检查，避免将金属物品带入扫描室。

### 3. 磁敏感伪影

磁敏感伪影又称磁化率伪影，一般表现为信号的损失、几何畸变或者层面的错位。磁敏感伪影的形成原因是：人体进入磁体内，体内各个组织的磁化程度不尽相同，即磁化率不同，特别是相邻组织有不同的磁敏感性，将使主磁场产生局部差异，比如空气－组织界面、组织－骨头界面、出血、血铁蛋白沉积等，磁场的局部差异造成失相位，会产生偏离中心的回波，严重时会引起层面内甚至几个层面的图像产生磁敏感伪影。

减少磁敏感伪影的方法有：使用快速自旋回波脉冲序列，多个 180° 重聚焦脉冲会对磁场不均匀性引起的失相位进行补偿，从而消除磁化率伪影；缩短 $TE$ 和增加相位编码步数，也可以降低磁化率伪影。

## 三、与设备相关的伪影

### 1. 主磁场伪影

主磁场伪影一般是由主磁场的非均匀性引起的，在核磁共振图像上表现为图像的扭曲。例如在 GRE 序列中，小空间范围的磁场非均匀性导致斑马状的波纹伪影出现，如图 1-62 所示。

主磁场不均匀性的原因有：核磁共振设备在长时间使用过程中，受环境影响或磁体上吸附了受检者携带的细小金属，匀场系统失灵或者磁场稳定性不佳，都会影响图像的信噪比和分辨率，使图像质量变差。

解决方法有：应用水模定期检查磁场均匀性，进行磁体维护保养，排除均匀性差的问题，从而消除伪影。

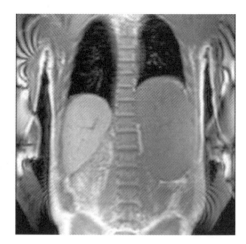

图 1-62 主磁场不均匀导致的斑马纹伪影

## 2. 魔角效应伪影

在关节成像中，如果肌腱与主磁场 $B_0$ 的夹角接近 55° 这样的特定角度（魔角），如图 1-63a 所示，就会产生所谓的魔角效应伪影。其表现为：在 $T_1$ 加权像和质子密度加权像中肌腱是高亮的，但在 $T_2$ 加权像中是正常的，信号强度的改变会在图像上与病理组织的图像相混，难以区分，如图 1-63b 所示，而在其他的角度观察不到这样强的肌腱信号，肌腱信号强度随着肌腱与主磁场夹角的变化而变化。

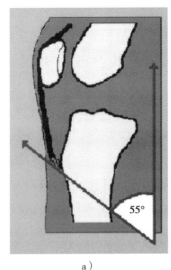

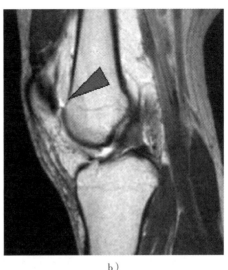

a ) b )

图 1-63 魔角效应
a ) 特定角度示意图 b ) 魔角效应伪影

产生魔角效应的原因是：由于肌腱的主要成分是胶原质，具有各向异性特性，所以肌腱的 $T_2$ 与磁场方向有关，其值随着方向变化而变化。当肌腱与主磁场之间夹角为魔角时，其 $T_2$ 会轻微增大，在 $TE$ 较长时信号变化可忽略，而在 $TE$ 较短时，信号出现明显增强。不了解这一点，就可能误诊为腱鞘功能降低、腱鞘炎、腱鞘拉伤等。

## 3. 层间串扰伪影

层间串扰伪影表现为平行的层面之间所有或者部分成像层面整体信号缺失，如图 1-64 所示。

产生层间串扰伪影的原因是：RF 脉冲的频带不是精确的矩形，而有侧峰或波纹。

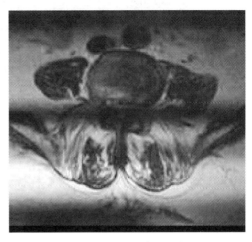

图 1-64 层间串扰伪影

由于频带的尾部展宽，在选层时适于某一个层面的选层脉冲的频率范围扩展到层面周边，导致周边区域的质子被反复激励而出现部分饱和现象，使有效 $TR$ 缩短，$T_1$ 权重增加且信噪比降低。

解决层间串扰伪影的方法有：增加层间距；采用隔层扫描形式，如按 1、3、5、7、2、4、6、8 的顺序进行扫描；改善 RF 脉冲使其频谱接近于矩形，减少侧峰或波纹出现。

### 4. 交叉激励伪影

交叉激励伪影是在多层面、多角度成像中，所选层面出现相互交叉，交叉部分的信号丢失表现为黑色条带影。交叉激励伪影类似于层间串扰伪影，不同之处为交叉激励伪影发生在交叉的层面之间，而层间串扰伪影出现在平行层面之间。

交叉激励伪影出现的原因是：以腰椎成像为例，在扫描过程中进行横断面定位时，由于各椎间盘切面不平行，定位线一定会存在交叉点，如果交叉点出现在成像区域内，如图 1-65a 所示，那么这些处在两个层面内的交叉区域，质子会被反复激励进入饱和状态，于是就出现了一条信号空带，在图像上体现出一条黑影。如果相互发生交叉，则会出现一系列的黑影，如图 1-65b 所示的带状黑影。

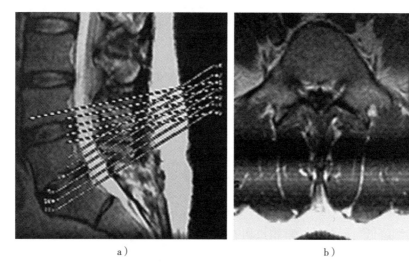

a）　　　　　　　　　　　　　　　b）

图 1-65　交叉激励伪影

a）定位像　b）图像出现亮暗相间的条带

解决交叉激励伪影的方法有：调整定位线的角度，尽量使交叉点落在被检组织以外；交叉点不可避免落在组织内时，可以采用隔层扫描形式，避免相邻交叉层面同时采集。另外，视神经的矢状位扫描时，可以左、右分成两个序列分别进行扫描。

### 5. 射频拉链伪影

射频拉链伪影有两种表现。

（1）一种表现为平行于频率编码轴方向的中央条带（零相位）上出现离散的亮点和黑点。由于处于相位为零的频率编码轴上，因此也称为零线伪影。其两类形成原因和处理方法如下。

1）在 FID 信号没有完全衰减前，180° RF 脉冲产生的回波信号边瓣与 FID 信号有重叠，产生了频率编码方向的拉链伪影，如图 1-66 所示。解决方法为：增加 *TE* 以使 FID 信号与 180° RF 脉冲的间隔增加，减少重叠程度，从而减少拉链伪影。

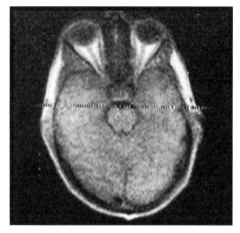

图 1-66　FID 信号与回波重叠产生伪影

2）受激回波产生的拉链伪影在图像上看起来像中央频率编码方向或窄或宽的噪声带，形成机理与 FID 信号导致的伪影类似。原因是相邻层面 RF 脉冲的串扰或多回波序列形成的受激回波被当成回波信号采样，从而在频率编码方向的中央带出现伪影。解决方法为：使用梯度破坏脉冲破坏受激回波的形成或者调节传输器，减少伪影。

（2）另一种表现为相位编码方向中央（零频率）的拉链带，这种伪影又称为射频串扰拉链伪影。这种伪影形成的原因之一是当 RF 发射功率在数据采集期间没有完全隔离时，RF 脉冲馈进接收线圈继而进入接收机。另一种原因是 RF 脉冲通过空间电磁感应进入接收机。解决方法为：使连续采集射频激发脉冲的相位改变 180°，平均相位变化激发会在很大程度上减少射频的馈进。

### 6. 涡流导致的伪影

涡流导致的伪影表现如同运动伪影。涡流的形成原因是：当梯度场快速切换时，在周围金属或其他线圈中感应出小的电流，称为涡流，这些电流产生的磁场与主磁场 $B_0$ 叠加，会导致主磁场不均匀，同时，由于变压器效应，涡流的产生使梯度线圈电感增大，梯度脉冲上升时间变慢，梯度脉冲的下降沿有更大的拖尾，会导致梯度波形的畸形，从而引起图像的伪影。

解决方法为：采用涡流自屏蔽线圈可以有效改善涡流造成的伪影，从而使图像质量得到极大的改善。

### 7. 梯度场非线性伪影

梯度场非线性伪影的表现为图像的扭曲变形，如圆在图像上可能呈现为椭圆状，如图1-67所示。梯度场非线性的原因是：在整个成像区域内，理想梯度场随着距离的增加应该是线性增加的，实际的梯度场在成像区域边缘由于梯度线圈边缘效应而存在某种程度的非线性。梯度场非线性使局部磁场的线性遭到破坏，导致图像发生几何畸变。几何畸变是梯度场非线性或梯度场能量下降的结果。

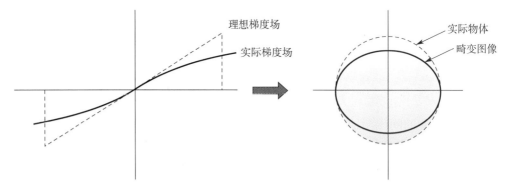

图1-67　几何畸变形成示意图

解决方法为：运行设备自带测试程序，对梯度子系统的线性进行测试，对得到的 $x$、$y$、$z$ 三个轴的线性误差进行分析，如果误差超过下限值，说明梯度线圈由于某种原因存在变形，造成梯度磁场的非线性。这是一种极少见的故障，需要由厂家进行调整。

## 四、与操作人员及图像处理软件相关的伪影

### 1. 卷褶伪影

（1）卷褶伪影的产生。当视野（field of view，FOV）设置过小，未能包含全部受检区域时，图像表现为视野以外的信息会被包裹进来并被显示在图像的对侧，出现卷褶伪影，也称为混叠伪影。出现的原因是：在FOV确定后，系统会确定一个信号采样频率 $SW$，但FOV范围之外的氢质子也会产生信号，其信号频率超过采样带宽。按照奈奎斯特采样定理及频谱周期延拓性可知，原来高于采样带宽的高频信号被卷褶到低频部分，而原来低于采样带宽的低频信号则被卷褶到高频部分，从而出现卷褶伪影，如图1-68所示。

（2）卷褶伪影的消除

1）增大视野。使视野覆盖整个扫描部位，可完全消除卷褶伪影。

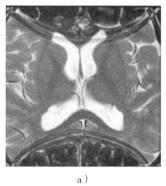 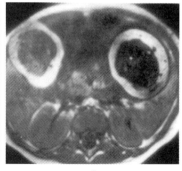 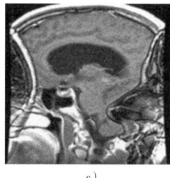

a）　　　　　　　　　　b）　　　　　　　　　　c）

图 1-68　卷褶伪影

a）脑部相位编码方向　b）胸腹部频率编码方向　c）脑部频率编码方向

2）使用表面线圈。表面线圈只能接收视野内组织所发出的信号，视野外的组织信号不被接收，因此可以避免出现卷褶伪影。

3）增大采样频率或实现过采样。增大采样频率可以消除在频率编码方向上采样不足造成的混叠；增加相位编码步数可以实现相位过采样，从而增加相位编码方向的视野。

4）使用饱和脉冲。饱和脉冲是指在施加 90° 脉冲之前施加一个额外的 90° 脉冲，第一个 90° 脉冲使纵向磁化矢量翻转到横向平面内，处于饱和状态，这时候再施加第二个 90° 脉冲将不会有信号产生。使用饱和脉冲使 FOV 外的组织饱和，几乎不产生信号。这样线圈在接收信号时，几乎接收不到 FOV 外组织的信号，可以减弱其至消除卷褶伪影。

## 2. 化学位移伪影

（1）化学位移伪影的产生。化学位移伪影是由不同分子内质子的化学位移差异导致的。空间位置相同的质子应该处在相同的像素点上，但由于化学位移导致的频率差异，在定位时就会出现位置的偏移。例如，脂肪内质子和水内质子的化学位移差约为 3.5 ppm，从而导致进动频率有轻微差别，水内质子比脂肪内质子进动快一些。如果以水的信号为基准，那么脂肪信号会整体往低频方向偏移；反之水的信号会整体往高频方向偏移。化学位移伪影图像表现如图 1-69 所示，水内质子比脂肪内质子的进动频率高，因此水质子向右偏移，脂肪内质子向左偏移。在 T1 加权像和质子密度加权像中，由于脂肪为高信号，因此

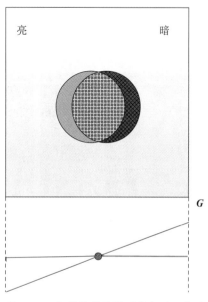

图 1-69　化学位移伪影图像表现示意图

低频方向是亮带（脂肪信号叠加了），高频方向是黑带（脂肪信号缺失了）。同理在 $T_2$ 加权像上，由于水具有高信号，因此高频方向出现亮带，低频方向出现暗带。

化学位移伪影会随着主磁场强度增加而变得严重。如 1.5 T 时，脂肪内质子与水内质子的进动频率相差 224 Hz。如果采样频率 $SW$=32 kHz，图像矩阵为 256×256 时，224 Hz 的频率偏差会导致 256×224 Hz/32 kHz≈2 个像素的位置偏移。在 3 T 场强下将产生约 4 个像素的位置偏移，而在 0.5 T 场强下，则只出现不到 1 个像素的位置偏移，几乎可以忽略。

（2）化学位移伪影的消除

1）使用脂肪抑制方法除去脂肪信号。

2）增加单个像素对应组织的尺寸，可减少化学位移伪影，但会导致空间分辨率降低。

3）增加带宽可减少化学位移伪影，但会导致信噪比降低。

4）使用长 $TE$。长 $TE$ 可降低脂肪信号，减少化学位移伪影。

### 3. 截断伪影

（1）截断伪影的产生。截断伪影主要出现在高信号与低信号强度结构的界面（高对比度的两种组织的边界）处，呈圆环状的交替亮带和暗带，也被称为环状伪影。其产生的原因是由于在高对比度的两组织边界处，信号幅度变化很大，具有很高的空间频率差异，在 K 空间中处于 $K_y$=0 傅里叶线附近，如果在采样时的采样频率过低（即欠采样），当采样频率低于信号最高频率的 1/2 时，会出现环状伪影。图 1-70a 和图 1-70b 是脑部图像的截断伪影，有时可能会被误认为病灶。图 1-70c 为体模图像的截断伪影。

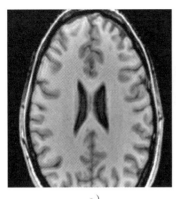
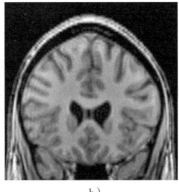

a )　　　　　　　　　　b )　　　　　　　　　　c )

图 1-70　截断伪影

a）脑部图像 1　b）脑部图像 2　c）体模图像

从频率域来看，截断伪影是由于高频部分信息被截断所致；从时间域来看，截断伪影是由于采样时间过短，全部信号未能采集完全，信号被截断所导致。图 1-71 显示了被截断回波信号及其傅里叶变换。回波信号被截断，其频谱出现波纹效应。

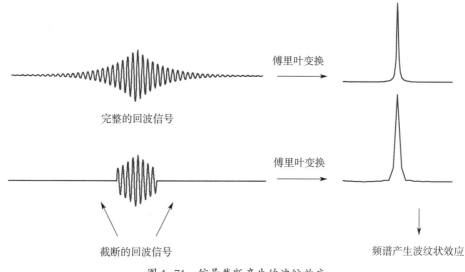

完整的回波信号　　傅里叶变换

截断的回波信号　　傅里叶变换　　频谱产生波纹状效应

图 1-71　信号截断产生的波纹效应

（2）截断伪影的消除

1）增加信号采样时间。在采样频率（$SW$）不变的情况下，可以通过增加采样点数（$TD$），延长采样时间 $t$（因为 $t=TD/SW$），减少截断伪影效应。

2）适当减小 $FOV$ 大小。在梯度场强度 $G$ 不变的情况下，减小 $FOV$ 意味着 $SW$ 要减小（因为 $SW=G \times FOV$），在 $TD$ 保持不变的情况下，本质上还是延长了采样时间。

3）相位编码方向上的截断伪影，本质上与频率编码方向的相同，可通过增加相位编码步数减小影响。

## 4. 部分容积伪影

（1）部分容积伪影的产生。部分容积伪影的表现为无法区分同一体素中不同的组织与结构。脑垂体、神经、交叉韧带等成像时容易出现部分容积伪影。部分容积伪影出现的原因是层厚选得过大。如对脑垂体成像，层厚设定为 20 mm，成人脑垂体的大小仅 5 mm × 10 mm × 15 mm，这样脑垂体就完全包裹在成像层其他组织内，脑垂体的信号与其他组织信号叠加在一起，显示在图像上的是叠加信号的平均，如果其他组织信号较强，在图像上就体现不出脑垂体结构。图 1-72 是人脑同一部位的横断面 $T_1$ 加权像，层厚分别为 10 mm 和 3 mm，其他参数完全相同。可以看出，图 1-72a 信噪比比图 1-72b 的高，但是在图 1-72b 的箭头指向处可以看到Ⅶ和Ⅷ脑神经，而在

图 1-72a 上的相同位置却看不到。

（2）部分容积伪影的消除。减小层厚，使受检组织的直径大于层厚；但减小层厚，会导致信噪比降低。

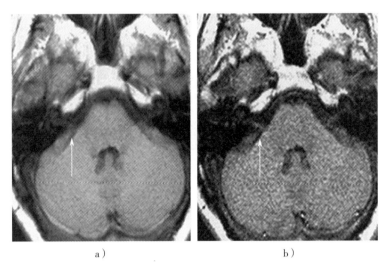

a）

b）

图 1-72 部分容积伪影

a）10 mm 层厚的图像  b）3 mm 层厚的图像

# 培训任务 2

# 核磁共振成像仪结构与安全管理

# 核磁共振成像仪概述

医用核磁共振成像仪是基于核磁共振成像原理，获取人体核磁共振信号并重建得到组织结构图像的商业硬件和软件的组合系统。

## 一、核磁共振成像仪的发展

医用核磁共振成像仪主要应用在现代医学的影像诊断方面，是物理、电子技术与计算机技术相结合的产物。在线成像法的系统面世时，由于它采用了计算机断层图像重建的原理，因此又被称为核磁共振断层扫描（NMR-CT）装置。完整意义上的人体核磁共振成像装置的诞生，可以追溯到由达马迪安及其同事经过 7 年的努力，在 1977 年建成的人类历史上第一台全身核磁共振成像装置。应用这台装置获取一幅图像，受检者需要被移动 106 次，采集时间长达 4.75 h。他们将这台设备取名为 "Indomitable"，取其曲折不挠之意以说明这台设备的来之不易。

现在的核磁共振设备已得到了极大的发展，在硬件、软件和应用技术方面与第一台设备相比都有着极大优势。在磁场强度方面，目前已经批准应用于临床的设备场强达到 3.0 T，4.7 T 的设备也已经能够进行临床应用，成像时间也得到了极大压缩，采用最快的 EPI 技术配合相关采集技术，单幅图像采集时间仅 25 ms，其他技术指标也都得到了很大的提高。

例如某公司近年推出的场强 3 T，直径 70 cm 超大腔体，采用全景矩阵成像技术的核磁共振成像仪，不但节省了检查时间，受检者只需要一次摆位便可完成多部位甚至全身的联合检测，受检范围增大，同时信噪比也比常规技术提高一倍。其主要技术指标如下。

磁体：70 cm 直径开放式空腔，受检范围最大可达 50 cm DSV，技术上最大检查范围可达 196 cm，腔体长度仅 173 cm，重量仅为 6.3 t，液氦挥发率为 0。

梯度场：梯度场强度达 45 mT/m，梯度切换率达 250 mT/（m·s）。

射频：满足各种诊断需要的线圈种类达 37 种；TIM（全景成像矩阵）技术线圈最高可达 120 个无缝集成的矩阵线圈单元，最高可组成 32 个射频通道。

序列：除了常用的成像序列外，还配备了可进行脑功能成像、化学位移成像、波谱分析、血管成像、灌注成像、扩散成像、心脏功能分析、核磁共振虚拟内镜等的 49 种高级成像序列。

在上述技术的发展基础上，图像质量也得到了极大的提高，图 2-1a 和图 2-1b 分别为用 Indomitable 和 3.0 T 设备所采集的图像，灰度级分别为 16 和 4 096。从图像上明显可以看出，无论是信噪比、对比度和空间分辨率都得到了实质性的提升。更关键的是，现在的核磁共振设备还提供了大量的功能信息，图 2-1c 为脑白质的扩散张量图像，这是在 64 个线方向上施加扩散敏感梯度而获得的图像。

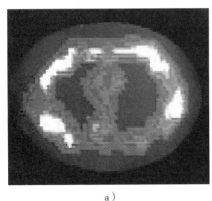
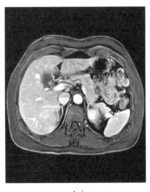

a）　　　　　　　　　　　b）　　　　　　　　　　　c）

图 2-1　不同时期医用核磁共振成像设备采集的图像

a）Indomitable 采集的图像　b）3.0 T 设备采集的图像　c）扩散张量图像

## 二、核磁共振成像仪的结构和机房布局

图 2-2 为医用核磁共振成像仪的结构，主要部件有磁体、扫描床、射频线圈、三个方向梯度线圈、梯度功率放大器、射频控制器、计算机及控制台等。图 2-3 为典型的医用核磁共振成像仪机房布置，一般可分为五个区域：区域Ⅰ为接待处，主要用于接待受检者并甄别禁忌证；区域Ⅱ为更衣室，主要用于受检者更衣或去除体外异物；

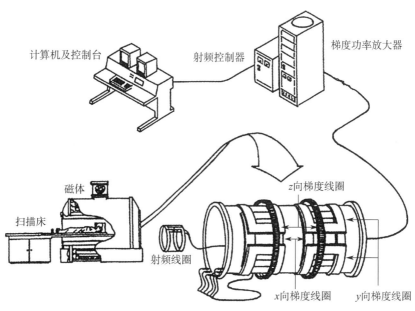

图 2-2　医用核磁共振成像仪的结构

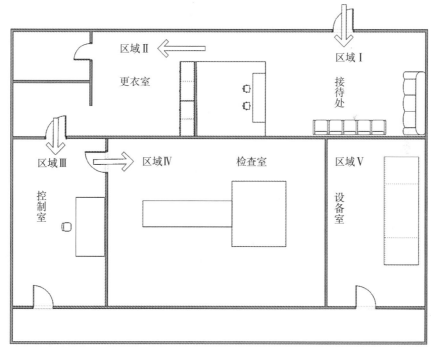

图 2-3　典型的医用核磁共振成像仪机房布置

区域Ⅲ为控制室，主要用于放置计算机、显示器和工作站等，操作人员在控制室内通过计算机进行设备控制；区域Ⅳ为检查室，主要放置磁体、扫描床、射频线圈、测试体模、氧监控器及各种生理信号导联线等；区域Ⅴ为设备室，主要放置谱仪子系统、射频子系统、梯度子系统、系统电源柜、冷却柜、专用配电箱、精密空调机柜、水冷机柜等。

## 三、核磁共振成像仪的系统功能架构

按照核磁共振成像仪信号控制方向可以将设备分为五个组成部分，分别是磁体子系统、梯度子系统、射频子系统、谱仪子系统及计算机子系统。图 2-4 是核磁共振成像仪的系统功能架构图。

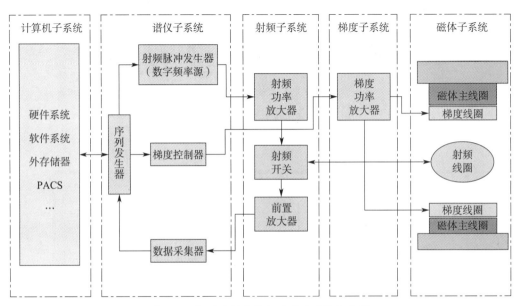

图 2-4 核磁共振成像仪的系统功能架构图

磁体子系统是整个设备中造价最高的部分，负责产生均匀、稳定、一定强度的主磁场 $B_0$。

梯度子系统包括梯度线圈、梯度功率放大器等部件，主要功能是提供三维梯度磁场，用于确定核磁共振信号的空间定位。

射频子系统包括射频线圈、射频功率放大器、射频开关、前置放大器等部件，负责完成射频脉冲的产生和核磁共振信号的拾取。

谱仪子系统包括序列发生器、射频脉冲发生器、梯度控制器以及数据采集器等部件。序列发生器作用是产生任意的脉冲序列，实现信号产生与获取、数据采集等序列全过程的适时控制。射频脉冲发生器由数字频率源实现功能。梯度控制器产生三路梯度电流，经过放大后送至梯度线圈产生梯度磁场。

计算机子系统包括计算机硬件系统、软件系统和外存储器以及医学影像信息系统

（picture archiving and communication systems，PACS）等，负责整个设备的人机交互。操作人员可以在计算机子系统上进行脉冲序列的调用、编写、参数输入、发布采集和数据处理等指令操作。计算机子系统在接收到操作人员的各项指令后，通过上位机软件将相应的控制信号发送给谱仪子系统，由谱仪子系统控制射频脉冲的激励、核磁共振信号的接收，再由计算机子系统完成信号的处理、存储和图像重建以及显示任务。

# 磁体子系统

磁体产生主磁场，使成像组织在其中产生沿磁场方向的宏观磁化矢量。主磁场是组织发生核磁共振的重要物质保证。磁体子系统是核磁共振成像装置的关键设备，其性能直接关系系统的信噪比和空间分辨率，因而直接决定着图像的质量。磁体子系统从结构上除了产生主磁场 $B_0$ 的磁体之外，往往还组装了梯度线圈、射频线圈、抗涡流装置等，为了条理清楚地进行结构描述，本书将梯度线圈和射频线圈分别归入梯度子系统和射频子系统进行介绍。

## 一、磁体类型

可以产生局域磁场的方式主要有两大类：一类是将天然磁性材料构造成一定形状，从而产生一定空间范围内某方向的均匀磁场；另一类是基于电磁原理，利用一定形状的通电电流实现一定空间范围内某方向的均匀磁场。目前临床应用的核磁共振设备的磁体主要有永磁体、常导磁体和超导磁体三种类型。

### 1. 永磁体

永磁体是最早应用于核磁共振设备的磁体，一般用铁氧体或一些稀土材料如钕、镍、钴、钕铁硼、钐钴等材料制成。我国拥有丰富的稀土永磁材料，这些材料拥有很高的剩磁效应，即材料在通电或经过高场强磁化后，在外加磁场撤销后，磁化能够保留下来，而且剩磁大小随时间变化非常微小。永磁体是能够长期保持磁性的磁体，一般由多块经充磁处理后的永磁材料堆积或拼接而成。永磁材料的排布既要满足构成一定成像空间的要求；又要尽量使磁力线均匀，因此需要进行匀场。磁体的两个极板需要用导磁材料连通，提供磁力线的返回通路，尽量减少磁力线逸出成像空间而造成逸散磁场增大。一般低场强核磁共振成像仪的磁体采用永磁体构建，常用的永磁体构型有四立柱式、宽孔腔式和 C 形。图 2-5 为 C 形永磁体的构造。外围 C 形轭铁上放置上下两个磁极，磁极壁上放置梯度线圈、抗涡流装置等，轭铁构成磁路，使得磁感应线聚拢在成像区域内，磁极间最终产生竖直方向的均匀和稳定的主磁场。

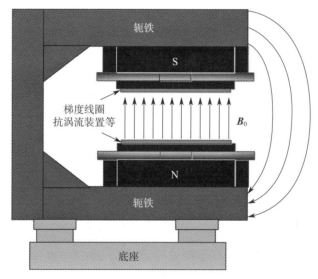

图 2-5　C 形永磁体的构造

永磁体产生的场强范围为 0.15 ~ 0.5 T。和常导磁体需耗费大量的电能，超导磁体需要耗费昂贵的制冷剂相比，永磁体的优点是维护费用小，中心磁场的逸散度较低，对周围环境影响较小，安装费用也较低。永磁体的缺点是：第一，热稳定性差，磁体所处的环境温度需保持恒定，这需要循环冷却装置或水冷装置；第二，永磁体的磁场不能关断，一旦有金属物体被磁体吸住，就很难取下来，这对检测和保养造成一定的困难；第三，若永磁体表面因吸附金属被刮伤，则可能严重破坏磁场均匀性；第四，永磁体的质量随着场强的增加而增加，这对地基承重要求高，对搬迁和安装等造成困难。

## 2. 常导磁体

常导磁体产生的场强范围一般为 0.2 ~ 0.4 T。根据电磁学基本原理，当电流通过导线时，在导线周围产生磁场，该磁场的强度可根据毕奥 – 萨伐尔定律准确计算。常导磁体也称为高阻式磁体，磁体由几组大线圈组成，线圈是由几千匝高导电性的金属（铜或铝）导线或薄带螺旋绕制而成的，当几组线圈按照一定方式排布，可在线圈所围成的球形空间内产生均匀的磁场。线圈的排列方式不同，产生的磁场的方向不同。图 2-6 所示是产生水平方向主磁场的磁体，图 2-7 所示是产生竖直方向的主磁场的磁体。

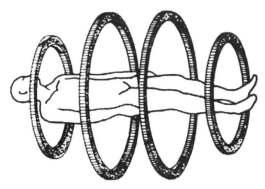

图 2-6　通电线圈产生水平磁场

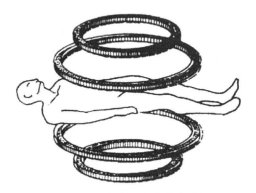

图 2-7　通电线圈产生垂直磁场

常导磁体的缺点是耗电量大，例如，要产生 0.2 T 的磁场，线圈通电电流约需 300 A，电压 200 V，耗电功率达 60 kW 以上，它需要配备专用的供电设备，同时也必须配备水冷装置，使线圈产生的热量得以发散。

### 3. 超导磁体

超导磁体是利用超导材料的零电阻效应而研制的磁体。其设计原理与常导磁体基本相同，根据电磁体的产生原理，电流越大，产生的磁场越强。核磁共振设备中的 0.5 T 以上的场强都采用超导磁体。对于常导材料，由于存在电阻，要实现高的电流不切实际，而超导材料若处在临界温度以下时，导线电阻为零，可以承载非常大的电流，并且产生的热量很小，功率损耗小。

超导磁体优点是磁场强度高、磁场稳定性和均匀性均较好、不耗电且容易达到系统所要求的磁体孔径等。超导材料选取、超导线圈保持超导状态，以及超导环境的保护措施等是超导磁体应用设计的关键问题。

## 二、磁体性能指标

### 1. 主磁场强度

核磁共振成像仪的主磁场 $B_0$ 又称为静磁场。磁场强度的大小影响核磁共振图像的信噪比、对比度、化学位移伪影、运动伪影等。一定范围内增加主磁场强度，可提高图像的信噪比。因此，核磁共振设备的场强不能太低。一般，场强和磁体的造价成正比，用户必须在整个系统的价格和图像质量两者中进行选择；图像质量还与梯度线圈、磁场均匀性、接收线圈等诸多因素有关。

提高场强的唯一途径就是采用超导磁体。随着超导材料价格和低温制冷费用的下降，各厂商均推出了价格适中的超导核磁共振系统，形成了竞相发展和逐步淘汰其他类型磁体的趋势。

### 2. 磁场均匀性

磁场的均匀性是磁体子系统最重要的参数指标之一。磁场的均匀性决定着图像的信噪比、空间分辨率和有效视野的几何畸变程度。

磁场的均匀性是指在特定的容积限度内磁场的同一性，即穿过单位面积的磁力线数目的等同程度。在核磁共振系统中，均匀性是以主磁场的百万分之一（ppm）作为一个偏差单位来度量的，其定义为 $1\ ppm=\dfrac{\Delta B_0}{B_0}\times 10^6$，其中 $B_0$ 表示主磁场中心磁感应强度的大小，$\Delta B_0$ 表示区域内磁感应强度最大值与最小值的差。对于磁场大小不同的磁体，偏差单位也不同。例如，1.0 T 的核磁共振成像仪，一个偏差单位（1 ppm）表示 $1.0\times 10^{-6}$ T。在核磁共振成像中，进行空间编码时，要在主磁场上叠加微弱的梯度磁场。主磁场均匀性越差，在叠加梯度磁场后，层位信号将发生偏离，会引起图像失真和畸变。主磁体磁场均匀度越差，几何失真越大。均匀性标准的规定还与所取测量空间的大小有关，例如 "<2.5 ppm/50 cm DSV" 表示直径 50 cm 的球体内磁场偏差小于 2.5 ppm。

### 3. 磁场稳定性

受磁体附近铁磁性物质、环境温度、匀场电源漂移以及磁性材料的温度特性等因素的影响，磁场的均匀性或场强也会发生变化，即磁场漂移。稳定性就是衡量这种变化的指标。稳定性下降意味着单位时间内磁场的变化率增高，在一定程度上也会影响图像质量。

磁场的稳定性分为时间稳定性和热稳定性两种。时间稳定性指的是磁场随时间而变化的程度。如果在一次实验或一次检测时间内磁场值发生了一定量的漂移，它就会影响到图像质量。磁场的漂移通常以 1 h 或数个小时作为限度，一般在 1 ~ 2 h，磁场的短期漂移量不能超过 5 ppm；在 2 ~ 8 h，磁场长期漂移量不能超过 10 ppm。磁体电源或匀场电源发生波动时，会使磁场的时间稳定性变差。热稳定性是指磁场值随温度变化而产生漂移。永磁体和常导磁体的热稳定性比较差，对环境温度的要求很高，而超导磁体的时间稳定性和热稳定性相对较好。

### 4. 孔腔大小

孔腔大小用孔径来衡量，指梯度线圈、匀场线圈、射频体线圈、内护板等部件均安装完毕后柱形空间的有效内径。对于全身核磁共振系统，需要有足够的孔腔容纳受检者的身体。一般标准孔径为 60 cm，超大孔径为 70 cm。孔径过小容易使受检者产生压抑感，孔径较大可使受检者感到舒适，大孔径同时更加方便进行介入成像。但孔径增大会导致逸散磁场增大，孔径内的均匀性也会急剧变差，且磁体孔径增加一定程度上比提高场强更难实现。

### 5. 逸散磁场

逸散磁场指的是磁力线逸散到磁体孔腔之外的部分，一般逸散出来的磁力线越少，则内部磁力线越均匀。一般以 5 高斯线距离进行度量，5 高斯线距离越小，说明逸散磁场越小。磁体周围的 5 高斯线的距离是不相同的，一般轴向距离要大，径向距离要小。比如某磁体逸散磁场为 2.5 m/4 m 指的是轴向 / 径向 5 高斯线距离分别为 2.5 m 和 4 m。

## 三、超导磁体

### 1. 总体结构

超导磁体由线圈、磁体腔和保护装置组成。磁体孔外径和内径之间依次安放超导线圈、匀场线圈、梯度线圈和射频线圈，其中超导线圈是由超导线绕制而成的，磁体腔提供制冷环境，保护装置确保制冷系统安全工作。图 2-8 所示为某公司生产的超导磁体的外观。

超导磁体的内部结构非常复杂。超导磁体由底座、低温保护层（80 K 冷屏、20 K 冷屏）、真空容器、液氦容器、制冷系统、线圈以及支架等组成。线圈浮在液氦中，液氦容器悬在真空里，如图 2-9 所示。

图 2-8　超导磁体的外观

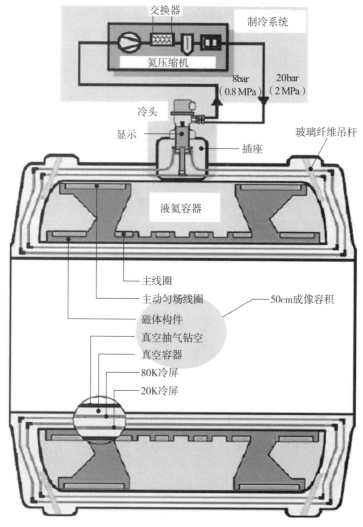

图 2-9　超导磁体结构的剖面图（制冷剂为液氦）

在常导磁体中，为了减小热耗散，线圈的长度应尽可能短；而超导磁体没有电阻，不会产生热，对线圈的长度没有严格限制，可使用直径更大、匝数更多的线圈。与受检者的体型相比，线圈的直径越大，成像空间内的磁场均匀性就越高。

和常导磁体一样，超导磁体采用与球形表面一致的 4 个线圈生成均匀磁场，线圈缠绕在一个经过精加工的圆柱体上，在圆柱体的外侧表面有开槽，用于埋放超导线圈。在有的磁体中，超导线圈具有同一直径，这些线圈聚集成束，分成四组或六组，圈数多的放在两端，这样可以减少开放端磁场的凸出，形成近似理想的环形球面；而在有的六线圈磁体中，线圈的直径则不同。磁体内还有几组副线圈，每个副线圈中的绕组数量经过计算使中央球形容积内的均匀性最好。磁体必须进行匀场，以达到所要求的均匀度。

在安装时，超导线圈首先经液氦冷却，然后注入励磁电流，当达到预期的场强时，停止注入电流，只要维持低温，以后整个超导磁体不再需要消耗电能。每年只会产生几高斯的场强降落，除了补充液氦和维持真空特性外，几年不需要重新励磁。

### 2. 线圈绕制材料

适合制作超导磁体线圈的材料必须具备三个基本条件：一是超导临界温度尽量高；二是超导临界电流要大；三是具有良好的延展性、柔韧性以及一定的机械强度。考虑上述条件后，目前许多的高温超导材料都被排除在外。超导材料的温度如果能提高到液氮温区，超导核磁共振设备的价格将下降一半左右。

目前临床应用的超导磁体线圈由嵌在铜基内的多股铌钛合金线组成。这种超导线（见图2-10）可负载高达700 A的电流。这些超导线绕在柱形芯上，绕组的数量由需要的场强决定。无屏蔽的2 T磁体通常需要接近64.37 km长的超导线。铜基的作用一方面是提供一定的机械强度，另一方面是万一在失超或紧急退磁情况下，可以增加电流泄放面积，从而起到保护线圈的作用。超导线的制作工艺比较复杂，需要长度很长而粗细均匀，粗细不均匀容易出现失超。

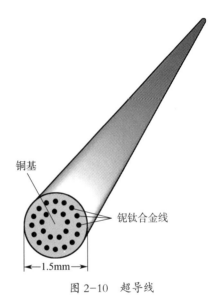

铜基

铌钛合金线

←1.5mm→

图 2-10　超导线

### 3. 磁体特性

用电流产生场强大于0.5 T的磁场，必须使用超导磁体。比如，要产生场强1 T的磁场，根据无限长螺线管线圈的磁场强度计算公式可计算出流经这个线圈的电流将近180 A，如果用常导线圈产生该磁场，由于室温下常导线圈的阻抗达460 Ω，则线圈的功耗高达14 000 kW，而超导线圈电阻为零，因此功耗为零，因此要产生高场强，只有选用超导磁体。

由于超导电流的恒稳特性，超导磁体的磁场具有高度的均匀性以及长期稳定性，超导磁体能够携带相当高的电流，因而可提供高场强。

人们可能认为零电阻导体会携带无穷大的电流，但实际上在给定的温度和场强下，给定的导体所能携带的电流有一界限，超过这一临界电流，导体会变成常导，产生热量而发生失超。不同的超导材料还存在不同的临界磁场，超过这个磁场界限，超导材料也会失去超导性。因此超导电流是不能无限增大的，这限制了超导磁体的场强。目前已经有一些机构安装了 7 T 场强的核磁共振系统用于临床研究，而用于核磁共振波谱仪研究的超导磁体更有高达 30 T 场强的。

由于磁力线的闭合特性，磁体的场强越高，磁力线分布的空间越大，机架外出现延伸场或杂散场是常导或超导磁体的固有缺点。

### 4. 励磁与退磁

励磁又称为充磁，是指超导磁体系统在磁体电源的控制下向超导线圈逐渐施加电流，从而建立起预设的磁场的过程。励磁完成后，超导线圈产生一定高强度的、均匀的和稳定的主磁场，且不消耗能量。

励磁控制系统决定了充磁的成败，该系统由电流引线、控制电路、检测电路、失超开关和超导开关组成。超导磁体励磁时，电流到了预定数值就要适时切断供电电源，退磁时又要迅速将磁体储存的能量释放，实现该功能的装置为磁体开关，如图 2-11 所示。通过该开关外接三对引线，分别是磁体电源线、加热器引线和感应电压检测线。其中磁体电源线和感应电压检测线是励磁专用线，励磁结束后卸掉，平时只有加热器与磁体失超开关（急停开关）相连。图 2-11 中 ab 是一段超导线，位于

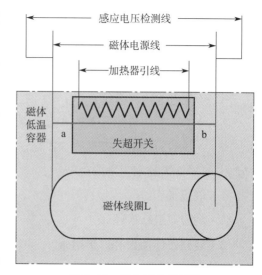

图 2-11　磁体开关原理图

磁体线圈 L 的两端，起到开关作用，ab 超导线和加热器被封装在一起置于磁体低温容器内，其工作状态由加热器控制。在超导磁体正常工作时，加热器电源关闭，ab 超导线处于超导态，电阻为零；当加热器电源接通时，ab 线会因为升温而失去超导性，电阻不为零。在励磁时，给加热器通电使其发热，ab 线失去超导性，励磁电流流过磁体线圈 L，电流达到预设值后切断加热器电源，ab 线进入超导态，电阻为零，磁体线圈 L 被 ab 线短接，形成闭环电流通路，此后，可以关闭供电电源，卸掉磁体励磁的电流引线，以减小制冷剂的消耗。励磁过程中引起的液氦汽化会导致磁体腔压力增大，因此需要打开泄压阀门，主动泄压。退磁过程中通过磁体电源慢慢泄去已经储存的巨大能量，使线圈内的电流逐渐减小为零，但线圈仍然处于超导状态。

### 5. 失超

（1）失超的定义。超导磁体是在极高的电流强度下工作的，又处于超低温环境，

因而比较容易发生失超现象。它和退磁不同，失超不仅导致磁场消失，线圈也会失去超导性，失超时超导线所处的温度超过临界温度，使电阻有微小增加，虽然增加的电阻值不大，但在巨大的通电电流（200～300 A）下，还是会产生很大的热量，这些热量会继续破坏超导环境，导致线圈电阻继续增加，产生的热量将继续增大，如此恶性循环，将使超导线圈的电阻急剧增加，产生的热量也急剧增加，这些热量使液氦迅速汽化，氦气随失超管道排出室外，但是，巨大的气压也可能使磁体中的液氦、液氮以及真空腔发生爆炸。一旦发生爆炸，不仅是设备遭受巨大的不可逆毁坏，对扫描室或人员也可能造成伤害。

（2）造成失超的原因

1）磁体本身结构和线圈因素。

2）低温环境破坏，如液氦位过低。

3）励磁电流超过额定值。

4）磁体补充液氦方法不当。

5）误操作紧急失超开关，或者为保护受检者操作紧急失超开关。

6）不可抗力因素，如地震、雷电、撞击等。

（3）降低失超发生率的措施

1）规范操作。

2）励磁时进行失超保护。

3）建立磁体监控和保护措施。

遇到紧急情况，例如地震、火灾和危及受检者生命的突发事件发生时，可通过紧急退磁装置（磁体急停开关）实现超导线上负载的大电流的瞬时泄放，它是一种人为主动失超的控制开关，安装于磁体间或控制室靠近门口的墙上，其作用是在紧急状态下迅速使主磁场削减为零。出于安全考虑，可在失超按钮上加装隔离罩，并严格控制进出磁体间的人员对该开关的操作。

# 四、制冷系统

制冷系统是指给磁体持续提供冷量的一系列设备。由于磁体内部液氦腔体温度极低，与磁体外部所处的室温之间有近300 ℃的温差，所以即使磁体做了隔热设计，依然有热量不断侵入磁体腔体内，制冷系统就是为了应对热量而设置的磁体稳定系统。结构上制冷系统主要包含三个部分：冷头、氦气压缩机、水冷机，三者关系如图2-12所示。

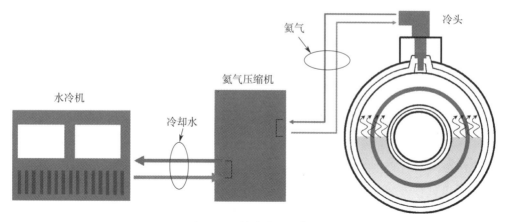

图 2-12　制冷系统示意图

冷头、氦气压缩机和水冷机形成了两个循环：第一个是氦气压缩机与冷头之间的氦气循环，氦气压缩机提供高压低温的氦气，输送至冷头，依靠氦气膨胀吸热，磁体腔内（或屏蔽层）的热量被膨胀的氦气送回氦气压缩机，氦气在压缩机内被压缩降温，再次输送到冷头；第二个是水冷机提供低温的冷却液体（一般情况是水），输送至氦气压缩机，与被送回氦气压缩机的高温氦气进行热交换，氦气温度降低，液体温度升高，受热液体送回水冷机冷却后，再次输送到氦气压缩机。基于这两个循环，热量从磁体出发，经过几次交换最终送至水冷机，达到制冷目的。

## 1. 冷头

冷头是制冷部件，其外观如图 2-13 所示。根据冷头制冷能力的差异，目前常见的冷头有 10 K 冷头和 4 K 冷头。所谓 10 K 和 4 K 是指冷头能够维持的温度（K 指开尔文，$0\ ℃ \approx 273\ K$），所以相应的磁体也常被称为 10 K 磁体和 4 K 磁体。

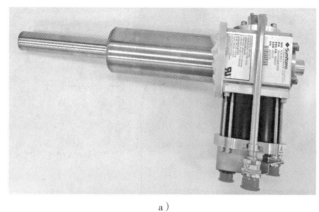

a）

b）

图 2-13　冷头外观图
a）俯视图　b）左视图

以 10 K 冷头为例，冷头与磁体内两个真空屏蔽层（低温保护层）相连，使两个屏蔽层的温度维持在 20 K、60 K。冷头是一个膨胀机，氦气压缩机供给的高压高纯氦气输送至冷头，气体在冷头内膨胀吸热带走周围的热量，冷头内部温度降低，并通过两级缸套端面的铟线圈将低温传输到核磁共振的两级屏蔽层上。冷头主要由驱动电动机、旋转阀、配气盘、活塞和气缸组成。其运行方式是驱动电动机控制旋转阀在配气盘上旋转，控制活塞压缩和膨胀气体，形成高压气体腔和低压气体腔的交替循环，完成吸入高压低温氦气、排出低压高温氦气的过程。

活塞也被称为冷芯，是冷头制冷的关键部件，材料是丝绸胶木，以铅丸为填料（蓄冷增重）。活塞长年以 2 Hz 的频率在缸筒内往复运动，随时间延长不断磨损，造成气密不严、制冷效率下降。更换活塞后应对冷头内部进行纯化，即氦气置换操作，保证冷头内不能含有空气，否则空气成分结晶冻住活动部件，将导致冷头损坏。氦气置换相关具体操作详见培训任务 4。

## 2. 氦气压缩机

氦气压缩机的主要功能是处理安装在磁体上的冷头输送的高温低压氦气，氦气在氦气压缩机内通过一系列的热交换、清洁等步骤，最后转变为干燥、清洁、高压低温的氦气，然后输送到冷头。冷头、氦气压缩机、氦气管路等组成一个气体循环闭合回路。另一方面，氦气压缩机将氦气交换来的热量，通过与室外水冷机的冷却水路进行热量交换，将这些热量转移到室外水冷机，最终排放到室外环境中。

以 HC-8E 型氦气压缩机为例，其外观和内部结构如图 2-14 所示。

油吸附器

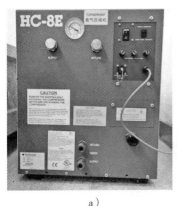  

a） b） c）

图 2-14 氦气压缩机外观和内部结构

a）前面板 b）去面板俯视图 c）去面板侧视图

油吸附器是氦气压缩机内的重要部件，它的性能关系到冷头的使用寿命。在氦气压缩机内为了提高热交换效率和润滑压缩机，会在氦气中掺入油。氦气经压缩机压缩后，氦气里面带有的油雾经过油过滤器过滤掉大部分，剩下的依靠油吸附器吸附。油吸附器内物质的主要成分是活性炭。

### 3. 水冷机

简单来说，水冷机是给氦气压缩机提供冷水的装置。除了参与制冷系统工作外，水冷机还负责梯度子系统的冷却工作。水冷机、氦气压缩机和冷头不停地工作，可以源源不断地为核磁共振设备提供冷量，以达到减少液氦蒸发的目的。目前国内与核磁共振设备配套使用的室外水冷机至少有十几个国内外品牌，各个厂商产品的参数也不尽相同，但其工作原理基本相似。

水冷机一般包括制冷剂循环系统、水循环系统和控制系统三部分。

（1）制冷剂循环系统。包括蒸发器（又称制冷螺旋管）、压缩机、冷凝器（又称室外机）、鼓风机、恒温膨胀阀等，如图 2-15 所示。前文介绍的氦气压缩机的热量由水冷机中的循环水带走，循环水中的热量被蒸发器中液态制冷剂（氟利昂）吸收，这时液态制冷剂变为气态，被压缩机吸入并压缩。经过压缩的气态氟利昂通过冷凝器，将其在工作过程中吸收的全部热量传递给周围介质（鼓风机抽来的空气）带走，使氟利昂重新凝结成液体，再通过膨胀阀节流后变成低温低压制冷剂进入蒸发器，用于吸收循环水中的热量，最终达到冷却循环水的目的。

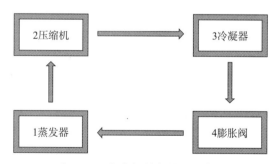

图 2-15　水冷机制冷剂循环系统

（2）水循环系统。主要由室外水冷机蒸发器热交换板组、水箱、水泵、室内阀门组及室内核磁共振水冷柜等组成，如图 2-16 所示。水循环系统中的水（或防冻液）在室外水冷机内水泵的作用下，经由水管进入室内阀门组，然后流经核磁共振水冷柜进行热量交换，将核磁共振设备产生的热量经水管带回室外水冷机中的蒸发器热交换板组，与蒸发器中的制冷剂（氟利昂）进行热交换，水降温后送回水箱，形成一个闭合的水循环热交换系统。

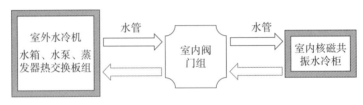

图 2-16　水冷机水循环系统

　　水冷机的循环水管长期使用后由于腐蚀等原因会产生杂质，使水流不畅，影响热交换的效率，要对滤网做定期清理。水质硬的地区，水冷系统的冷却水要定期更换，以免蒸发器里水垢过多或阻塞水路中过滤装置影响制冷效果。另外，由于北方冬季温度较低，循环水可以用防冻液代替。

　　（3）控制系统。一般由计算机和各类传感反馈装置构成，负责人机交互、运行参数设置、机组控制和运行管理、故障保护和记录等。

# 学习单元 3

# 梯度子系统

梯度子系统的功能是产生可满足特定应用需求的梯度场，对核磁共振信号进行空间编码，从而确定信号的空间位置。

## 一、结构与性能指标

### 1. 作用及结构

梯度子系统由三路梯度线圈、梯度功率放大器（gradient power amplifier, GPA）、梯度控制器（gradient control unit, GCU）、数模转换器（digital to analogy converter, DAC）等组成。梯度子系统的主要作用是提供核磁共振信号空间定位所需要的三维梯度磁场；同时，在没有独立匀场系统的磁体中，梯度线圈还兼做一阶有源匀场线圈，用于补偿主磁场的非均匀性；此外，在梯度回波和其他一些快速成像序列中，梯度子系统还起到聚相等特殊的作用。

图 2-17 所示为梯度子系统的结构框图。梯度子系统的工作过程是：在计算机子系统上操作人员通过鼠标和键盘设置序列参数，谱仪子系统中的序列发生器根据接收到的序列名称和参数，对梯度控制器发出各种参数，包括时序参数、幅值参数、涡流补偿参数等，梯度控制器根据这些参数发送出数字信号，经数模转换后变成模拟的低功率的梯度场信号，通过梯度功率放大器进行功率放大后，经由梯度线圈产生特定需

求的梯度场。三个梯度场在结构、电路上都是相同的，每个梯度场都可以实现层面选择、频率编码和相位编码。在任意截面的成像中，可以由三个梯度场中的任两个梯度场组合实现空间编码。

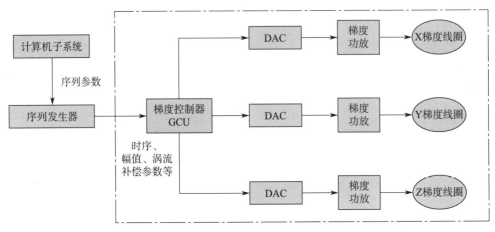

图 2-17　梯度子系统的结构框图

## 2. 性能指标

梯度子系统的性能指标通常有梯度场强度、梯度场线性、梯度场有效容积、梯度场切换率等。梯度场强度必须大于主磁场的非均匀性，否则会引起图像失真。梯度子系统的性能决定着核磁共振系统的扫描速度、图像的几何失真程度以及空间分辨率。

（1）梯度场强度。单位长度内梯度的最大值称为梯度场强度，单位为 Gs/cm 或 mT/m。梯度线圈一定时，梯度场强度与梯度电流成正比，梯度电流受梯度功放的限制。梯度场强度与图像层厚有关，与图像的空间分辨率有关，还直接影响扫描时间。

（2）梯度场线性。梯度场强度空间变化率的均匀情况称为梯度场线性。变化率越均匀，线性越好；反之则越差。梯度场线性差会导致图像几何失真和畸变。

（3）梯度场有效容积。梯度场有效容积又称作均匀容积，是指能够满足一定线性要求的空间区域，一般位于磁体中心。通常的梯度线圈为鞍形线圈。在它的容积内，只有 60% 的空间是均匀容积，该均匀容积在磁场孔腔的中轴区。梯度线圈的均匀容积越大，其成像区的有效范围也越大。

（4）梯度场切换率和爬升时间。梯度场是呈开关工作状态的，即瞬时通断。梯度场强度最大值称为波幅，梯度场强度从零到达最大值所需时间称为爬升时间，将波幅除以爬升时间就得到了切换率，三者示意图如图 2-18 所示。在快速扫描时要求梯度场的爬升时间越短越好，希望在短时间内即可通电达到预定值，一般梯度场的启动时间要求在毫秒量级。切换率的大小决定了核磁共振系统快速扫描序列的成像速度与成像质量。

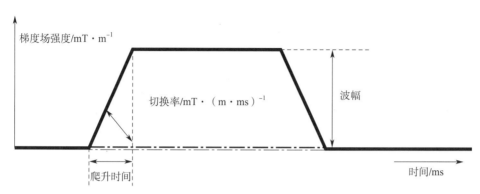

图 2-18　切换率和波幅示意图

综合来讲，梯度场强度、梯度场切换率和爬升时间是衡量梯度子系统的关键指标。随着梯度子系统硬件的发展，快速序列也随之得以实现，核磁共振扫描技术得到快速发展，也扩展了应用领域。

# 二、梯度功率放大器

## 1. 梯度功率放大器的作用及特点

梯度功率放大器也称为梯度放大器、梯度功放、梯度场电源柜，如图 2-19 所示，其主要的功能是对模拟小功率信号进行放大。经过放大后梯度的输出电流可以达到 1 000 A 以上，电流流经梯度线圈，产生相应的梯度磁场，进而可根据临床诊断需求提供高分辨率的图像。

## 2. 梯度电流波形调节

梯度磁场的线性度直接决定着图像的质量，线性度不好，图像可能出现模糊或者严重的畸变。由于梯度磁场施加的时间一般较短，为毫秒量级，因此需

a）　　　　　　　b）

图 2-19　梯度功率放大器

a）用于 Provida 系统　b）用于 Multiva 系统

要梯度场强度在很短的时间内能够达到预定值，并且能很快地完全消失。梯度场强度是通过对绕制成不同形状的梯度线圈施加短暂的直流电流获得的，但实践发现，对于施加的计算好的梯度电流，所产生的梯度场强度却并不是矩形脉冲形式的，而是需要经过一个指数增加规律的上升过程；梯度电流消失后，梯度场强度也并非突然消失，而是需要经过一个指数衰减规律的减小过程。这种波形迟滞现象如图 2-20 所示。

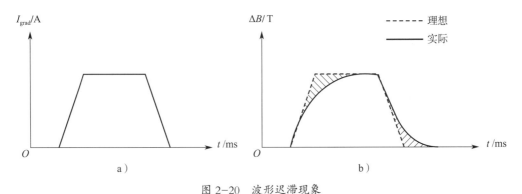

图 2-20　波形迟滞现象

a）梯度电流随时间变化波形　b）梯度场强度随时间变化波形

波形迟滞原因有以下两种。

（1）梯度线圈自身电感的感抗作用。突然开或关的梯度电流相当于是高频信号，梯度线圈由于绕制都具有一定的电感，而电感对于高频信号是具有感抗作用的，因此，梯度线圈上的实际电流与所施加的电流之间存在迟滞。

（2）涡流的影响。梯度线圈的周围分布着导电材料，如超导磁体的杜瓦壁。在成像过程中，当梯度场导通或切断时，变化的磁场在周围的导电材料中感应出随时间变化的电流，即涡流。根据楞次定律，这些涡流本身又产生随时间变化的磁场，其分布与梯度线圈所产生的磁场一样，但方向相反。梯度感应的涡流的负效应抵消并削弱了梯度场强度，这种负效应随时间变小。

基于上述的两种效应，梯度场强度的波形滞后于梯度电流的波形，且迟滞遵循着指数规律。

# 三、梯度线圈

## 1. 梯度线圈的结构

梯度线圈的结构示意图如图 2-21 所示，Z 线圈采用麦克斯韦线圈对绕组。当两组线圈分别施加方向相反、强度相等的电流时，根据右手法则，其中一组产生与主磁场

$B_0$ 同向的磁场，而另一组产生方向相反的磁场，分别与主磁场叠加后，在沿着 $z$ 轴的不同位置产生加强或削弱磁场的作用；而在磁体中心，由于距离两组线圈的距离相等，且两组线圈产生的磁场强度相等、方向相反，所以互相抵消，对磁体中心位置的磁场强度变化为零。根据毕奥 – 萨伐尔定律：在导体几何形状确定的情况下，产生的磁场仅与流经的电流大小有关。据此 X 线圈与 Y 线圈都设计成鞍形，两者属于同一种线圈，差别在于 X 线圈是上下方向绕组而 Y 线圈是左右方向绕组。当 X、Y 线圈流经电流时产生磁场，磁场的方向依电流流向而定，分别从 $x$、$y$ 两个方向对主磁场加强或削弱，产生空间编码所需的特定方向的磁场分布。

梯度线圈实物如图 2-22 所示，流经电流的导体用高纯度的铜线或铜条制成，并用环氧树脂等材料一次性浇铸成型。由于梯度线圈中大电流流经时产生的热量非常大，同时使用液冷及风冷对梯度线圈进行保护，防止过热损坏，这是非常必要的。在梯度线圈内除了排布线圈电路，还设置了很多水管，极为细小，类似于人体的毛细血管，围绕在线圈附近。这些水管与水冷柜相连，水冷柜内的水泵将冷却水泵入细管，带走线圈内的热量。

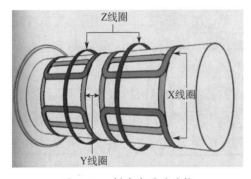

图 2-21　梯度线圈的结构

图 2-22　梯度线圈实物

梯度线圈品质评估的两个主要参数是电感与电阻。其中电感影响电流的变化速率，进而影响梯度场强度的爬升时间，有效降低电感可以提高梯度子系统的性能，电感数值越低，表明线圈品质越好。当前主流的梯度线圈电感低于 200 mH，电阻小于 100 mΩ。

## 2. 梯度线圈的噪声

在扫描过程中，每隔 5 ~ 10 ms 反复切换梯度电流，电流通过置于主磁场中的导线会产生一个同时正交于磁场强度和电流方向的洛伦兹力，梯度线圈的噪声来自脉动的洛伦兹力。在扫描过程中，梯度线圈会产生机械振动而撞击它们的机架，从而产生"咝咝嗒嗒"的噪声，增加受检者的恐惧感。梯度线圈噪声大小与梯度电流相关，例如，100 A 电流比 10 A 的电流产生更多的噪声，这是由于更大的梯度场切换率导致的。

消除梯度线圈产生的噪声是梯度线圈设计的难题。消除噪声的具体方法有：将梯度线圈封装在吸声材料内，如玻璃纤维、环氧树脂或碳纤维化合物；基于亥姆霍兹谐振器的吸声材料覆盖在梯度线圈内表面，过滤特定频段的声波；在扫描过程中为受检者提供耳塞（但是耳塞的副作用是干扰了与受检者的正常联系）；用与噪声反相信号通过耳机抵消噪声的影响；用真空外壳来减少梯度线圈振动产生的声波在空气中的传播；减小受检者在磁体孔内的扫描时间以降低噪声的影响；等等。

### 3. 涡流的影响与补偿

在电磁学中，变化的磁场在其周围导体内产生感应电流，电流的流动路径在导体内自行闭合，这种电流称为涡电流，简称涡流。涡流的强度与磁场强度的变化率成正比，其影响程度与这些导体部件的几何形状及变化磁场的距离有关。涡流所消耗的能量最后均变为焦耳热，称为涡流损耗。

梯度线圈被各种金属导体材料所包围，因而在梯度场快速开关的同时，必然会产生涡流。随着梯度电流的增大，涡流相应增加；而梯度电流减小时，涡流又将出现反向增大；当梯度场保持时，涡流按指数规律迅速衰减。涡流的存在会大大影响梯度场的变化，严重时类似于加了低通滤波器，使波形严重畸变。如图 2-20b 所示，为了克服涡流造成的影响，可以采取的措施有两种。一种是使用自屏蔽线圈，自屏蔽线圈是一个与梯度线圈贴合在一起的副线圈，其产生的反向磁场使磁通量变化率大幅度减小，以减小涡流。这种方法的缺点是会让梯度功放的负荷增加，产生的热量也增加，相应的设计成本增加。另一种是利用特殊磁体结构，尽量采用分立的硅钢片叠加形成抗涡流盘，减小磁体内的封闭磁路，从而减小涡流。

虽然有了上述两种抗涡流措施，但是在梯度场开关时，仍然会有一定大小的涡流，这些涡流幅值虽然不大，但会使梯度电流的线性不佳。为了获得理想的梯度波形，一般在电流波形上预先加上与感抗和涡流抵消的反向补偿电流，如图 2-23 所示，这一技术被称为梯度电流波形补偿或预加重技术。

补偿电流为指数衰减电流波形，由于感抗和涡流的影响比较复杂，故不可能通过预先补偿一个固定的电流完成梯度波形的调节。实践中一般采用四组以上指数衰减的电流组合进行波形调节，从而获得理想的梯度磁场。早期主要采用微积分电路配合运放组成的放大电路实现，调节不方便。目前则主要采用计算机设置和控制的数字化补偿技术，调节方便，精度高。需要说明的是，由于采用了预补偿，梯度功放的最大功率有所下降，在相同的梯度场强度下，所需要的最大输出电流提高了。

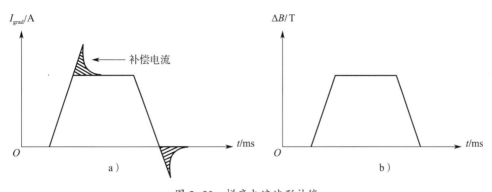

图 2-23  梯度电流波形补偿

a）补偿电流的波形  b）补偿后的梯度场强度波形

## 4. 梯度冷却系统

梯度子系统是大功率系统，梯度线圈中所通的电流往往达到 100 A 及以上。通有大电流的梯度线圈将产生大量的热量，必须要采用冷却装置降低温度，避免温度过高导致的梯度子系统故障。梯度线圈固定封装在绝缘材料上，无法自然散热，常用的冷却方式有两种——水冷和风冷。水冷是将梯度线圈经绝缘处理后，在梯度线圈与填充物的混合体内放置水管，水管如血管分布，冷水交换机将梯度线圈的热量经水流带出，达到散热目的；风冷是直接通过风扇进行散热。目前高性能梯度子系统均采用水冷装置进行散热。

# 射频子系统

## 一、射频发射链路

### 1. 构成与工作过程

射频发射链路如图 2-24 所示。其中射频发生器功能由位于谱仪子系统的射频脉冲发生器实现，在谱仪子系统控制下，由射频脉冲发生器产生所需要的射频脉冲波形，经过射频功率放大器后，实现可控的功率放大，同时接收脉冲序列发生器的门控信号，经放大后的射频脉冲通过射频开关切换后，经过调谐匹配网络传输到射频发射线圈上。射频发射线圈流经高频大电流时即可实现射频场的激励，通过调整射频信号发射的初始相位可实现不同方向的射频场激励。

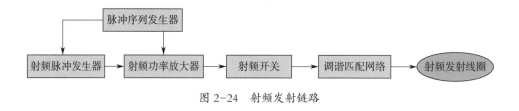

图 2-24　射频发射链路

### 2. 射频功率放大器

射频功率放大器主要实现对射频脉冲信号的功率放大，激励成像空间内的氢质子产生核磁共振信号。射频功率放大器对于提高发射信号的强度、延长系统的使用时间、降低电源的消耗、减小系统的体积起着决定性作用。功率放大器的主要指标包括工作频带、1 dB 压缩点、增益和增益平坦度、工作效率、谐波抑制、交调失真、输入输出驻波比等。

功率放大器是高频放大，且需要有一定的频带宽度和非常好的线性，实现较大功率输出。输出功率与成像部位有关，例如，相比检测头部信号，检测全身则需要更大的射频功率。在固定主磁场和特定原子核的条件下，所需要的射频信号的频率单一，窄带宽的射频功率放大器即可满足要求，但是在实际应用中如果需要改变检测的原子核，就需要改变射频脉冲的频率，因此宽带射频功率放大器就更适用。此外，功放需要有良好的线性度，线性度越高，图像质量也较好。现有的射频功率放大器还进行了智能化设计，比如在出现故障时，只要根据相关的反馈信息，就能迅速定位出现故障的位置。

当脉冲信号功率要达到 30 kW 甚至以上时，采用单级放大不可能实现，必须采用多级级联，逐级实现功率放大。初始的射频信号功率极小，第一级可采用单管或集成放大，该级放大要求失真尽量小、噪声低、增益大；此后应用功率分配器，将信号一分为二，分别通过第二级互补功放，分别实现 2 kW 的输出，再经功率合成器后得到 4 kW 的功率；最后经第三级功放，此级的功放管要承受很大的电流和电压，一般的晶体管无法满足要求，往往采用大功率的电子管实现。

# 二、射频接收链路

## 1. 构成与工作过程

射频接收链路主要由前置放大器、混频器、滤波器、中频放大器等组成，如图 2-25 所示。射频接收线圈感应到核磁共振信号后，经过调谐匹配网络，将信号传输送至前置放大器放大，与谱仪子系统产生的本振信号进行混频，混频后的中频信号

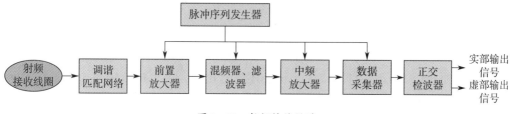

图 2-25　射频接收链路

经中频放大器二级放大后，送至谱仪子系统的数据采集器，再进行数字正交检波，分别给出相位正交的实部和虚部输出信号。

## 2. 前置放大器

前置放大器位于射频接收链路的前端，主要功能是将来自射频接收线圈的低电压核磁共振信号进行放大。核磁共振信号极为微弱，实现微弱信号的分析和处理对前置放大器的性能提出了更高的要求。对前置放大器的要求包括噪声系数低、工作稳定性好、足够的功率增益、足够的带宽和大的动态范围、良好的线性放大特性和电磁兼容性。前置放大器的噪声系数对整个系统的噪声影响极大，前置放大器增益决定后级电路的噪声抑制程度，前置放大器的线性度将影响整个系统的线性度和共模噪声抑制比。

## 3. 混频器

核磁共振信号的频率往往较高，为了采样信号，必须对信号进行降频处理，以减小信号的频率。混频器可以实现对频率的加减运算。混频器由乘法器和高通或低通滤波器组成，设乘法器的两个输入信号分别为：$v_{i1}=A_1\cos(\omega_1 t+\varphi_1)$，$v_{i2}=A_2\cos(\omega_2 t+\varphi_2)$，根据三角函数的积化和差规则，频率分别为 $\omega_1$ 和 $\omega_2$ 的两个输入信号，经过乘法器后，输出为频率是（$\omega_1+\omega_2$）和频率是（$\omega_1-\omega_2$）的两种信号之和。该信号经过高通滤波器可以滤除差频信号，只输出和频信号；该信号经过低通滤波器可以滤除和频信号，只输出差频信号；从而实现频率的加减运算。

## 4. 正交检波器

频率编码导致质子共振频率有一定频率范围，为激励一定频率范围内不同的质子，往往利用射频脉冲的频带展宽效应。为了尽量减小射频激发功率，一般将射频中心频率设定为频带的中心，沿中心位置左右的质子共振频率分别为正值和负值，因此接收信号的频率有正有负，但是傅里叶变换后将不能区分频率的正负，无法对信号进行空间定位。为了获取频率的正负，需要使用正交检波器。

正交检波的实现方法是将模数转换器采集到的信号 $S(t)$ 分别输送到两个数字相敏检波器，两个相敏检波器的参考信号正交，即相位相差 90°，分别输出 $\cos(\omega t)\,e^{-t/T_2}$ 和 $\sin(\omega t)\,e^{-t/T_2}$。再对余弦与正弦输出进行傅里叶变换，得到的频谱分别为：$0.5[A(\omega)+A(-\omega)]$ 和 $0.5[A(\omega)-A(-\omega)]$，将上述信号相加，可去掉负频率 $A(-w)$，从而实现正负频率的区分。

## 三、射频线圈

### 1. 射频线圈的特点

射频线圈既是磁性核发生核磁共振的激励源，又是核磁共振信号的探测器。射频线圈作为发射线圈，需要在成像区域内产生与主磁场方向垂直的均匀磁场，对样品组织进行激励；射频线圈作为接收线圈，负责感应磁化矢量切割线圈产生的微弱的核磁共振信号，需要射频线圈拥有较高的信噪比，并保证射频接收磁场的均匀性。

通常发射线圈都可作为接收线圈来用，可以把线圈简单理解为发射或接收电磁波信号的天线。发射线圈和接收线圈不可以同时工作，由于发射和接收线圈的工作频率范围是一样的，如果同时工作，接收线圈会接收到发射线圈发射的电磁波信号，该信号的强度远高于接收线圈的接收范围，会导致接收线圈的损坏。这就要求对各个线圈工作状态进行控制，才能使发射和接收线圈按一定的时序进行发射和接收，准确采集人体激发出来的核磁共振信号。

射频线圈的特点有以下几点。

（1）射频线圈的谐振频率等于质子进动的拉莫尔频率，对共振频率有高度的选择性。

（2）射频线圈产生的 $\boldsymbol{B}_1$ 场与主磁场 $\boldsymbol{B}_0$ 垂直。

（3）射频线圈具备足够大的线圈容积以覆盖成像空间。

（4）射频线圈产生的 $\boldsymbol{B}_1$ 场足够均匀，保证了图像的均匀度。

（5）射频线圈填充因素足够大，能获取更好信噪比。

（6）射频线圈本身的损耗足够小，即品质因素足够高。

（7）射频线圈具备保护电路，能够承受一定的过压冲击。

（8）射频线圈在受检对象上产生的电场最小，从而减小了介质损耗，获得了更高的信噪比。

（9）射频线圈需要射频屏蔽，以减小线圈对周围环境的干扰，保证线圈的性能。

（10）射频线圈采用正交发射方式可以节省一半的射频功率，采用正交接收的方式可以使信噪比提高 $\sqrt{2}$ 倍。

### 2. 射频线圈的种类

核磁共振的射频线圈可以按照不同的方法进行分类。

（1）按照绕组形式不同，射频线圈常见类型有螺线管形线圈、鞍形线圈、鸟笼形线圈和双平面形线圈等。

1）螺线管形线圈。螺线管形线圈如图 2-26 所示，多匝螺线管形线圈的电感较大，一般用于主磁场 $B_0$ 为上下垂直场的低场强永磁核磁共振成像设备。螺线管形线圈可在螺管中心处产生极均匀的轴向磁场 $B_1$，满足 $B_1$ 与 $B_0$ 垂直的要求。为提高射频场的均匀度，一般在各匝之间串接小电容，使匝间电感得以抵消，提高工作频率，还可以将整块薄导体板材卷成有缝圆筒状，从而减小电感，提高工作频率。

2）鞍形线圈。超导核磁共振成像设备的主磁场与人体的长轴方向相同，如果要在圆柱内产生均匀的射频磁场，就需要线圈的结构是柱形结构，且线圈产生的射频磁场 $B_1$ 方向与圆柱的轴向垂直，满足这种需求的有鞍形线圈和鸟笼形线圈。鞍形线圈如图 2-27 所示，它适用于频率小于 25 MHz，直径小于 30 cm 的场合。

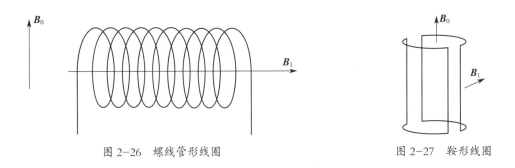

图 2-26　螺线管形线圈　　　　　　　　　图 2-27　鞍形线圈

3）鸟笼形线圈。鸟笼形线圈是一种射频场高度均匀的发射线圈，适用于频率大于 25 MHz 的场合。鸟笼形线圈分为低通鸟笼形线圈和高通鸟笼形线圈。低通鸟笼形线圈的电容对称地接在两条传输线之间，连接电容和传输线的导线称为鸟笼形线圈的腿；高通鸟笼形线圈的电容等距地串接在传输线上，且每个电容两端均有腿相邻。利用等效电路分析法，将导线等效为电感，可以得到线圈的等效电路模型，如图 2-28 所示。鸟笼形线圈的优点是：高度对称的结构允许正交发射和正交接收，可以通过增加腿数更精确地模拟正弦电流分布，电流分布能够有效地减小线圈损耗并防止磁场在导体附近高度集中，电流引线电感被充分利用，线圈产生的射频场的均匀度仅受线圈长度限制。

4）双平面形线圈。双平面形线圈作为低场强永磁核磁共振成像设备的发射线圈，早期的是用两套蝶形线圈垂直叠置，实现正交圆极化射频激发；新型的是一种正交腔式线圈，类似于低通鸟笼形线圈压平到一个平面上，其中一个环变成中心导电面，腿变为轮辐，辐条内接入电容，中心导电面仅几微米厚以防梯度涡流，在外环上进行正交激发，产生圆极化的射频场，平面发射线圈与梯度线圈之间加射频屏蔽。

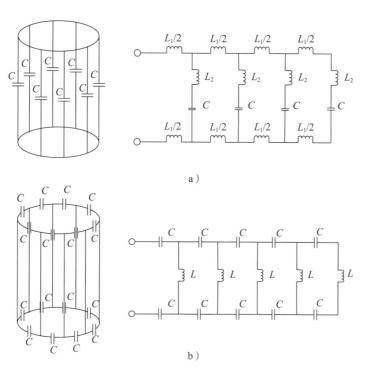

图 2-28　鸟笼形线圈结构与等效电路
a）低通鸟笼形线圈　b）高通鸟笼形线圈

　　需要注意的是，由于低场强永磁核磁共振设备和高场强超导核磁共振设备的主磁场方向不同，射频线圈的结构形式也不同。对于低场强永磁核磁共振设备，发射线圈为双平面形线圈，接收线圈使用螺线管形线圈；对于高场强超导核磁共振设备，发射线圈为鸟笼形线圈，接收线圈使用鞍形线圈。

　　（2）体线圈和专用线圈。射频线圈还可以分为体线圈和专用线圈。

　　1）体线圈。一般核磁共振成像设备内最常见的发射线圈是正交体线圈，英文缩写是 QBC（quadrature body coil），每一台核磁共振设备都会有一个 QBC。和其他的线圈不同，QBC 是不可移动的，它安装在磁体洞的罩壳内侧，平时不容易被看到，其外形如图 2-29 所示。该线圈也可作为接收线圈使用，但 QBC 不可在同一时刻既做接收线圈，又做发射线圈，而是按一定时序切换发射和接收两种状态。

　　除了体线圈能作为发射线圈以外，还有一些特殊线圈也可以作为发射线圈使用，这些线圈的外形和其他接收线圈相似，一般称为 T/R（transmit/receive）线圈，常见的有 T/R 头线圈、T/R 膝关节线圈等。这些特殊的 T/R 线圈优点是相较于体线圈来说更小，更接近于扫描部位，它们产生的射频场在小范围内会更均匀；缺点是相对来说价格昂贵。

图 2-29　正交体线圈及屏蔽

2）专用线圈。一般专用线圈指的是接收线圈，接收线圈是接收氢质子弛豫过程中释放的核磁共振信号的线圈，大致可分为正交线圈、相控阵线圈和数字线圈，内部有信号采集和预放模块等，数字线圈还会在线圈内部就把模拟信号进行数模转换。接收线圈由于往往使用在特定的扫描部位，所以形态各异，图 2-30 所示是数字腹部线圈和数字头颈线圈。

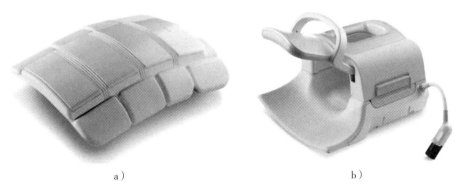

a）　　　　　　　　　　　　　　　　　　b）

图 2-30　接收线圈

a）数字腹部线圈　b）数字头颈线圈

一般情况下正交线圈既可做发射线圈也可做接收线圈，采用正交激发或正交接收技术。作为接收线圈，正交线圈最终只有一路信号输出，目前临床使用比例较低，属于早期的接收线圈，不再是主流。

多通道线圈属于相控阵线圈，其结构比较复杂，在整个线圈的空间范围内，分布多个（一般高于 4 个）线圈单元，每个线圈单元可以看成一个小线圈，独立接收核磁共振信号，每个线圈单元的信号需要一条通道，向系统传输，所以称为多通道线圈。

目前大部分专用线圈属于多通道线圈，信噪比高，且支持各种加速扫描技术，在临床使用比例高。

### 3. 射频线圈主要性能指标

（1）信噪比。信噪比是接收线圈向后续电路输出信号中有用成分与噪声的比值，它是衡量图像质量的重要指标。信号的强度与成像部位的体积、射频场的强度、主磁场的强度和组织与线圈之间的耦合情况相关。接收线圈的噪声有两个来源：线圈的内阻产生的热噪声和受检对象产生的噪声，其中受检对象产生的噪声又分为电介损失和磁性损失。电介损失由受检对象与线圈之间的杂散电容引起，可以通过屏蔽来进行消除，而磁性损失是由受检对象体内感应出的涡流产生的，与核磁共振信号混合在一起，无法消除。提高信噪比是线圈最主要的设计目标。线圈的信噪比越高，就越有利于增加图像的分辨率或者提高系统的成像速度。

（2）灵敏度。线圈灵敏度指的是接收线圈对输入信号的响应程度。线圈的灵敏度越高，就越能检测到微弱信号，但信号中的噪声水平也会随之提高，从而使信噪比下降。因此，线圈灵敏度也不是越高越好。线圈的灵敏度应和作用范围一并考虑，灵敏度能够满足一定要求的线圈成像空间称为有效空间。在有效空间内，线圈的灵敏度不一定处处相等，通常离线圈越近，灵敏度越高。不同结构的线圈，灵敏度差别较大。

（3）射频场均匀性。射频线圈发射的电磁波一方面会随着距离的增大而减弱，另一方面则向周围空间发散，因而它所产生的射频场并不是均匀的。射频场的均匀性直接影响图像质量。在临床中，一般要求成像空间内射频场的均匀性优于5%。射频场均匀性与其几何形状相关。螺线管形线圈以及其他柱形线圈的均匀性最好，平面形线圈的均匀性最差。

（4）品质因素（$Q$）。$Q$描述了谐振回路的特性，用线圈的电抗与回路等效电阻的比值表示，也表示谐振电路每个周期储能和耗能之比。它是描述谐振电路的一个重要指标。$Q$值越高，线圈对微弱信号的检测效果越好。$Q$值越高，带宽越窄，线圈的选择特性越好。但带宽大小会影响核磁共振成像的视野大小。$Q$值越高，线圈储能越多，能量释放时间越长，会使线圈的死时间延长。$Q$值还受到负载的影响，在有负载进入线圈后，电路的电容增加，电感减小，$Q$值减小，对谐振频率的影响不确定，可大可小。

（5）填充因数。填充因数指的是被检部位体积与线圈容积之比，填充因数越高，则信噪比会越高。一般要求被检体积与线圈容积尽量接近，为了获得比较理想的信噪比，需要填充因数达到70%以上。软体线圈比固定容积的硬线圈填充因数要高。

（6）有效范围。有效范围指电磁波可以到达或可以检测到的核磁共振信号的空间范围。有效范围的空间形状取决于线圈的几何形状，例如，柱形线圈的有效范围为圆柱形，而平面形线圈的有效范围为半球形。一般来说，线圈的有效范围越大，则成像范围越大，可以采用更大的视野，但线圈的信噪比会随之降低。

### 4. 射频开关

射频收发两用线圈又称为双工线圈，射频发射线圈兼作射频接收线圈。射频开关的作用是切换双工线圈的两种工作模式。在射频发射时，射频开关将射频功率放大器和射频线圈接通，同时避免较大功率的射频信号串入前置放大器而烧坏前置放大器。在信号接收时，射频开关需要将射频线圈和前置放大器接通，同时断开与射频功率放大器的通路，以避免射频功率放大器部分的噪声进入前置放大器。射频开关由二极管VD1、VD2 和 $\lambda/4$ 传输线组成，如图 2-31 的线框中所示。

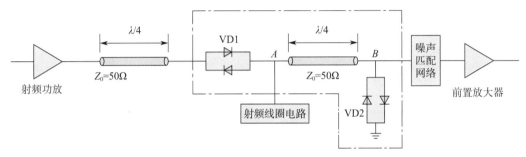

图 2-31　射频开关工作原理示意图

在高场强核磁共振设备中，一般由图 2-31 所示的传输线组成射频开关。其工作过程为：在核磁共振系统发射射频脉冲期间，二极管 VD1 和 VD2 都导通，由于二极管的导通电阻很小，从 $A$ 点向 $B$ 点看过去，相当于终端短路的传输线，阻抗为无穷大，射频功率不会进入接收通道，因此传输线将发射通道和接收通道隔离开。在系统接收核磁共振信号期间，由于核磁共振信号是幅值在微伏量级的信号，所以二极管 VD1 和 VD2 都处于截止状态，射频线圈与射频功率放大器之间是断开的，而此时 $\lambda/4$ 传输线终端是匹配的，可以正常传输射频信号。射频功率放大器到射频线圈之间的 $\lambda/4$ 传输线的主要作用是在阻抗失配时保护射频发射电路。

在低场强核磁共振设备中，由于系统的工作频率很低，所需的 $\lambda/4$ 传输线长度太长，可利用集总参数元件电路取代 $\lambda/4$ 传输线电路。如图 2-32 所示，采用 L、C 组成一个 π 型滤波器，选取合适的 L 和 C，使 LC 电路的谐振频率为系统的共振频率，阻抗为 50 Ω，可以起到 $\lambda/4$ 传输线的作用。

射频开关虽然原理不复杂，在工程实现上却要小心，对于二极管 VD1，要求耐高压、耐高功率、开关时间足够快，VD1 和 VD2 一般用 PIN 二极管。

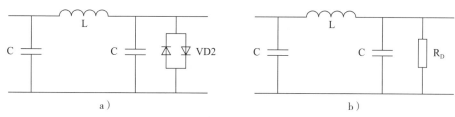

图 2-32 集总参数元件组成的射频开关
a）实际电路 b）等效电路

在一个线圈发射，另一个线圈接收的情况下，上述射频开关不起作用。在发射期间为了保护与接收线圈相连的前置放大器，应该把接收线圈置于失谐状态（断开调谐电容或并联一只二极管短路谐振电压）。

### 5. 线圈的调谐匹配

射频线圈的形状虽然各异，但其基本构成是电感和电容组成的谐振电路，通过谐振电路完成高频射频信号的发射和核磁共振信号的接收功能。射频场的发射和核磁共振信号的接收均要求射频线圈处于调谐匹配状态。只有在谐振频率位于拉莫尔频率附近时，才可以最大效率地激励样品和接收信号。同时，从能量传输的角度考虑，射频线圈必须匹配到传输线特性阻抗 50 Ω，才可以使功率输入输出的效率最大化。当受检者置入线圈后，由于受检部位的不同，会导致负载与线圈之间的等效电容改变，谐振频率将偏离拉莫尔频率，进而导致匹配效果变差，严重时甚至无法成像。

根据功率传输定律，在线圈的阻抗等于传输线特性阻抗 50 Ω 时，负载上可以得到最大的功率，功率反射系数最小，信号的传输效率最高。由于射频线圈处于谐振状态下，总阻抗与传输线阻抗相差很大，例如串联谐振时，总阻抗为线圈的等效电阻，非常小；并联谐振时，总阻抗非常大。因此必须通过在谐振线圈外部增加电感和电容元件，使线圈综合阻抗调整为传输线的特性阻抗 50 Ω，以达到阻抗匹配。利用史密斯圆图可以分析计算电路的阻抗。如果阻抗点在圆图实轴上，表示谐振状态；如果在圆图中心，表示匹配最佳。对于串联谐振电路，要匹配到 50 Ω，可以通过串电容、并电感或者串电感、并电容的方式实现；对于并联谐振电路，要匹配到 50 Ω，可以通过并电容、串电感或者并电感、串电容的方式实现。

实际应用中，通过手动或自动调节合适的谐振电容和匹配电容，使线圈重新谐振在拉莫尔频率点上，同时整个探头的阻抗重新匹配在 50 Ω 附近。手动调谐匹配是通过调节合适的谐振电容和匹配电容完成的；自动调谐匹配主要是通过采用变容二极管并联在调谐匹配元件上，改变加在变容二极管上的电压实现电容的改变，从而达到调谐匹配的目的。

学习单元 **5**

# 谱仪及计算机子系统

## 一、谱仪子系统

谱仪子系统是核磁共振成像仪的中心控制系统，负责控制射频子系统、梯度子系统各个部件按时序协调运行，如射频脉冲的发射时序、梯度的施加时序、信号的接收时序等。需要说明的是，在高端核磁共振设备中未见到谱仪这样一个独立的硬件，在许多现行的教材中也没有出现谱仪的概念，这是由于谱仪子系统的各个部件被分别归入射频子系统、梯度子系统、计算机子系统中。国外有几家公司专业生产核磁共振谱仪子系统，性价比较高，且满足不同的应用需要。传统谱仪子系统中多采用模拟电路，存在不能产生任意波形调制的射频脉冲、相位无法设置、需要单独的调制电路、模拟正交检波电路烦琐、电路不对称容易产生谱线折叠等缺陷。现代谱仪子系统多为数字电路构成。

### 1. 结构及作用

图 2-33 为谱仪子系统结构框图，主要包括通信接口、脉冲序列发生器、梯度控制器、射频脉冲发生器、数据采集器等。

射频脉冲发生器数字化后，频率分辨率高、切换速度快，能够直接产生调制后的射频脉冲，不再需要单独的调制电路。数据采集器即高速 AD 采集电路，实现核磁共振信号的数模转换。在现代谱仪子系统中，一般对单路的核磁共振信号进行采样，然后用软件的办法实现数字化的正交检波、数字滤波和数据抽取，避免了频谱的折叠，也简化了电路设计，省略了传统的相移器等电路。

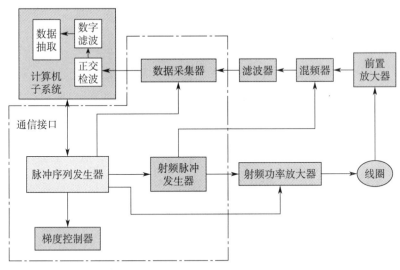

图 2-33　谱仪子系统的结构框图

## 2. 射频脉冲发生器

射频脉冲发生器负责产生任意波形调制的射频激发脉冲，又称为频率源。射频脉冲发生器由振荡器、频率合成器、放大器、波形调制器组成。早期频率源主要由模拟电路构成，存在精度低、频率切换速度慢、电路复杂等缺点。现代射频脉冲发生器采用直接数字频率合成（direct digital frequency synthesis，DDS）技术。DDS 技术是一种全数字化频率合成技术，优点是输出频率范围宽、频率分辨率极高、频率切换时间极短、具有任意波形输出能力等。DDS 工作过程如图 2-34 所示。

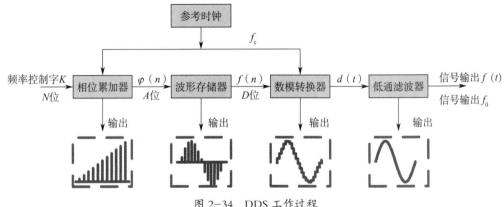

图 2-34　DDS 工作过程

采用 $N$ 位字长的数字寄存器，存储一个周期内的正弦波形经过抽样后的离散相位，即对 $0 \sim 2\pi$ 的相位区间，进行间隔为 $1/2^N$ 的量化，等效于使输入频率控制字参数 $K$ 和相位增量 $K_0$ 之间建立起一一对应关系 $K_0 \leftrightarrow K \times \dfrac{2\pi}{2^N}$，由此得到相位 $\varphi$ 与相位增量 $\Delta\varphi$ 之间也存在着相应的对应关系。相位累加器的累加周期为输出信号的一个周期，包含了 $2^N/K$ 个时钟周期。相位累加器根据相位增量进行相位累加，累加结果作为地址信息，在波形存储器中读出相应的幅值作为该时刻的幅值。当存储器存满时，产生一次溢出，并将相位累加器置零，完成一个周期的操作，合成后输出信号的频率为 $f_0 = f_c \times \dfrac{K}{2^N}$，在一定的时钟频率下，$K$ 决定了合成信号的频率，故 $K$ 也称为频率控制字。最后该数字信号通过数模转换器转换成模拟信号，通过低通滤波器滤掉阶梯状跳跃，即可输出平滑的频率可调的正弦和余弦信号。

### 3. 梯度控制器

梯度控制器又称为梯度波形发生器，负责根据序列要求产生一定时序、一定幅值、一定形状的梯度电流波形。梯度控制器可采用存储器将梯度波形预先存储，然后通过可编程逻辑阵列（field programmable gate array，FPGA）进行读取，给出不同的梯度波形和幅值、涡流预加重、监控和保护信号等参数，通常为 16 位的数字信号。该信号经数模转换器后生成模拟电流信号，进入梯度功放进行放大，最后在序列发生器发出的梯度控制信号的作用下，将放大后的梯度电流分别输送到三路梯度线圈产生梯度磁场。

### 4. 脉冲序列发生器

脉冲序列发生器负责产生任意的脉冲序列，实现核磁共振信号的产生、获取、数据采集等序列全过程的实时控制。脉冲序列发生器一般不采用单片机实现，因为单片机的速度慢、脉宽时间分辨率低、计时误差较大，不能满足高分辨率的谱仪子系统的需求。脉冲序列发生器是采用 FPGA 配合大容量存储器实现相应的功能，满足多通道、高精度、响应速度快等要求。

（1）脉冲序列发生器的性能指标

1）输出通道数。通用的脉冲序列发生器输出通道一般在 30 个以上。

2）适时性。各个门控信号之间有着严格的时间顺序，例如，射频脉冲与层面选择梯度的同步施加，就要求脉冲序列发生器的时间精度高，否则会造成磁化矢量的翻转角度产生较大的误差。

3）最小脉宽和脉宽时间分辨率。例如，硬脉冲脉宽最小值为 500 ns，就要求脉冲序列发生器的最小脉宽必须小于 500 ns；硬脉冲的脉宽调节步进为 20 ns，就要求脉宽时间分辨率达 50 MHz。

4）最大脉宽和脉冲序列的最大长度。在磁化矢量恢复时间较长的情况下，最大脉宽必须满足应用要求；在需要多次信号累加采样的情况下，脉冲序列的最大长度必须满足应用要求。

（2）脉冲序列发生器工作原理。用静态随机存储器（SRAM）存储序列的时间和事件表，预先将脉冲序列和快速控制逻辑的每一个高低电平变化分成若干个时间，并将每个事件的延时和事件本身一起存入 SRAM 中，一旦启动序列，直到序列结束，不再需要计算机干预，由谱仪子系统的控制器 FPGA 控制脉冲序列执行，按顺序不断读取事件和时间，并按设定的时间输出时间。

图 2-35 所示为硬脉冲 FID 序列及其事件划分情况。将所有通道中任一通道有电平发生跳变的起始时刻定义为一个事件的起始，将电平发生下一次跳变的时刻定义为前一次事件的结束。某次事件起始时刻到结束时刻之间的时间延迟则为事件延迟，即脉宽。表 2-1 为硬脉冲 FID 序列的事件表，给出了硬脉冲序列各个事件的时间、电平和脉宽情况。

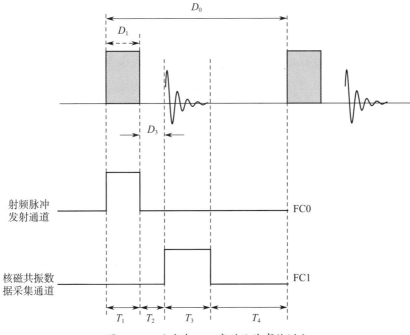

图 2-35 硬脉冲 FID 序列及其事件划分

表 2-1 硬脉冲 FID 序列事件表

| 时间 | 电平 | 脉宽 |
|:---:|:---:|:---:|
| $T_1$ | 10 | $D_1$ |
| $T_2$ | 00 | $D_3$ |
| $T_3$ | 01 | $t$，由采样点数除以采样频率得到 |
| $T_4$ | 00 | $D_0 - D_1 - D_3 - t$ |

图 2-35 中，FC0 通道代表射频脉冲发射通道，该通道电平为高代表射频脉冲正在发射，电平为低代表射频脉冲停止发射。在硬脉冲 FID 序列中，90° 射频脉冲的脉宽 $D_1$ 表示射频脉冲持续时间，它等于 FC0 通道高电平持续时间 $T_1$。FC1 通道代表核磁共振数据采集通道，该通道电平为高代表核磁共振信号正在采集，电平为低代表核磁共振信号停止采集。序列中，采样点数 $TD$ 除以采样频率 $SW$ 等于核磁共振信号的持续采样时间 $t$，它也等于 FC1 通道高电平持续时间 $T_3$。序列中的 $D_3$ 为 90° 射频脉冲结束与信号开始采集之间的间隔时间，也称作死时间，它对应于事件表中的时间 $T_2$。序列中 $D_0$ 为脉冲重复时间，即序列的一个周期的时间，对应于事件表中的时间 $T_1 \sim T_4$ 的总和。

## 二、计算机子系统

核磁共振设备中的计算机子系统，介于核磁共振操作人员和扫描系统之间，其功能包括：一是将操作人员选择的成像参数通过网线发送给谱仪子系统；二是负责将 K 空间中存储的数据进行图像重建和显示；三是对图像进行一些基本的后处理，如测距、标注、降噪等，另外计算机子系统还配备各种外存储系统和图像硬拷贝输出系统，以及与医院进行网络化传输的 PACS。

计算机子系统从结构上可以分为硬件部分和软件部分。两者相互配合，完成系统的整体功能。硬件部分由工业控制计算机、各种硬件接口组成。计算机子系统将控制信号送至谱仪子系统，控制核磁共振设备其他硬件部件的协调工作。软件部分分为系统软件和应用软件。系统软件是指用于计算机自身的管理、维护、控制、运行，以及计算机程序的翻译、装载和维护的程序组。系统软件又包括操作系统、数据库管理系统和常用例行服务程序三个模块，其中操作系统是系统软件的核心。操作系统是由指挥与管理系统运行的程序和数据结构组成的一种大型软件系统，它具有作业处理和实时响应的能力。其目的是把计算机内所有作业组成一个连续的流程，以实现全机操作运行管理的高度自动化。操作系统有 Linux、UNIX 和 Windows 等类型，均为多用户的操作系统。应用软件是指为某一应用目的而特殊设计的程序组，负责核磁共振操作过程中的人机交互，一方面从操作人员的操作中直接得到需求信息，另一方面将操作的请求转变为控制信号送至谱仪子系统，控制其他各个部件协调工作，从而获取到核磁共振测量数据，最后根据操作人员的需求输出相应的图像和分析数据。在应用软件中与核磁共振检查有关的主要功能参数见表 2-2。

表 2-2　　　　　　　　　与核磁共振检查有关的主要功能参数

| 功能参数 | 说明 |
|---|---|
| 预扫描 | 包括中心频率搜索、自动校正射频脉冲翻转角度、射频线圈调谐匹配、射频接收增益优化、校正扫描（磁场非均匀性校正）、梯度自动优化等 |
| 视野 | 核磁共振设备可以扫描的人体范围 |
| 采集矩阵 | 对扫描视野进行采集所划分的矩阵范围 |
| 显示矩阵 | 显示图像的矩阵大小 |
| 空间分辨率 | 图像可以分辨的最小的组织大小 |
| 层厚 | 核磁共振图像的断面厚度 |
| 层间距 | 数据采集层面之间的间隔 |
| 序列 | 获取核磁共振图像所使用的成像序列的配备情况，含一般常用序列和特殊序列 |
| 门控技术 | 为了抑制运动伪影而采用的运动控制技术，一般包括心脏门控、心电门控、呼吸门控、脉搏门控等 |

# 安全管理与场地要求

## 一、高场强安全

### 1. 磁体间禁止带入的物品种类

核磁共振系统很容易受到其他金属异物对磁场的影响，从而严重影响到图像质量。磁体间禁止带入的物品种类如下。

（1）身上的所有金属物件。包括：带金属挂钩的胸罩、发卡、硬币、皮带、手表、钢笔、剪刀以及其他含有金属的物件。

（2）身上的金属性饰品。如胸花、钥匙、项链、手链、脚链、发夹等。

（3）身上含磁性的物件。如信用卡、手机等。

（4）监护、抢救设备。如除颤器、氧气瓶等。

（5）心脏起搏器、人工瓣膜和角膜、神经刺激器、体内各种药物灌注装置、人工耳蜗、动脉瘤夹等金属植入物。

体内有金属异物的受检者，尤其是眼球内有铁磁性异物的受检者也不能进入磁体间。如果不确定体内是否有金属异物，则在检查前可先进行 X 线摄影检查。

### 2. 铁磁性物质对高场强的危害

铁磁性物质被高场强的主磁场吸引，可高速向磁体抛射而引起设备损坏或人员受伤，因此，进入磁体间的人员应去除所有的铁磁性物质，而可造成抛射问题的物品，如持针器、听诊器、剪刀及氧气瓶等也严禁带入磁体间。

### 3. 高场强附近更换铁磁性配件的要求

在高场强附近更换铁磁性配件，如维修患者支撑架、更换包含磁性材料的配件时，应按照设备的安全标准做好防护措施，具体包括以下几点。

（1）降场。

（2）确保电源已经关闭，切断所有接地电缆。

（3）使用非磁性工具进行操作。

（4）至少由 2 名维保人员协作。

（5）搬运含有铁磁性物质的配件，应迅速远离磁体中心，靠墙边行走，避免磁性配件移向磁体。

## 二、场地要求

### 1. 设备电源要求

核磁共振设备的电源均采用符合国家规范的供电制式，应按照设备所需的额定功率、频率、电压、电流要求配置专用电源，并留有一定功率余量。设备要求独立专线供电，使用专用变压器，主电缆线线径必须足够粗，辅助设备供电根据所需负荷单独供电，与主机系统用电分开，以避免一些频繁启动的高压设备如电动机、泵、压缩机等干扰主机系统，主机系统电源建议安装稳压电源。超导核磁共振设备配备 AC（380±10%）V 电源，最好采用不间断电源供电。不间断电源的作用是在市电不正常或发生中断时，可以继续向负载提供符合要求的交流电，从而保证核磁共振设备的安全运行。

### 2. 设备间接地要求

核磁共振设备要求设置设备专用保护接地线，接线电阻小于 2 $\Omega$，且必须采用与供电电缆等截面的多股铜芯线。地线到达核磁共振设备专用配电柜内，尤其是在接地电阻符合要求的前提下，必须做好设备所在场所的等电位连接，例如：激光相机、工作站、插座及射频屏蔽体等与该设备系统有电缆连接的设备，必须与该设备的保护接地线做等电位连接。当医院安装多个核磁共振设备时，每台设备的保护接地线都需要按照要求从接地母线单独引出至设备。

### 3. 环境要求

核磁共振设备场地须保证设备运行过程中既没有外部的干扰影响磁场的均匀性、稳定性和系统的正常运行，也要保证人员的安全和敏感设备的功能不受磁场的影响。主要从以下几个方面考虑。

（1）设施设备。铁梁、钢筋水泥、下水道、暖气管道等这些铁磁性物质应满足核磁共振设备最小间距要求；运动的金属物体须满足最小间距要求，一般在一定距离内不得有电梯、汽车等运动的大型金属物体；高压线、变压器、大型发电机及电动机等如果出现在场地附近，须提交设备厂商进行评估，如果附近有另一台核磁共振设备，应确保两台设备之间的 3G 线没有交叉；振动会影响核磁共振图像质量，通常由电动机、空调压缩机、泵等引起的振动，频率不能超过一定范围，另外核磁共振设备场地要尽量远离停车场、公路、地铁、火车、水泵、大型电动机等，避免引起瞬态振动，导致图像伪影。

（2）磁体间承重。核磁共振设备的磁体自重在几吨至几十吨，在建造设备机房时必须考虑磁体间地面的承重能力，确保安全。

（3）通风及上下水。超导核磁共振设备使用液氦作制冷剂维持超导状态，正常情况下液氦不挥发或有少量挥发，紧急状态（如失超）时则会在瞬间有大量的氦气产生，因此磁体间必须安装足够粗的失超管，由磁体上部的出气孔通向室外大气，长度不能太长，尽量减少直角转弯，且出气口必须避开人群聚集区域。另外，磁体间要求安装紧急排风系统，磁体间内不能设置上下水管道，但需在设备的水冷机和机房专用空调附近设有上下水及地漏。

（4）设备运输通道。磁体是核磁共振设备所有部件中体积和质量最大的部件，在运输到磁体间前，须考虑门、走廊的高度及宽度，一般预留 2.8 m × 2.8 m 的开口供磁体进入。磁体在运输过程中任何方向的倾斜角度都不得超过 30°。此外，需要考虑日常添加液氦的通道，液氦一般由 250 ~ 500 L 的真空隔热杜瓦装运到现场，运输通道的门和走廊要有足够的宽度和高度，确保杜瓦顺利通过。

（5）设备噪声。核磁共振设备运行时会产生一定的噪声，应依据当地的法规进行场地设计。通常噪声要求：检查室（磁体间）小于 90 dB，操作室（控制室）小于 55 dB，设备室小于 65 dB。

（6）场地温湿度。核磁共振设备对工作环境的要求较高，机房温度过高会导致设备出现故障，无法正常工作，严重时使设备的电路部分烧坏；湿度过大易使电路板结露，容易引起高压电路打火，还可能造成设备的接地不良。通常各个厂家的机房温度、湿度要求略有不同，例如某厂家设备要求：磁体间 15 ~ 22 ℃、30% ~ 60%；设备室 18 ~ 25 ℃、30% ~ 70%；操作室 15 ~ 30 ℃、30% ~ 70%，房间的温度梯度应严格控制在每 10 min 温度变化在 5 ℃以内。

# 三、磁屏蔽与射频屏蔽

磁屏蔽与射频屏蔽的作用是将外界和核磁共振设备之间进行信号的严格屏蔽，防止彼此之间产生干扰和危害。

## 1. 磁屏蔽

超导核磁共振设备的磁体产生的磁场强度高、稳定性好且均匀度高，但产生的杂散磁场强度较高、范围较大，故而磁屏蔽是核磁共振设备安装中需要考虑的重要问题之一。磁屏蔽的目的是减小杂散磁场 5 高斯线的范围，减弱杂散磁场向周围环境的散布，并减小磁性物质对主磁场均匀性的影响。

核磁共振设备的磁屏蔽原理是通过放置铁磁性材料罩壳把磁力线吸引到罩壳中去，保护了罩内的核磁共振设备不受外界磁场的干扰，同时也防止了罩内的杂散磁场对周围环境的影响。考虑到磁导率、饱和磁感应度以及成本因素，磁屏蔽材料通常采用足够厚度的铁合金材料。

核磁共振设备的磁屏蔽方式可以分为三种：房屋屏蔽、自屏蔽和主动屏蔽。其中房屋屏蔽是将铁合金材料安装在墙壁、地基、天花板等位置，铁像海绵吸水一样吸收磁力线，使整个房间形成封闭的磁屏蔽间。房屋屏蔽实现简单，但材料耗费大、质量大，建设费用较高。自屏蔽是一些超导磁体采用的磁屏蔽方式，在超导磁体低温容器的外面对称地放置铁磁材料作为磁通量返回的路径，以此减小杂散磁场 5 高斯线的范围。这种方法降低了核磁共振设备机房建设的难度，使核磁共振设备机房适合一般建筑物的房间高度和面积，但也需要大量的铁磁材料作为屏蔽体，质量达到十几吨，对机房承重要求较高。主动屏蔽又称为有源屏蔽，是通过一个线圈或线圈系统组成的磁屏蔽，屏蔽线圈内通和主线圈相反的电流，以产生反向磁场，通过合理排布线圈以及精确计算通电电流，屏蔽线圈所产生的磁场就有可能抵消杂散磁场。主动屏蔽的效率最高，自重最轻，是目前核磁共振设备首选的磁屏蔽方式。

在实际建设过程中，设备厂家会采取主动屏蔽和自屏蔽的方式将超导磁体产生的杂散磁场缩减到尽可能小的空间区域内，再结合房屋定向墙壁的屏蔽，以及适当地增加磁体间的面积和高度，从而有效地将超导磁体的杂散磁场屏蔽在磁体间内。

## 2. 射频屏蔽

射频脉冲是一种较强的无线电波，它可以对外界仪器设备产生电子干扰，而人体组织发出的核磁共振信号很微弱，为了防止电视、广播、步话机、汽车发动机等产生的电磁波进入机房，需要进行射频屏蔽。射频屏蔽既可防止射频脉冲向周围环境发出干扰，又可防止外界无线电等杂波干扰核磁共振信号。屏蔽的目的是免除内外干扰，最终获得清晰的图像。射频屏蔽的好坏对核磁共振设备获取图像的好坏起着重要作用。

射频屏蔽主要是通过射频波的反射、吸收实现射频波的衰减，考虑材料的电导率、磁导率、机械强度和厚度，射频屏蔽常采用铜屏蔽材料。

在核磁共振设备机房建设中，常见的射频屏蔽是选用 0.5 mm 厚的紫铜板制作，并镶嵌于磁体间的四壁、天花板及地板内，以构成一个完整的、密封的射频屏蔽体。另外，要得到满意的射频屏蔽效果，缝隙处需要特别注意：接缝处要焊接，观察窗用金属丝网贴合，接管线部位用滤过板贴合，门缝均用铜弹片贴合，所有的装饰材料均不能采用铁磁性材料，不能用铁钉，必须用铜钉或钢钉。射频屏蔽完成后验收测试的标准：各个墙面、开口处测量 2 MHz 的射频信号衰减不低于 80 dB，5 MHz 的射频信号衰减不低于 100 dB。

# 核磁共振成像仪系统保养

# 保养检查概述

## 一、保养检查分期及依据

由于核磁共振影像诊断的日益普及，医院运行的核磁共振设备每日运行时长不断增加，设备保养计划应尽量保持保养效果和设备工作开机率的平衡。核磁共振设备由不同模块构成，结构复杂，子系统多，各子系统保养的内容与频次不尽相同，所以需要对整个保养周期进行分期，以求达到三个目的：一是每次保养时长适中，二是每次保养间隔时间合理，三是每次保养内容兼顾各子系统。

### 1. 保养时长与项目

单次保养的时间需要做到可量化，方便向用户申请时间，且时间不能过长，一般不超过 10 h，可与用户协商确认每次保养的具体时间。具体的保养项目按轻重缓急分为四类，见表 3-1。

表 3-1                                 保养项目

| 类别 | 说明 |
| --- | --- |
| 必选安全项目 | 强制必须完成，关乎设备或人员安全。执行后若发现结果失败或超出正常范围，必须立刻开始维修，不能将系统移交给用户。若因维修导致无法按时完成其他保养项目，应向用户申请再做一次保养计划 |

续表

| 类别 | 说明 |
|------|------|
| 必选项目 | 强制必须完成。执行后若发现结果失败或超出正常范围，可以先将系统移交给用户，后续安排额外的维修计划，用于解决保养中发现的问题 |
| 可选项目 | 可依据场地情况、当地政策、用户意愿等具体条件，选择是否要完成 |
| 辅助项目 | 保养过程中一些准备和衔接动作，例如系统关机、开机，设备罩壳拆卸、安装等 |

基于以上分类，保养计划在保证原则性的同时，应具备一定的灵活性，当用户给予的时间不足时，可进行一定的取舍，在有限的时间内达到最主要目的。

随着网络技术的进步，各个厂商都相应开发出自己的远程平台，方便维保人员执行维修或保养操作。例如，维保人员可以通过远程登录，删除系统垃圾文件，或者下载日志，甚至是进行系统测试。

### 2. 每次保养间隔

保养间隔与每次保养的内容息息相关，例如梯度、射频等电路系统，器件的退化导致增益、噪声等指标发生漂移，需要定期校准；有些部件属于损耗品，使用寿命耗尽后需更换，例如射频功率放大器中的功放真空管等；有些风冷或水冷系统有滤网结构，需要定期清理。"定期"究竟是多长时间，需要综合考虑各个厂商的技术要求和系统运行环境来做决定。

另外同样是保养，一些项目的执行频率比其他项目更频繁，例如患者风机滤网清理，就比梯度放大器内的防冻液浓度检查的频率更高。加之每次保养的时间限制，所以实际情况中保养工作往往以"组合拳"的形式开展，例如一个完整的保养过程包含四次到场操作，称为一个保养周期（见图 3-1）。一个周期结束再开始第二次周期，循环往复。

一个周期中的四次保养到场操作，每次到场的具体保养实施内容不完全相同，但两次到场的间隔时间一般相等。具体的间隔时间依据各个厂家的保养计划执行。

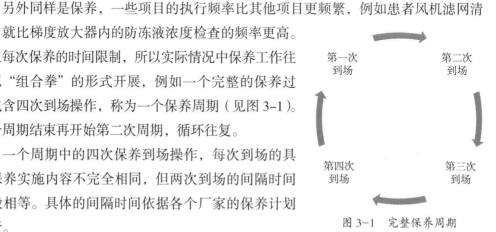

图 3-1 完整保养周期

## 二、保养内容

从内容上区分，保养主要分为以下几类。

### 1. 视觉检查

检查系统外观、位置、周围环境等是否有变化。

### 2. 功能检查

实现某项功能，测试模块是否正常运行。

### 3. 指标测试

利用仪器设备对指标进行测试，看结果是否在正常范围内。

### 4. 校准

针对测试结果，利用手动或自动的方式，将关键指标调整到正常范围内。

### 5. 清理

清理垃圾、清除灰尘等。

一个保养周期包含四次到场操作，由于篇幅关系，表 3-2 中列出了保养任务的主要部分，包括每项工作的时长，基于此表可以统计每次保养所需的时间。

表 3-2　　　　　　　　　　　保养任务具体内容

| 级别 | 任务 | 类别 | 内容 | 耗时 /min | | | |
|------|------|------|------|------|------|------|------|
| | | | | 第一次 | 第二次 | 第三次 | 第四次 |
| 系统 | 检查射频线圈 | 必选安全 | 视觉检查线圈外壳、线缆、绝缘、接口闭合 | — | 15 | — | 15 |
| 系统 | 检查电磁屏蔽 | 必选 | 视觉检查检查室门的闭合，紧固弹片、螺钉等是否缺失 | 10 | 10 | 10 | 10 |
| 磁体 | 检查失超管出口场地情况 | 必选安全 | 视觉检查失超管出口是否破损、堵塞；失超管出口附近场地的隔离是否有变化 | — | 15 | — | 15 |
| 扫描床 | 检查紧急制动按钮功能 | 必选安全 | 床运动时按下紧急制动按钮，确认床能否立即停止运动 | 1 | 1 | 1 | 1 |
| 系统 | 图像质量扫描检查 | 必选安全 | 利用规定线圈、水模、扫描序列，根据图像计算各项检查指标是否在正常范围 | 15 | 15 | 15 | 15 |

续表

| 级别 | 任务 | 类别 | 内容 | 耗时 /min | | | |
|---|---|---|---|---|---|---|---|
| | | | | 第一次 | 第二次 | 第三次 | 第四次 |
| 磁体 | 检查液氦挥发 | 必选 | 通过系统每日对液位的记录，计算液氦挥发率，判断是否在正常范围 | — | 10 | — | 10 |
| 软件 | 磁盘清理 | 必选 | 检查硬盘各分区内可删除文件 | 1 | 1 | 1 | 1 |
| — | 关闭射频、梯度电源；拆除磁体外壳 | 辅助 | 为后续保养任务做准备 | 20 | 20 | 20 | 20 |
| 系统 | 清理体线圈 | 必选 | 检查体线圈是否有污染物、灰尘、硬币等，并做清理 | — | — | 45 | — |
| 系统 | 测试接地电阻 | 必选安全 | 测试设备间各机柜、检查室各模块的接地电阻，接地电阻为毫欧级 | 30 | — | — | — |
| 系统 | 测试漏电流 | 必选安全 | 测试系统总漏电流，漏电流为毫安级 | 5 | — | — | — |
| — | 开启射频、梯度电源 | 辅助 | 为后续保养任务做准备 | 1 | 1 | 1 | 1 |
| 系统 | 射频相关测试 | 必选 | 针对射频发射、接收链路的各类校准、测试 | 7 | 15 | 7 | 15 |
| 系统 | 射频干扰测试 | 必选 | 运行扫描确认场地是否有射频干扰 | — | 15 | — | 15 |
| 扫描床 | 相关部件检查清理 | 必选 | 检查清理风扇、滤网、齿轮等 | 30 | — | 15 | — |
| 系统 | 灰尘清理 | 必选 | 清理或更换谱仪、患者风机等的空气滤网，清理系统所包含的各类计算机内、外部等 | 14 | 2 | 39 | 2 |
| 水冷 /制冷 | 检查初级水冷供水 | 必选 | 检查初级水冷供水的流量、温度等指标 | 6 | 3 | 6 | 3 |
| 水冷 | 次级水冷补水补压 | 必选 | 若发现水路压力较低，进行补水，维持水路压力在合理范围 | 25 | — | — | — |

续表

| 级别 | 任务 | 类别 | 内容 | 耗时 /min | | | |
|---|---|---|---|---|---|---|---|
| | | | | 第一次 | 第二次 | 第三次 | 第四次 |
| 制冷 | 检查氦气压缩机压力 | 必选 | 检查氦气压缩机冷头气路的压力 | 2 | 2 | 2 | 2 |
| 控制台 | 显示器校准 | 可选 | 利用专用工具进行显示灰阶校准 | — | 10 | — | 10 |
| 控制台 | 清理主机外围设备 | 可选 | 清理鼠标、键盘、显示器等 | — | 10 | — | 10 |
| — | 整理工具 / 清理外壳 / 完成记录 / 退出维护系统 / 水模扫描 | 辅助 | 保养结束，恢复系统 | 25 | 25 | 25 | 25 |

# 三、个人防护

核磁共振系统是一个非常复杂的系统，人员会面临超低温、大电流、强磁场等极端情况，处于包含水、电、磁场、液氦/氦气等媒介的复杂工作条件中。维修保养核磁共振系统时需配备专业的个人防护物品，同时核磁共振系统包含多种精密结构和器件，操作中也要尽量避免人员对器件的影响。

## 1. 低温防护

目前医用核磁共振成像设备的主流为使用超导磁体产生高场强。超导磁体需要使用大量液氦维持超导条件所需的超低温环境。液氦的温度接近 −269 ℃，液氦挥发产生的氦气也是温度极低、无色无味的，且不支持呼吸。当失超发生时，大量液氦挥发为氦气并排出，无论是设备维保人员还是操作人员，甚至是受检者，都有可能面临超低温的安全隐患。应注意低温氦气、液氦等低温烫伤，穿长衣长裤、佩戴面罩、护目镜、防冻手套、防冻围裙等。

## 2. 工作环境防护

如果磁体内液氦大量挥发，磁体与失超管道内大量氦气向室内外扩散，挤占氧气，可能导致室内人员窒息。建议操作人员执行磁体相关工作时，随身携带氧气浓度监测设备，密切关注氧气浓度变化，保养与维修期间保持磁体间的屏蔽门打开，以利于空气流通。

### 3. 静电防护

为避免操作人员身体携带的静电击穿电路板器件，在接触各类机柜前需要佩戴防静电工具，卸掉静电，保护设备。

### 4. 电气防护

维修人员在诊断和维修过程中可能存在接触高电压、高电流的隐患。为保障人身安全，一定要切断相应的供电，并等待放电完成，使用万用表确认无危险后，再继续操作。

## 四、常见污染物及其处置

医用核磁共振成像仪由于其特殊的使用环境和自身的磁场特性，容易受到外界环境和受检者带来的污染，下面介绍一些常见的污染物及其处置方法。

### 1. 灰尘

由于核磁共振设备磁场较强，其周围环境的清理要求比较特殊，不能使用铁磁性的工具打扫，如吸尘器、铁质簸箕等，给环境清理带来了一定困难。同时核磁共振设备存在很多风冷系统，在核磁共振罩壳内部更容易造成灰尘堆积。由于磁场的存在，拆卸核磁共振的罩壳需要使用无磁工具，这就需要专业人员操作，定期对核磁共振设备进行除尘。

核磁共振设备周围环境可以使用塑料或者铝质的清扫工具进行清扫，如需清理罩壳内部的灰尘，需要专业维保人员在关机的情况下，拆开罩壳，使用管路较长的吸尘器清理，清理时要尽量保持吸尘器主机远离磁体。

### 2. 受检者体液

进行核磁共振检查的受检者大多处于疾病状态，有的甚至处于无意识状态，加之核磁共振检查时间较长，这就导致受检者在扫描过程中会有大小便失禁、呕吐等情况发生，相应的体液与设备接触会造成污染。

一旦发现有受检者大小便失禁或者呕吐，要及时中断检查，尽快关机，防止体液流入设备内部造成电路短路，造成更大损失。操作人员需戴上医用橡胶手套，用酒精或纸巾尽快清理体液。如有体液流入机器内部无法清理，要及时联系专业维保人员到场打开罩壳清理。待异物清理干净，再按照厂家说明实施消毒，确保异物、清洁剂等没有流入线圈或者其他相关的电子部件后，再开机工作。

### 3. 铁磁性物质

由于强磁场的存在，环境中的铁屑、受检者随身携带的金属物品容易吸附到磁体洞中。

当有大的铁磁性物体吸附到磁体洞中，靠人力不能取下时，需要专业人员使用专业工具将磁场降场再取下异物；如果是硬币等相对较小的铁磁性物体，可以用手直接取出；对于铁屑等细小碎屑，可以用胶带粘取去除。

### 4. 造影剂残留

做增强扫描时经常会使用造影剂来提高特殊部位或者特殊时间的显影，也经常会发生造影剂残留在磁体洞的情况。

造影剂黏性很强，不易清除，但造影剂一般都溶于酒精，可以用毛巾蘸取医用酒精进行反复擦拭，清理干净。

 相关链接

**造影剂对图像的影响**

造影剂有影像增强的作用，它会影响特定的人体组织核磁共振信号，使其信号更强。大多数造影剂黏性很强，非常容易粘在磁体洞内壁、外罩或者床垫上。如果这些造影剂距离扫描位置不远，处于系统信号采集区域（视野），会有核磁共振信号产生，产生伪影。即使造影剂不在视野范围内，也有可能卷褶到图像上形成伪影，对图像诊断产生干扰。另外造影剂中含有金属离子，会对附近磁场产生干扰，造成磁场分布不均匀，产生伪影。

# 超导磁体保养

## 一、磁体状态监测

### 1. 监测目的

由于超导磁体结构封闭，内部存在超低温环境，因此磁体的安全监测成为核磁共振设备日常使用维护工作中最重要的一项内容。

针对超导磁体最主要的监测项目有两个：液氦液位和磁体压力，监测的目的是保证磁体安全。液氦液位过低可能会导致超导线圈失超，超导线圈储存的电能转为热能会导致线圈过热，对磁体造成不可逆损害。磁体压力过低可能会导致外界空气吸入磁体内，造成结冰，影响系统制冷性能。另外，大量氦气泄漏会造成室内人员窒息，喷出室外的低温氦气也可能惊吓或冻伤附近人员，对设备和人身安全都有极大的威胁。

### 2. 磁体液氦液位

超导磁体本质上是电磁体，主要结构是超导材料绕制而成的超导线圈，为保持超导状态，一般超导线圈要保持在 10 K（−263 ℃）以下的环境内。目前能够稳定提供如此低温环境的媒介是液氦，其温度在 4 K（−269 ℃）左右。超导线圈浸泡在液氦中，磁体结构如图 3-2 所示。

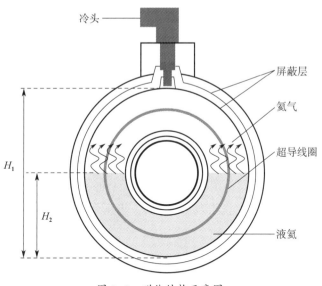

图 3-2　磁体结构示意图

液位也称为液面，通常表示为百分比，其定义为：

$$液位 = \frac{H_2}{H_1}$$

式中　$H_1$——磁体内部腔体高度，mm；

　　　$H_2$——液氦高度，mm。

制冷系统的效力有限（如 10 K 冷头的温度只能维持在 10 K，高于液氦的温度），或者场地出现停电等异常情况，会导致磁体内的液氦挥发，转变为氦气，过程中液氦不断减少，液位降低。从图 3-2 可以看到，液位越低，超导线圈浸入液氦的比例越低，温度稳定就越困难。如果液位持续降低，会导致超导线圈状态不稳定，容易发生失超事故，失超可能对磁体造成不可逆损害。日常工作中应密切关注液位的状态和下降速度，在液位降低至安全值之前安排加装液氦（磁体液位安全值需要找厂商技术人员确认），保证磁体内的超导线圈正常运行。除了保养期间监控液位，建议用户每天测量并记录磁体液位。

## 3. 磁体压力

外界热量侵入液氦腔体内，液氦挥发成为氦气，两者的体积比为 1∶700，即 1 L 液氦可转变为 700 L 氦气，巨量的氦气聚积在腔体内，会导致压力升高。出于安全考虑，磁体一般会设置单向泄压阀门，当磁体内部压力达到泄压阈值时，阀门开启，向外界泄气，稳定磁体内部压力。注意阀门只是一种针对压力升高的被动应对手段，在常规场地条件下，泄漏的氦气无法回收，持续泄气将导致液氦液位降低，造成经济损失。

除了压力升高，还有一种异常情况：压力降低。磁体压力低于正常范围一般是由于磁体漏气引起的。这类漏气不是因为阀门正常开启，往往是因为磁体外部接口或连接部件松动破损导致的。泄漏引发的问题很多，泄漏后空气会扩散到磁体腔体内，身处低温环境的空气会凝结为固体，附着在磁体内部的接口、超导线圈上。如果固态空气杂质堵住正常的出气阀门，当磁体压力升高时，氦气无法有效排出，压力持续升高可能导致磁体爆炸，引起重大安全事故。

综上所述，磁体压力一般稳定在一个区间，不同类型磁体压力区间也不同。保养和日常工作中，应该密切关注并记录磁体压力，当压力异常时，及时采取维修措施。

# 二、磁体爆破膜保养

## 1. 磁体爆破膜功能

磁体爆破膜处于磁体与失超管的连接处，平时起到密闭磁体空间的作用。当磁体失超时，由于超导线圈失去超导状态，产生电阻，所以电流在超导线圈流动时产生大量热量，电能转化为热能，但由于没有电源持续供给，超导线圈电流会逐渐减小，磁场降低，同时超导线圈的热量被液氦吸收，液氦转化为大量氦气，磁体腔体压力急剧上升。当压力超过爆破膜阈值时，爆破膜会破碎，磁体液氦腔与失超管连通，氦气途经失超管排到室外。爆破膜的所在位置如图3-3所示。

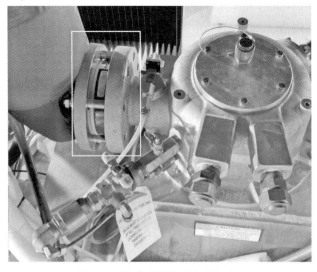

图 3-3　爆破膜位置（白色框内）

爆破膜按材质可分为碳膜和金属膜，两者功能相同，如图 3-4 所示。爆破膜与磁体种类密切相关，每个场地必须预留一个与自身磁体匹配的爆破膜，以便失超后可以迅速恢复磁体的密封性。

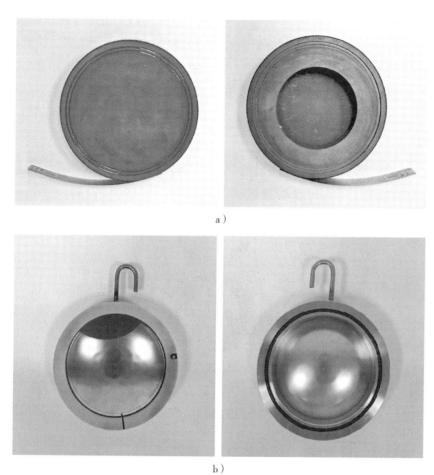

图 3-4　两类爆破膜
a）碳膜（正反两面）　b）金属膜（正反两面）

## 2. 爆破压力值

爆破膜一般设定的击穿压力约为 70 kPa（在工程上，人们往往习惯地把压强称为压力，本书遵从工程习惯），是保护磁体的最后一道屏障。在磁体压力持续升高的过程中，首先是各个单向阀门开启卸压，如果是一般制冷系统故障导致的磁体压力升高，压力上升速率较慢，单向阀门可以有效维持磁体压力；但当失超发生时，氦气量极大，压力上升极快，阀门已无法排出所有氦气，即使阀门开启，磁体压力依旧继续上升。当磁体压力达到爆破膜的承载压力时，爆破膜会被冲破，形成氦气排气气路。

### 3. 爆破膜安装

（1）环境和装备。必须在无磁场的条件下安装爆破膜。房间应通风良好，以防人员窒息。安装人员要注意低温保护，佩戴防冻手套、面罩。

（2）工具与配件。主要工具与配件如图 3-5 所示，其中垫圈放置在爆破膜两侧，弹性材质保证密封性，不同型号的磁体使用的爆破膜及垫圈有所区别。注意不能使用胶水或胶质黏合垫圈，低温下胶质变性可能导致碎裂漏气。螺钉用于固定与密封，扳手用于旋动螺钉，磁体检漏工具用于安装完成后滴在各个气路连接点上，检查是否漏气。

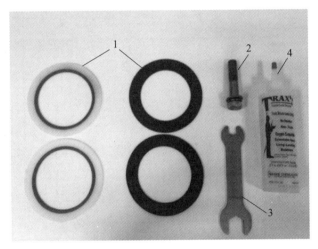

图 3-5　工具与配件
1—垫圈　2—螺钉　3—扳手　4—磁体检漏工具

（3）操作要点

1）动作迅速，缩短磁体内部与空气接触的时间，减少进入磁体的空气杂质。

2）注意爆破膜的安装方向，按箭头指示的氦气流走向正确安装，如图 3-6 所示。氦气流的走向是从磁体到失超管。

图 3-6　爆破膜安装方向指示

3）开启阀门以及磁体励磁电极口，位置如图 3-7 所示，打开磁体的排气通道，使磁体压力下降。待磁体压力下降至 10 mbar（1 000 Pa）以下，关闭电极口并旋紧螺母。操作期间，手动阀门保持开启状态。

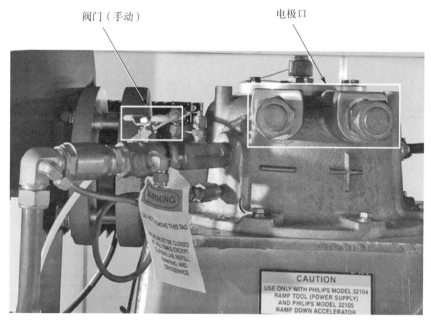

图 3-7　阀门与电极口

4）爆破膜安装在磁体维修口和失超管之间，磁体维修口和失超管用螺钉连接。先安装下方两颗螺钉，但不要拧紧，留有足够空间放置爆破膜与垫圈，然后安装上方两颗螺钉。安装流程如图 3-8 所示。

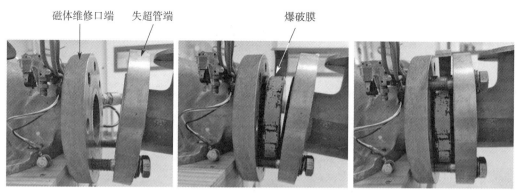

图 3-8　爆破膜安装流程

5）四颗螺钉按对角线顺序紧固，每次扳手转 1/4 圈，直到四颗螺钉全部旋紧。紧固顺序如图 3-9 所示。

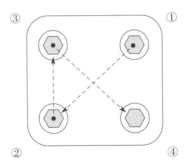

图 3-9　螺钉旋紧顺序

## 4. 保养检查步骤

（1）检查螺钉垫片是否压紧，如图 3-10 所示。

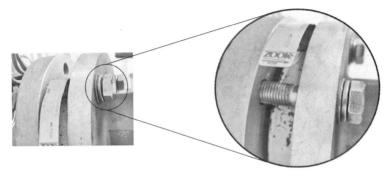

图 3-10　螺钉检查

（2）测量爆破膜（包含两侧垫圈）的厚度，如图 3-11 所示，用于确认爆破膜是否被夹紧。爆破膜类型不同，要求厚度不同，具体数据应与设备厂商确认。

图 3-11　爆破膜厚度测量

# 三、氦气压缩机保养

不同的核磁共振设备配置不同型号的氦气压缩机。尽管氦气压缩机型号不同，但基本的工作原理大致相似。下面以图 3-12 中两款不同型号的氦气压缩机为例来说明它们的工作原理及保养要求。

 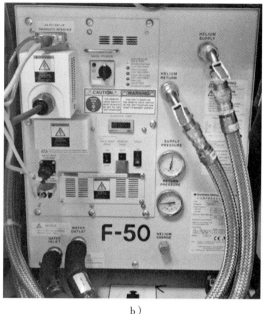

a） b）

图 3-12 两款氦气压缩机

a）HC-8E 型 10 K 压缩机 b）F-50 型 4 K 压缩机

## 1. 压力

氦气压力会影响冷头端膨胀吸热的效果，压力过低会导致制冷效率下降，压力过高可能超过氦气管路的承载力导致泄漏。以 HC-8E 型氦气压缩机为例，静态时其压力为 280～285 psig（1.93～1.97 MPa），工作时的动态压力为 310～340 psig（2.14～2.34 MPa）。F-50 型压缩机，静态时其压力为 1.60～1.65 MPa，工作时的动态压力为 1.90～2.20 MPa。

## 2. 工作状态

由于冷头的工作性质为常年保持工作状态，因此作为气体回路热交换的重要组成部分——压缩机也是常年处于工作状态，除非这个回路中某个环节出现故障或者进行定期维护时才可能进行临时性关机。关机期间制冷系统停止工作，制冷系统如果长时间停机会导致磁体内温度升高，进而引发一系列问题。

氦气压缩机与冷头连接的管路内流通的气体，均为高纯度的氦气。不同型号的压缩机对氦气的纯度要求有所不同。比如 HC-8E 型氦气压缩机，要求氦气的纯度达到 99.995%；而 F-50 型压缩机，要求氦气的纯度达到 99.999%。理论上对所有的压缩机来说，气体的纯度都是越高越好，但相应的成本也会提高。

由于不同压缩机氦气回路内的压力不同，所用的管道也就不同。HC-8E 型氦气压缩机管道为全密闭的铜管。F-50 型压缩机管道为高密度的柔性胶管，这种管道连接时比较方便，而铜质管道相对而言比较麻烦。注意 HC-8E 型氦气压缩机的管道回路不可以用高密度的柔性胶管，否则闭合的管路就可能由于压力太大而使高密度的胶管出现漏气等现象。

### 3. 定期更换部件

由于压缩机内部的管道都是密闭的，所以整个压缩机除油吸附器外，没有定期需要更换的部件，包括压缩机内部的润滑油也不需要定期添加或更换。压缩机的油吸附器用来吸收氦气中的润滑油，主要成分是活性炭。当活性炭吸收润滑油达到饱和状态时，润滑油就会被氦气带到管道及冷头中，在冷头内凝结，造成活塞磨损，影响冷头的热交换功能。因此当发现制冷系统出现效率下降或是其他问题，应该考虑更换油吸附器，这有利于延长冷头的使用寿命，另外建议当冷头附件进行更换时，油吸附器也同时进行更换。

## 四、水冷机保养

### 1. 流量与温度

水冷机水循环的流量必须按照各厂商提供的参数和水管管路的结构进行调节。一般要求水冷机提供的冷却水温度范围在 6~15 ℃，流量在 40~90 L/min。流量和温度为互补关系，当流量较低时，可以降低温度来满足要求；当温度较高时，可以提高流量来满足要求。

### 2. 自来水切换

水循环系统在两种情况下需要与自来水进行切换。

（1）当水循环系统内的水压低于正常值，需要补充回路的水量以增加压力。

（2）当室外水冷机出现故障，水循环系统中的水温无法保持低温状态，无法保证核磁共振设备的正常工作，在自来水的水温相对较低的情况下，可以通过室内阀门组进行切换，临时保障压缩机的正常工作，甚至保障整个核磁共振系统的扫描工作。

各个厂商的室内阀门组设置不同，自来水切换的步骤也就不同，但总体的理念还是一致的——通过低温的自来水完成热交换实现制冷效果。下面以图 3-13 为例介绍在两种情况下阀门组的操作步骤。

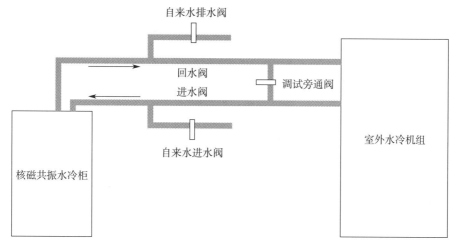

图 3-13  阀门组分布

如果水循环系统中的水压不足时，打开自来水进水阀，补充水循环系统的水量压力。当压力达到预期值时，再关断此阀门即可。

如果室外整体式水冷机组出现故障，可临时利用低温自来水进行制冷。首先切断室外水冷机组电源，然后分别关闭冷却水进水阀与冷却水回水阀，打开自来水进水阀与排水阀，即完成利用自来水进行制冷的切换。

图中的调试旁通阀主要功能是用来调节水循环系统供给核磁共振水冷柜的流量与水压。

### 3. 日常基本保养维护

日常检查内容主要是检查室外水冷机组控制器显示温度、流量是否在设定范围内，有无报警，机组周围是否有漏水漏油现象，水循环系统管道是否漏水，流量计的数值是否在正常范围等。

由于室外机冷凝器进风侧容易吸入异物，如树叶、灰尘、纸张等，造成换热率下降，如果不及时进行清理，会引起系统高压保护，造成室外水冷机组停机。建议每周巡查一到两次，如果发现冷凝器内有异物，及时清理。注意：必须切断室外机组电源后才能对冷凝器进行维护保养工作。

## 液氦液位测量

### 操作要求

使用正确工具完成液氦液位测量。

### 操作步骤

以飞利浦 Multiva 系统为例。

**步骤1**　登录系统，进入扫描界面，如图 3-14 所示。

**步骤2**　单击键盘"windows"按键，打开开始菜单，如图 3-15 所示，选择路径："MR-User"→"Display Helium Level"。

**步骤3**　在弹出的液位测量窗口中，单击"Measure Helium Level"，如图 3-16a 所示，开始测量液位。系统自动测量结束后给出结果，如图 3-16b 所示。

**步骤4**　记录结果，关闭测量窗口，关闭扫描界面，退出系统。

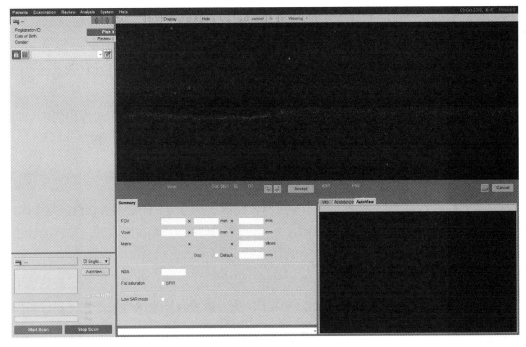

图 3-14　扫描界面

图 3-15　开始菜单

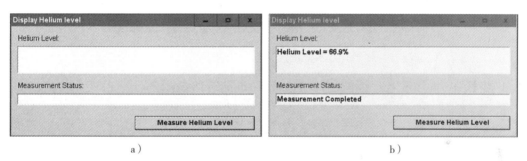

图 3-16　液位测量窗口

a）初始状态　b）测量结果

# 磁体压力测试

## 操作要求

1. 掌握磁体压力表所在位置。

2. 进入强磁场区域遵守安全作业规程。

## 操作步骤

以飞利浦 Ingenia 系统为例，检查磁体压力。

**步骤 1**　准备进入磁体间，检查随身物品，去除磁场下危险物品和易损物品（铁磁性旋具等工具、钥匙、手机、门禁卡、U 盘等）。注意：植入心脏起搏器的人员严禁进入磁体间。

**步骤2** 装配、移动铝质梯子，置于磁体一侧，如图3-17所示。

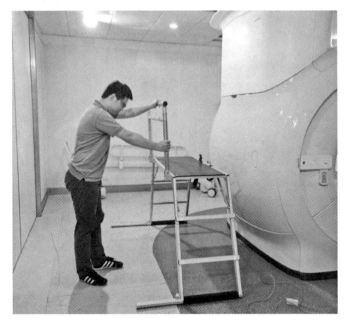

图3-17 准备梯子

**步骤3** 拆除磁体上侧罩壳并妥善放置，如图3-18所示。

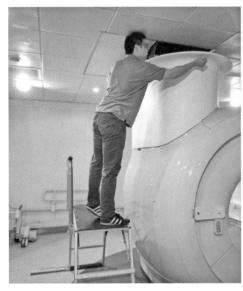
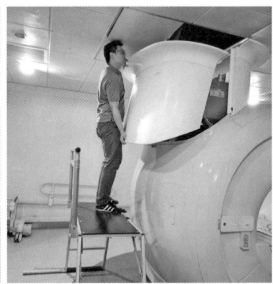

图3-18 拆除磁体罩壳

**步骤4** 在裸露出的磁体区域寻找到磁体压力表，位置如图3-19所示。

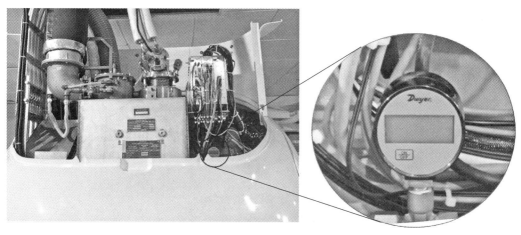

图 3-19　磁体压力表所在位置

**步骤 5**　按下压力表显示开关，观察并记录压力表显示数值（单位为 mbar），如图 3-20 所示。

图 3-20　压力表显示数值

**步骤 6**　装好磁体上侧罩壳，整理工具和随身物品，操作完成。

## 爆破膜检查

**操作要求**

1. 检查并判断爆破膜紧固状态。

2. 在强磁场环境下使用正确工具进行螺钉加固。

**操作步骤**

以飞利浦 Multiva 系统为例，检查爆破膜状态。

**步骤 1**　准备进入磁体间，去除随身携带的磁场下危险物品和易损物品。注意：植入心脏起搏器的人员严禁进入磁体间。准备好无磁扳手和无磁刻度尺，如图 3-21 所示。

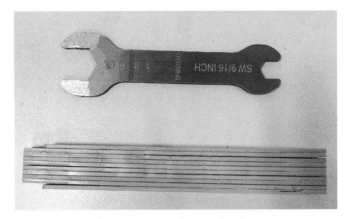

图 3-21　无磁扳手和无磁刻度尺

**步骤 2**　拆除磁体上方、侧面罩壳，挂上梯子，如图 3-22 所示。

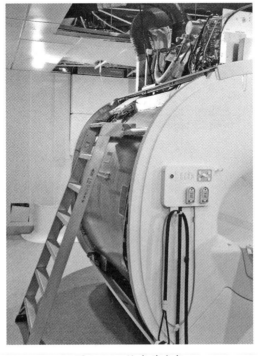

图 3-22　检查前准备

步骤 3　测量爆破膜两端的间距，如图 3-23 所示，并观察固定爆破膜的 4 颗螺钉的垫片是否松动。

图 3-23　测量爆破膜两端间距

步骤 4　如果发现间距超出范围，或者螺钉松动，按对角线顺序依次紧固 4 颗螺钉，每次扳手转 1/4 圈，直到 4 颗螺钉全部旋紧。

步骤 5　装好磁体上方、侧面罩壳，整理工具和随身物品，操作完成。

# 氦气压缩机充氦气

**操作要求**

1. 准确判断氦气压缩机是否需要补充氦气。

2. 选用正确工具进行补气操作。

3. 按规定穿着护具，遵守安全作业规程。

**操作步骤**

以 HC-8E 型氦气压缩机为例，检查氦气压缩机压力，如果发现压力低于正常范围，及时补充氦气。

步骤 1　来到设备间，找到水冷柜中的氦气压缩机。在氦气压缩机运行状态下读取压力示数（压力表显示出气压力，表针在一定范围内摆动），如图 3-24 所示。

图 3-24　压缩机运行状态下压力表示数

**步骤 2**　比较实际压力范围与标准压力范围，如果实际压力小于 310 psig（2.14 MPa），进行后续步骤；如果实际压力在标准范围内，说明压力正常，结束操作。

**步骤 3**　准备个人防护用具、工具、器材等，如图 3-25 所示。注意：HC-8E 型氦气压缩机允许的最低氦气纯度为 99.995%。

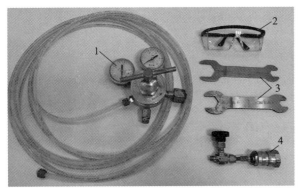

图 3-25　所用工具及器材

1—减压阀与气管　2—护目镜　3—扳手　4—充气接头　5—氦气瓶（纯度 99.995% 及以上）

**步骤 4**　关闭氦气压缩机。

**步骤 5**　断开回气管，连接充气接头，如图 3-26 所示。注意在连接前，先适度开启充气接头的阀门，待充气接头连接完毕再关闭阀门。

**步骤 6**　将减压阀连接氦气瓶，开启气瓶阀门，并适度开启减压阀门，使低压氦气从气瓶经由气管排出，挤出气管内残留空气，如图 3-27 所示。

a ）                                                                    b ）

图 3-26　压缩机侧操作
a ）断开回气管　b ）连接充气接头

气瓶阀门　　　减压阀门

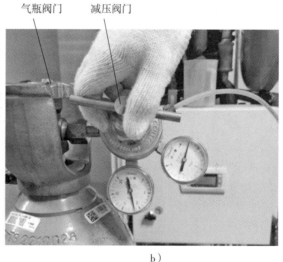

a ）                                                                    b ）

图 3-27　气瓶侧操作
a ）气瓶和减压阀连接　b ）开启气瓶阀门和减压阀门

**步骤 7**　适度开启压缩机端充气接头的阀门，使压缩机内的氦气从接头排出，挤出充气接头内的空气。在充气接头和气管同时排气的情况下，将气管接到充气接头，如图 3-28 所示。

**步骤 8**　调整减压阀以调整氦气瓶氦气压力输出，完全开启氦气压缩机端充气接头的阀门，使氦气顺利进入氦气压缩机内。

**步骤 9**　通过压力表观察氦气压缩机压力上升情况。当压力达到正常范围时，立即关闭阀门。如果氦气压缩机压力过高，可以通过充气接头的阀门排气泄压。

a ）                    b ）                    c ）

图 3-28  氦气压缩机与气瓶连接

a）开启充气接头阀门   b）保证接头和气管都有氦气排出   c）连接接头与气管

**步骤** 10  达到目标压力值后，关闭充气接头阀门、减压阀门、气瓶旋钮。拆除相关工具和气瓶，重新接上回气管，恢复氦气压缩机初始状态。

**步骤** 11  启动氦气压缩机，确认氦气压缩机和冷头进入工作状态，动态压力处在正常范围。

**步骤** 12  整理工具，操作完成。

# 学习单元 3

# 系统清理

## 一、磁盘管理

### 1. 磁盘空间分配情况

随着计算机软硬件技术的发展，核磁共振设备跟其他医学影像设备一样也配备了高性能计算机平台，供操作人员进行临床扫描控制和一些图像处理工作。通常情况下，核磁共振操作台包括了主机系统、专用显示器、键盘和鼠标。而主机系统是一台高性能计算机，拥有患者通信控制和图像传输控制功能。主机系统是整个核磁共振系统的控制中枢，一般都会安装操作系统和扫描软件，生产厂商会对操作系统和扫描软件做不定期的升级和更新。

一般情况下核磁共振主机系统会配备两块物理硬盘，一块用于操作系统和扫描软件的安装，另一块用于保存患者图像数据、系统运行日志，以及系统软件和配置文件的备份。对应于这两块硬盘的功能区别，有时会采用固态硬盘和传统机械式硬盘搭配使用的方案，固态硬盘的响应速度快，可以用于操作系统和扫描软件的安装，提高系统运行速度；机械式硬盘可以满足患者图像数据和日志文件的存储。这个方案对固态硬盘的容量要求不高（例如 128 GB），机械式硬盘的容量要稍大些（例如 512 GB），这样可以很好地平衡经济性和实用性的需求。

主机系统对于两块硬盘的空间分配情况以图 3-29 为例进行说明。

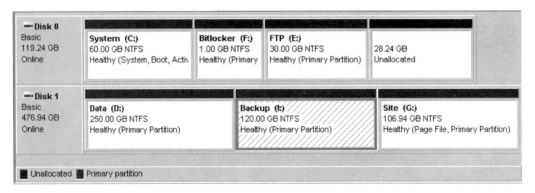

图 3-29　磁盘分区情况

通常情况下，固态硬盘（图 3-29 中 Disk 0）会分成三个分区，最主要的一个是运行软件的分区（C），称为"系统盘"，另一个重要分区是传输数据分区（F），用于导出扫描得到的医学影像及相关信息、存储远程监控数据等。导出的医学影像一般为 DICOM 格式，DICOM 为 digital imaging and communications in medicine 的缩写，即医学数字成像和通信。DICOM 格式是医学影像及相关信息传输的国际标准。

机械式硬盘的分区一般会包含患者图像数据分区（D）、系统日志 / 监控文件分区（G）、软件备份分区（I）等。

患者图像数据分区（D）包含每天扫描的图像数据。此分区的使用情况在用户扫描界面就可以看到，操作人员需要定期将已经备份到 PACS 的患者图像数据清理掉，以留出足够的空间保存新的图像数据。

系统日志 / 监控文件分区（G）包含系统运行日志文件，核磁共振系统自检结果，核磁共振系统磁体、制冷系统、环境等指标记录。

软件备份分区（I）包含系统软件的备份、扫描软件的配置备份、系统扫描协议备份等。

### 2. 磁盘空间清理方法

与常用的计算机系统一样，核磁共振主机系统的可用存储空间会随着系统运行慢慢地变小，有时候会严重到影响系统正常运行，所以也需要对主机系统的磁盘空间进行不定期的清理，通常有如下几类可清理数据。

（1）过期的日志文件。日志文件保存在 G:\Log 文件夹下，一般建议保留 3 个月的日志文件，超过 3 个月的日志文件可以删除。

（2）无效的备份文件。备份文件保存在 I 盘下，通常在维护保养或者软件更新后都会对整个系统进行备份，此时就可以将旧的备份文件清除。

（3）软件更新数据包。每次软件更新升级后，可以将软件更新数据包即时删除。

（4）旧的患者数据。核磁共振主机系统能够存储的患者数据非常有限，扫描得到的数据应传输至 PACS 等可靠存储设备保存，核磁共振主机系统需要操作人员定期清理患者数据。

（5）系统临时文件夹。该部分不建议手动删除，核磁共振主机系统一般设有每日自检功能，自检时系统会自动删除超过保存期限的临时文件，所以要保持自检功能开启。

> ### ▶ 相关链接
>
> 核磁共振主机系统的磁盘空间结构相对复杂，涉及的内容专业性较强，故不建议非专业人员进行数据清理，否则可能因误操作导致系统死机。非专业人员若需进行磁盘清理，应务必在专业人员的指导下进行。通常可以通过以下几个途径进行清理。
>
> 1.在连接远程服务网络的前提下，可以由专业的远程服务人员进行磁盘清理，高效、安全、可靠。
>
> 2.由专业的服务人员进行现场磁盘清理，可以提前预防因为磁盘空间不足导致的设备故障。
>
> 3.由医院设备科受过专业培训的人员进行磁盘清理，能够及时排除一些紧急故障。
>
> 4.由医院专业操作人员在用户界面对患者数据进行定期清理。

## 二、系统清尘

### 1. 个人防护与清洁工具

清理机柜或主机等计算机设备时需要打开外壳，为避免操作人员携带的静电击穿电路板器件，操作人员需要佩戴防静电工具。

系统清尘以物理清洁为主。清尘工具一般有吸尘器、酒精、压缩空气、毛刷、抹布等。如果某些部件灰尘难以彻底清除，也可用新备件替换。

### 2. 清洁方法

对于核磁共振系统来说，在日常维护过程中务必注意磁体间内部强磁场。大部分含铁磁性物质的清洁工具不可带入磁体间，需要使用无磁工具或者将需要清洁的部件拿出磁体间进行清洁。常见的清洁工作包括滤网灰尘清洁、冷却水路清洁、机械运动部件清洁润滑。

（1）滤网灰尘清洁。风冷器件往往配备滤网，以过滤杂质灰尘。核磁共振系统中依靠风冷的器件分布很广，包括射频功率放大器、谱仪、扫描床、各类计算机。滤网在保养周期内应该得到清洁或检查。滤网灰尘清洁的常规流程如下。

1）对清洁部件进行断电处理。

2）拆卸滤网，常见滤网位置如图 3-30 所示。

3）使用吹吸两用鼓风机对滤网进行清洁，或使用清水对滤网进行冲洗后晾干，或直接对老化滤网进行更换。

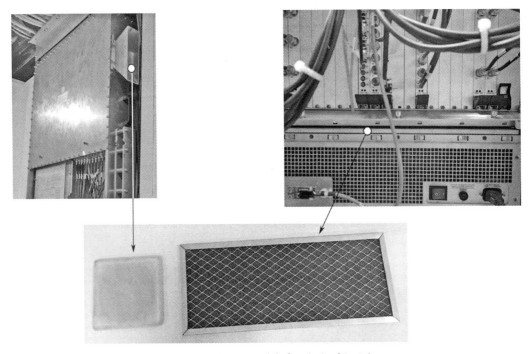

图 3-30　滤网位置（患者风机与谱仪处）

（2）冷却水路清洁。水冷系统为过滤管道内的杂质，一般会配备过滤装置，特别是水冷机等外围设备，管道氧化、水质难以掌控等情况时有发生，时间一长易堵塞管道导致流量下降，最终导致系统无法扫描。为防止水路堵塞，保养周期内需要对水冷回路的滤网进行清理，常规流程如下。

1）关闭冷却柜。

2）根据具体冷却水管路的阀门分布，关闭滤网进出水阀门。

3）拆卸滤网并用流水清洗，如图 3-31 所示。

图 3-31　拆除水冷管道滤网

4）将清洗干净的滤网装回（无须晾干）。

5）观察冷却水路压力和流量，如有必要对水路进行补水补压处理。

（3）机械运动部件清洁润滑。扫描床系统在核磁共振系统中起到受检者移动、定位等作用。一方面反复运动摩擦会导致床系统机械运动部件磨损，润滑油氧化；另一方面由于床板与受检者密切接触，受检者体液、造影剂等污染物会逐渐渗漏到机械运动部位，因此扫描床系统的机械运动部件需要定期清洁和润滑。其流程如下。

1）对运动单元进行断电，确保运动部件的锁扣装置可靠工作，保障安全。

2）拆卸需要清洁的部件并清理清洁，如图 3-32 所示。

3）对运动部件涂抹润滑油。

4）安装回运动部件并测试功能是否正常。

图 3-32　扫描床系统齿轮清理

## 技能要求

### 系统关机与输出电压测量

#### 操作要求

1. 按照正确顺序关闭系统。

2. 正确进行电压测量。

#### 操作步骤

以飞利浦 Achieva 系统为例，在执行各个子系统的集中清尘前，首先需要执行系统关机和电压测量。

**步骤 1 系统关机**

（1）来到操作间，退出应用程序，关闭主机操作系统。

（2）来到设备间，打开配电柜门，找到开关与子系统对应表，如图 3-33 所示。

a ）　　　　　　　　　　b ）　　　　　　　　　　c ）

图 3-33　配电柜

a ）配电柜外观　b ）配电柜内开关分布　c ）开关与子系统对应表

（3）按照表 3-3 中的顺序依次关闭开关。

表 3-3　　　　　　　　　　　　　子系统关闭顺序

| 关闭顺序 | 开关 | 对应系统 |
| --- | --- | --- |
| 1 | F6 | 主机 |
| 2 | Q1 | 梯度放大器 |

续表

| 关闭顺序 | 开关 | 对应系统 |
|---|---|---|
| 3 | Q4 | 数据采集柜 |
| 4 | F7 | 系统滤波板（传导板） |
| 5 | Q2 | 水冷柜 |

注意：如果清理区域不涉及水冷机，不要关闭水冷柜对应开关，否则会导致磁体制冷系统停止工作。

**步骤 2** 电压测量

如果清理区域可能会接触梯度电缆、梯度放大器、梯度线圈，则需要进行电压测量，确认梯度子系统无高压输出，否则可略过此部分。

（1）关机后等待 10 min，留给梯度子系统放电。

（2）利用万用表（直流挡）测量电压，检查输出电压是否小于 10 V，如图 3-34 所示。

（3）等待输出电压小于 10 V 后，整理工具，结束测量。

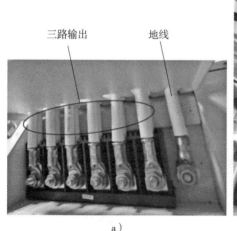

图 3-34 电压测量

a）梯度柜上端接线柱分布　b）用万用表测量三路输出电压

# 主机清尘

## 操作要求

1. 正确使用静电防护和个人防尘工具。

2. 正确执行主机内部、外部清尘操作。

**操作步骤**

以飞利浦 Multiva 系统的主机惠普 Z420 为例，执行清尘操作。

**步骤 1** 系统关机。

**步骤 2** 准备清尘工具（见图 3-35），正确装配静电防护用具，佩戴口罩和护目镜。

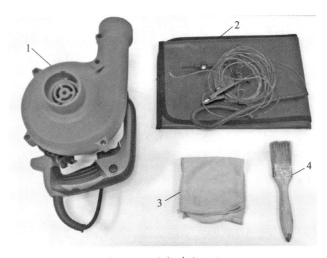

图 3-35 主机清尘工具

1—吸尘器 2—静电防护工具 3—抹布 4—毛刷

**步骤 3** 断开主机所有外部连接线缆，利用旋具等工具将主机从机柜中拆离，置于静电防护垫上，如图 3-36 所示。

a)                      b)

图 3-36 主机拆除

a）拆下主机 b）放置主机于静电防护垫上

**步骤 4** 利用吸尘器、毛刷等去除外部灰尘，确保各个通风口、滤网整洁，如图 3-37 所示。

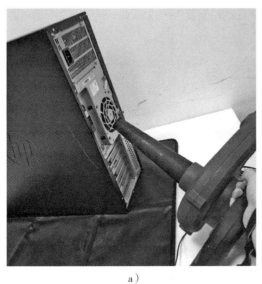

a）
b）

图 3-37 外部清尘
a）使用吸尘器清尘 b）使用毛刷清尘

**步骤 5** 利用吸尘器清除主机内部灰尘，注意不要碰到器件和电线，如图 3-38 所示。

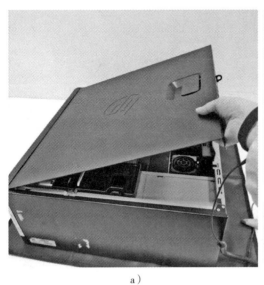

a）
b）

图 3-38 内部清尘
a）拆除机箱盖板 b）使用吸尘器清尘

**步骤6** 检查并确保风扇、散热片、进风通道、出风通道等的清洁。

**步骤7** 安装机箱盖板，恢复主机位置。

**步骤8** 开机，检查系统是否能正常启动，注意听风扇是否有异响。

**步骤9** 整理工具，结束操作。

# 系统文件清理

## 操作要求

对各磁盘分区中可删除的文件进行清理。

## 操作步骤

以飞利浦 Multiva 系统为例，执行系统文件清理。

**步骤1** 开启系统，登录维修用户 mrservice。

**步骤2** 打开文件资源管理器，显示各磁盘分区情况，如图 3-39 所示。

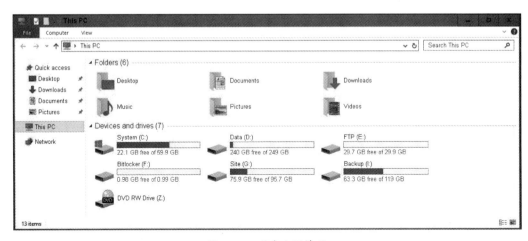

图 3-39 磁盘分区情况

**步骤3** 按路径（E:\service\SinMon）打开相应文件夹，删除文件夹下所有文件。注意：删除的是文件夹内的文件，保留文件夹。

**步骤4** 按路径（G:\Log）打开相应系统日志文件夹，删除文件夹下生成日期较早的日志文件。注意：不建议删除文件夹下所有文件，日志文件可用于故障诊断。

**步骤5** 打开 I 盘目录，检查是否有人为后期添加的文件或文件夹。如果发现此类数据，执行删除动作。例如图 3-40 中，前两个是后期人为创建的文件夹，删除前需与用户确认相关数据是否备份。

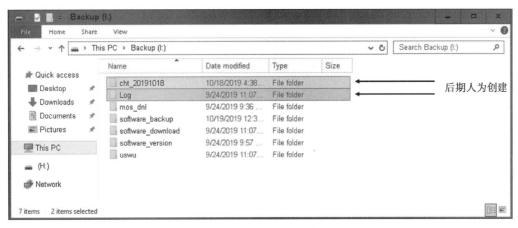

图 3-40　I 盘文件列表

**步骤 6**　删除患者数据。注意删除患者数据前必须与用户协商，确保数据已得到可靠存储后才可以删除。

（1）启动应用程序软件，按 "Patients" → "Administration" 打开数据管理目录 Administration，如图 3-41 所示。

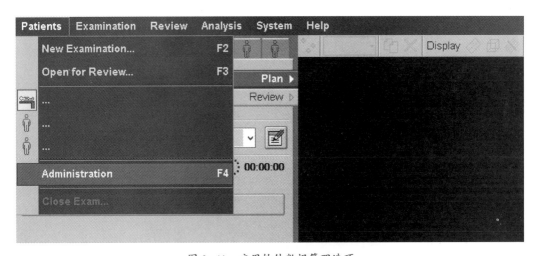

图 3-41　应用软件数据管理选项

（2）数据源选择 "Disk Files"，打开 E:\Dicom，删除所有数据，如图 3-42 所示。注意该文件夹保存的是主机本地的 DICOM 图像，不属于患者数据库。

（3）数据源选择 "Local Patient Database"，即患者数据库，如图 3-43 所示，删除生成日期较早的患者影像数据。

**步骤 7**　删除完成，退出系统，重启主机。

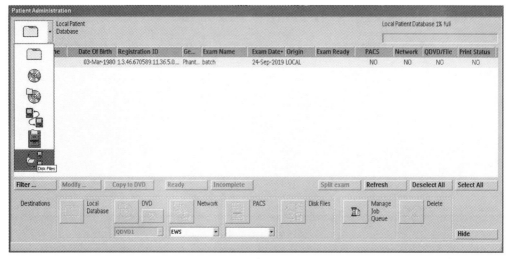

a）

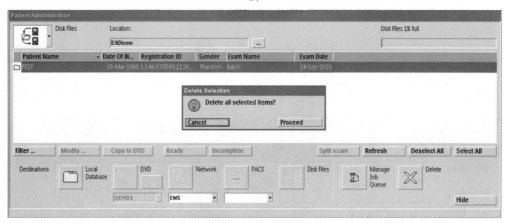

b）

图 3-42　本地磁盘数据处理

a）选择本地磁盘　b）删除数据

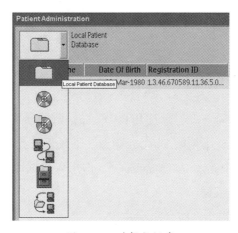

图 3-43　选择数据库

学习单元 4

# 线圈保养

受检者在做核磁共振检查时需要根据检查部位选择不同的线圈，通常每台核磁共振设备都会配备多个线圈。为了更好地接收核磁共振信号，每个线圈的设计都尽量贴近检查部位，这样接收的信号更强，成像会更清晰。如果按系统类型分，线圈可分为模拟系统线圈和数字系统线圈；如果按扫描部位分，常见的线圈有头线圈、腰椎线圈、腹部线圈，及膝关节和踝关节等特殊部位的关节线圈，如图 3-44 所示。这些线圈在需要使用时会由操作人员连接到相应的插座上，与系统相连，采集核磁共振信号，其余不需要使用的线圈会存放在特制的线圈柜里，有些机型腰椎线圈会内嵌到床板里，操作人员平时看不到，系统会根据扫描需要自动调用。

## 一、线圈接口检查

### 1. 常用的线圈接口

线圈插头和插座如图 3-45 所示。为了满足多部位检查的需要，操作人员需要根据检查部位的不同，在多个不同的线圈之间反复切换，对于患者多的医院来说，可能每天更换线圈就要几十次，日复一日的操作，会导致线圈插头和插座之间的接插件磨损，时间长了会有磨损的粉末残留在插座里，同时也会有一些灰尘或者其他污垢沉积到插座里，因此需要定期清理插头和插座。对于数字系统线圈的插头和插座，清理时要避免划伤光纤接口，影响光纤接口的光传导率。另外在日常使用过程中，还有可能因为用力不当导致线圈插头的定位销或者插针弯曲或折断，这种情况下需要更换新的插头。

## 2. 线圈接口检查要点

（1）清理接口前要将设备关机断电，只留冷却系统工作即可。

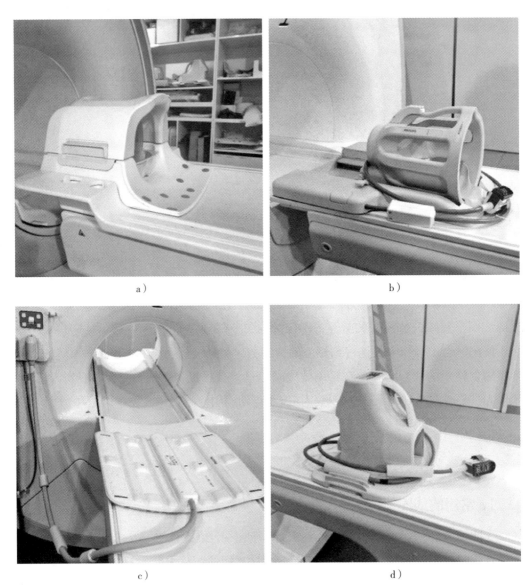

图 3-44　线圈实例

a）数字系统头线圈　b）模拟系统头线圈　c）腹部线圈　d）踝关节线圈

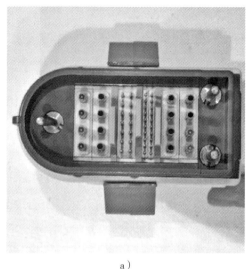

a）
b）

c）
d）

图 3-45　线圈插头和插座

a）模拟系统线圈插头　b）模拟系统线圈插座　c）数字系统线圈插头　d）数字系统线圈插座

（2）为了防止自身静电损坏线圈，操作人员需佩戴静电手环对线圈接口进行检查和清理，静电手环的另一端需要连接到设备的接地点。

（3）检查线圈接口是否有定位销或插针弯曲或折断，如有发现应及时更换线圈插头。

（4）检查线圈接口是否有磨损粉末或污垢残留，如有发现首先用干毛刷清理，如果不能清理干净，可用浓度 95% 及以上的酒精擦拭清理。如果使用了酒精擦拭接头，在设备上电之前需等待一段时间，务必保证酒精已挥发干净。

（5）检查和接口相连的线圈线缆绝缘皮是否有破损，如有破损需及时更换线圈线缆。

（6）检查线圈外观是否有螺钉松脱，如有松脱应及时将松脱的螺钉拧紧。

（7）在磁体间务必使用无磁工具操作。

## 二、体线圈图像质量检测

体线圈接收面积大，它的图像质量既能反映线圈本身的性能，也能反映磁场均匀度、系统稳定性、系统伪影水平等重要指标，后续技能操作部分会有执行体线圈图像质量检测的详细步骤，这里先介绍检测结果及检测报告解读。

为了全面测试核磁共振系统的性能，体线圈图像质量检测会使用多种序列，分别对冠状位、矢状位和横断位三个方向做测试，一套完整的体线圈图像质量检测需要近两个小时才能完成，所以只有新装机或者多个线圈的图像质量同时出现相同问题时，才需要执行体线圈图像质量检测，帮助诊断问题。图 3-46 显示的是横断位体线圈图像质量检测报告的第一页和最后一页，其他报告页的内容与第一页类似，只是测试序列不同而已。下面就重点部分做些解读。

第 1 部分：设备的基本硬件配置信息，如场强 1.5 T，梯度型号 781，射频型号 S30，磁体型号 F2000。

第 2 部分：测试序列的名字，如 B10、B12 和 B15，其他报告页只是序列名字不同，结构与内容类似。

第 3 部分：每个序列的测试时间。

第 4 部分：射频发射相关参数。

第 5 部分：磁场的中心频率。

第 6 部分：序列的参数，例如 SE、IR 和 FFE 为序列的类型，Slice_No 为层数，Echo_No 为回波个数，Echo_Time 为回波时间。

第 7 部分：信噪比，如果结果超出系统规定的范围，会以红色显示。

第 8 部分：伪影水平，该值越小越好。

第 9 部分：图像均匀度，如果结果超出系统规定的范围，会以红色显示，如图 3-47 所示。

第 10 部分：空间线性的测试，如果结果超出系统规定的范围，会以红色显示。

总体上，质量检测报告给出图像质量主要指标的测试结果，如信噪比、图像均匀度等，如果发现其中某一项超出范围，则需要进一步调试、维修，范围并不仅限于体线圈，磁体、射频、梯度、环境都有可能是异常干扰项的来源。与其他线圈相比，由于体线圈的尺寸最大，成像范围最大，往往比其他线圈更能反映系统整体性能。

**Flood Field Uniformity**

| | | | |
|---|---|---|---|
| Date | Wed, 18 Sep 2019 15:29:59 | | |
| List Type | MRL with SPEC | | |
| Applied Verification File(s) | | | |
| S: t15r5v1l541_gr3_rf0_l02_nt.spec | | | |
| Field Strength | T15 | | |
| Gradient Chain | Nova | Gradient Amplifier | 781 |
| Gradient Coil | Watercooled5 | Gradient Switchbox | NONE |
| RF Chain | Standard | RF Amplifier | S30_64 |
| Magnet | F2000 | | |
| Tested by | - | Order | - |

(标注 1)

| | | | | |
|---|---|---|---|---|
| Patient | BODYT | | BODYT | BODYT |
| Scan_Name | B10:MS,SE,30 | | B12:MS,IR,30 | B15:MS,FE,10 |
| Scan_Date | 18-09-2019 | | 18-09-2019 | 18-09-2019 |
| Scan_Time | 15:06 | | 15:10 | 15:15 |
| Bw/Pixel | 218.84 | | 218.84 | 218.84 |
| Trans_Q | 189 | | 190 | 190 |
| Drive | 0.91 | | 0.91 | 0.91 |
| RF_Factor | 0.97 | | 0.97 | 0.98 |
| Rec_Q | 189 | | 190 | 190 |
| Req_Att | 12.2 | | 8.04 | 0 |
| Central_freq | 63893812 | | 63893812 | 63893812 |
| Coil_type | nt | | nt | nt |
| Actual_12nc | - | | - | - |
| Original_serial_nr | - | | | - |
| Scan_Seq | SE | SE | IR | FFE |
| Off_cen_dist | -1.76 | -1.76 | -1.76 | -1.76 |
| Image_Type | M | M | M | M |
| Slice_No | 2 | 2 | 2 | 2 |
| Echo_No | 1 | 2 | 1 | 1 |
| Dyn_Scan_No | 1 | 1 | 1 | 1 |
| Dist_sel | -1.76 | -1.76 | -1.76 | -1.76 |
| Echo_Time | 30 | 100 | 30 | 10 |
| SNR_Factor | 6.81 | 5.09 | 4.99 | 5.08 |
| Meas_Ok | OK | OK | OK | OK |
| Verify_Ok | OK | OK | OK | OK |
| S/N (C) | 74.79 | 53.26 | 54.85 | 52.85 |
| S/N (B) | 75.57  S > 71 | 54.85  S > 52 | 55.95  S > 52 | 55.79  S > 54 |
| B/sd(B) | 1.86 | 1.87 | 1.93 | 1.91 |
| Art_Level | 0.36 | 0.3 | 0.26 | 0.53 |
| Int_Unif | 9.89 | 9.17 | 8.15 | 15.22 |
| T/C-20 | 4.92  S < 10 | 6.01  S < 12 | 4.97  S < 10 | 10.5  S < 14 |
| C-20/C-10 | 13.45  S < 18 | 13.21  S < 17 | 12.78  S < 17 | 16.98  S < 20 |
| C-10/C+10 | 80.21  S > 72 | 79.85  S > 72 | 82.22  S > 73 | 67.18  S > 65 |
| C+10/C+20 | 1.41  S < 2 | 0.92  S < 2 | 0.03  S < 2 | 5.32  S < 6 |
| C+20/Max | 0  S < 2 | 0  S < 2 | 0  S < 2 | 0.03  S < 2 |
| Rad 10% | 159.1  S > 140 | 159.1  S > 135 | 161.58  S > 140 | 116.02  S > 110 |
| Rad 20% | 186.33 | 184.57 | 186.33 | 177.54 |

(标注 2、3、4、5、6、7、8、9)

| | | |
|---|---|---|
| Patient | BODYT | |
| Scan_Name | B10:MS,SE,30 | |
| Scan_Date | 18-09-2019 | |
| Scan_Time | 15:06 | |
| Bw/Pixel | 218.84 | |
| Trans_Q | 189 | |
| Drive | 0.91 | |
| RF_Factor | 0.97 | |
| Rec_Q | 189 | |
| Req_Att | 12.2 | |
| Central_freq | 63893812 | |
| Coil_type | nt | |
| Actual_12nc | - | |
| Original_serial_nr | - | |
| Scan_Seq | SE | |
| Off_cen_dist | -50.26 | |
| Image_Type | M | |
| Slice_No | 1 | |
| Echo_No | 1 | |
| Dyn_Scan_No | 1 | |
| Dist_sel | -50.26 | |
| Echo_Time | 30 | |
| SNR_Factor | 6.81 | |
| Meas_Ok | OK | |
| Verify_Ok | OK | |
| phant_rot. | -0.22 | S < 5 |
| hor_shift | 0 | |
| ver_shift | -3.52 | |
| m/p_angle | 90.19 | S89 - 91 |
| hor_dir. | PREP | |
| size_hor. | 300.25 | S299 - 301 |
| size_ver. | 299.01 | |
| hor_int_av. | 0.35 | S < 1 |
| hor_int_dev. | 0.36 | S < 1 |
| hor_max_right | 1.41 | S < 3 |
| hor_max_left | 1.54 | S < 3 |
| hor_diff_av. | 0.45 | S-2 - 2 |
| hor_diff_dev. | 0.84 | S < 1 |
| hor_max | 2.35 | S < 3 |
| hor_min | -1.13 | S > -3 |
| ver_int_av. | 0.53 | S < 1 |
| ver_int_dev. | 0.59 | S < 1 |
| ver_max_up | 0.94 | S < 3 |
| ver_max_down | 2.43 | S < 3.5 |
| ver_diff_av. | 0.47 | S-2 - 2 |
| ver_diff_dev. | 1.02 | S < 2 |
| ver_max | 3.11 | S < 4 |
| ver_min | -1.29 | S > -4 |
| nema_perc_dif. | 0.58 | |

(标注 10)

图 3-46　体线圈图像质量检测报告（部分）

| | | | | | |
|---|---|---|---|---|---|
| Verify_Ok | NOT OK* | | OK | - | - |
| S/N (C) | 48.79 | | 78.29 | 68.34 | 66.4 |
| S/N (B) | 50.52 | S > 49 | 85.67  S > 80 | 75.5 | 73.7 |
| B/sd(B) | 1.9 | | 1.86 | 1.88 | 1.85 |
| Art_Level | 0.21 | | 1.18 | 4.43 | 4.88 |
| Int_Unif | 12.19 | | 11.19 | 13.19 | 17.74 |
| T/C-20 | 6.41 | S < 11 | 5.02  S < 10 | 14.91 | 13.54 |
| C-20/C-10 | 16.87 | S < 20 | 14.42  S < 21 | 11.53 | 14.4 |
| C-10/C+10 | 73.69 | S > 70 | 78.64  S > 70 | 73.19 | 62.76 |
| C+10/C+20 | 3.03* | S < 3 | 1.92  S < 3 | 0.37 | 5.97 |
| C+20/Max | 0 | S < 2 | 0  S < 2 | 0 | 3.33 |
| Rad 10% | 124.8 | S > 120 | 144.14  S > 130 | 123.05 | 110.74 |
| Rad 20% | 184.57 | | 186.33 | 168.75 | 152.93 |

图 3-47　图像均匀度超范围报告实例

## 三、专用线圈图像质量检测

专用线圈的图像质量检测相对于体线圈图像质量检测来说，使用的序列数量少，主要是 SE 序列；检测的内容少，只检测和线圈相关的图像参数；检测时间短，一般 15 min 以内即可完成，功能上主要检测线圈自身的品质。图 3-48 为 8 通道头线圈的检测报告，第一列检测是体线圈的检测，用于和头线圈的结果做对比；第二列是头线圈的整体评价；第三列和第四列是线圈的通道 1 和通道 2 的测试结果，其余 6 个通道与两者类似，如果哪个通道的接收性能出现了故障，该通道的信噪比或者均匀度就会超出范围，造成结果失败。报告各部分的详细解释请参考体线圈图像质量检测报告，这里不再赘述。

**Flood Field Uniformity**
Date　　　　Wed, 18 Sep 2019 14:18:43
List Type　　MRL with SPEC
**Applied Verification File(s)**
S: t15r5v1l541_gr3_rf0_l02_nt.spec

| Field Strength | T15 | | |
| --- | --- | --- | --- |
| Gradient Chain | Nova | Gradient Amplifier | 781 |
| Gradient Coil | Watercooled5 | Gradient Switchbox | NONE |
| RF Chain | Standard | RF Amplifier | S30_64 |
| Magnet | F2000 | | |
| Tested by | - | Order | - |

| Patient | SENSE_HEAD_8 | SENSE_HEAD_8 | SENSE_HEAD_8 | SENSE_HEAD_8 |
| --- | --- | --- | --- | --- |
| Scan_Name | QBC_SH8 | SH8Q1:T | SH8S1:T | SH8S2:T |
| Scan_Date | 18-09-2019 | 18-09-2019 | 18-09-2019 | 18-09-2019 |
| Scan_Time | 14:13 | 14:08 | 14:03 | 14:03 |
| Bw/Pixel | 217.01 | 218.84 | 218.84 | 218.84 |
| Trans_Q | 197 | 197 | 197 | 197 |
| Drive | 0.93 | 0.93 | 0.94 | 0.94 |
| RF_Factor | 1.02 | 1.02 | 1.02 | 1.02 |
| Rec_Q | 197 | 0 | 0 | 0 |
| Req_Att | 0 | 12.35 | 8.09 | 8.09 |
| Central_freq | 63893689 | 63893689 | 63893689 | 63893689 |
| Coil_type | nt | nt | nt | nt |
| Actual_12nc | - | - | - | - |
| Original_serial_nr | - | - | - | - |
| Scan_Seq | FFE | SE | SE | SE |
| Off_cen_dist | 0.8 | 0.8 | 0.8 | 0.8 |
| Image_Type | M | M | M | M |
| Slice_No | 1 | 1 | 1 | 1 |
| Echo_No | 1 | 1 | 1 | 1 |
| Dyn_Scan_No | 1 | 1 | 1 | 1 |
| Dist_sel | 0.8 | 0.8 | 0.8 | 0.8 |
| Echo_Time | 10 | 30 | 30 | 30 |
| SNR_Factor | 5.13 | 2.13 | 2.13 | 2.13 |
| Meas_Ok | OK | OK | OK | OK |
| Verify_Ok | OK | OK | OK | OK |
| S/N (C) | 53.34 | - | - | - |
| S/N (B) | 52.47　S > 40 | 107.6　S > 79 | 151.95　S > 116 | 155.44　S > 121 |
| B/sd(B) | 1.88 | 1.89 | 1.87 | 1.87 |
| Art_Level | 0.63 | - | - | - |
| Int_Unif | | | | |
| T/C-20 | 3.51 | 3.05　S < 6 | 86.22 | 82.52 |
| C-20/C-10 | 0.78 | 2.79　S < 7 | 6.1 | 6.93 |
| C-10/C+10 | 95.71 | 93.34　S > 88 | 6.87 | 7.98 |
| C+10/C+20 | 0.01 | 0.82　S < 6 | 0.81 | 2.34 |
| C+20/Max | 0 | 0　S < 3 | 0 | 0.23 |
| Rad 10% | 97.66　S > 80 | - | - | - |
| Rad 20% | 98.06 | | | |

图 3-48　头线圈图像质量检测报告（部分）

这里要指出，报告中伪影水平检测结果更多的是反映梯度和射频子系统的稳定性，专用线圈的检测主要针对当前检测的线圈，所以没有涉及伪影检测；同理，空间线性的测试结果反映更多的是梯度子系统的性能，所以专用线圈的检测部分也就没有再做空间线性相关的检测。

## 技能要求

### 头线圈图像质量检测

核磁共振系统一般都配备头线圈、腰椎线圈等专用线圈，为了保证每个线圈的图像质量，线圈需要定期做图像质量检测。下面以飞利浦 Multiva 1.5T 系统头线圈为例介绍检测过程。

**操作要求**

1. 选择正确水模和支撑配件，按测试需求正确摆位。

2. 按标准流程完成检测，正确解读测试结果。

3. 合规操作，进入强磁场区域遵守安全作业规程。

**操作步骤**

**步骤 1**　登录维修用户 mrservice，按以下路径打开扫描软件："MR Boot Configuration Manager" → "Application Software" → "Start"，如图 3-49 所示。

图 3-49　扫描软件路径

**步骤 2**　按以下路径打开检测标准程序："System" → "SPT..."，出现 "System Performance Tool" 窗口，如图 3-50 所示。

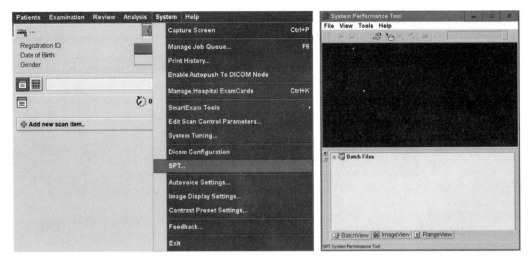

图 3-50　打开测试程序

**步骤 3**　在"System Performance Tool"窗口中，按以下操作打开系统头线圈的对应检测项目："Batch Files"→"IQT"→"HST-NV"→"HST-NV"，鼠标选中测试项目后，右键单击选择"Run Batch"，如图 3-51 所示。

**步骤 4**　每个线圈的图像质量检测都要用到相应的模体，并按要求摆放。头线圈用到的模体和水膜架如图 3-52 所示。模体如何摆放在软件操作界面有详细说明，如图 3-53 所示，按说明摆放即可。

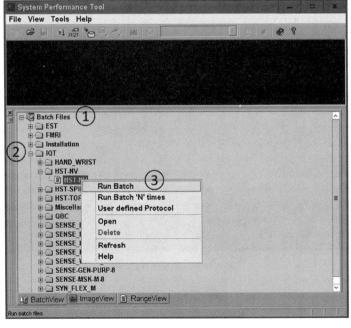

图 3-51　特定线圈检测路径

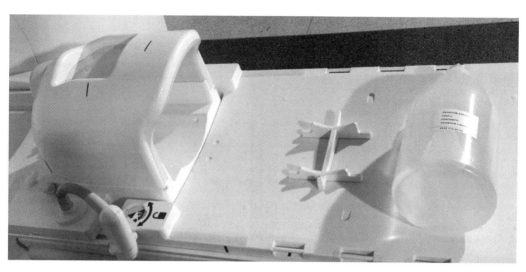

图 3-52　模体和水模架

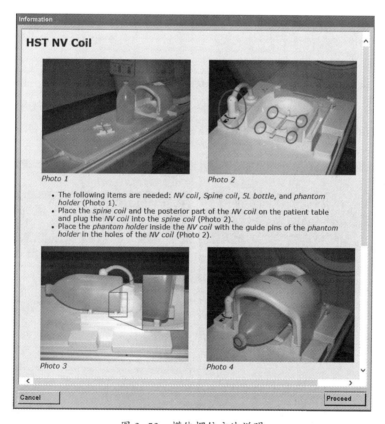

图 3-53　模体摆位方法说明

**步骤 5**　按说明摆放模体后，关好门回到操作间，单击图 3-53 右下角"Proceed"启动测试。测试过程如图 3-54 所示，不需人为干预操作。等待扫描完成后，会有 Batch 运行结束的提示框弹出，如图 3-55 所示，单击"OK"。

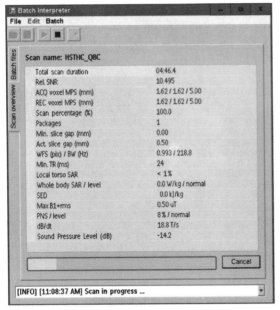

图 3-54 测试过程

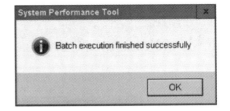

图 3-55 测试结果提示

**步骤 6** 生成报告，在"System Performance Tool"窗口中，单击"ImageView"按钮，切换到扫描记录页面，寻找测试线圈对应的扫描记录，名称为"HST_NV"，右键单击鼠标，在弹出的菜单中选中"Generate Reports"选项，如图 3-56 所示。

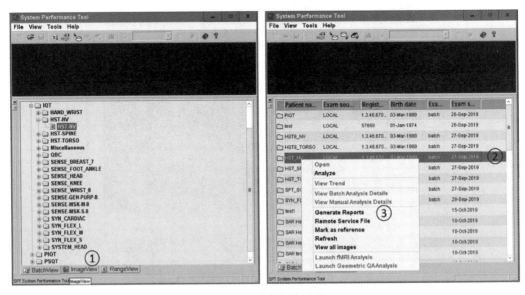

图 3-56 生成报告流程

**步骤 7** 弹出的报告选项无须设置，按默认值即可，单击"OK"，随即生成报告，如图 3-57 所示。

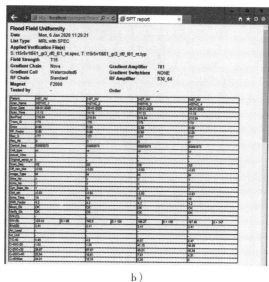

a ）             b ）

图 3-57　生成报告

a ）报告选项　b ）测试报告（部分）

　　**步骤 8**　检查报告中是否有超出范围的检测结果，如有发现说明线圈图像质量不合格，线圈未处于正常状态，需找到故障点并解决；如果各项目结果均正常，说明线圈图像质量合格。

　　**步骤 9**　退出软件，回收整理模体和水模架，测试结束。

# 核磁共振成像仪故障维修

# 软件系统故障维修

## 一、软件系统架构

### 1. 操作系统

操作系统是核磁共振主机系统应用软件运行的根基。近年来，核磁共振主机操作系统也跟随着计算机软件的发展从早期的 Linux 变成现在的 Windows。在操作系统性能越来越强大的基础上，核磁共振扫描技术得到了长足的发展，特别是在后处理功能上，支持更多复杂后处理算法，满足了新的科研需求。

### 2. 系统基础进程

除了强大的操作系统，还有若干个基础进程支撑着核磁共振系统，每一次系统启动过程中系统软件都会逐一开启这些进程，以确保系统的正常运行。系统主要基础进程及功能见表 4-1。

表 4-1　　　　　　　　　　　系统主要基础进程及功能

| 进程名称 | 功能 |
|---|---|
| 扫描单元控制 | 协调各个子系统之间相互配合，完成激发、接收、后处理等工作，相当于整个核磁共振系统的大脑中枢 |

续表

| 进程名称 | 功能 |
|---|---|
| 子系统监控 | 监测各个子系统状态，对各个子系统之间的通信进行实时监测、报警，保证各子系统状态良好 |
| 床控制 | 扫描床的通信、控制、位置信息更新 |
| 重建 | 采集信号的实时重建，将数字信号变换重建成图像数据 |
| 用户登录 | 管理不同用户的登录信息和权限 |
| 系统配置检查 | 核对系统软件设置和硬件配置之间的一致性，并核对系统软件权限的开放选项，确保核磁共振系统合法、可靠地工作 |
| 生理信号监测 | 管理扫描过程中患者生理信号的转换、显示，与扫描进程协同工作 |
| 数据库管理 | 负责患者图像数据的存储、分类、删除、传输等 |
| 患者通信 | 控制扫描过程中患者和医生的实时通信，传输和控制呼叫信号等 |
| 扫描卡片 | 核磁共振系统扫描卡片的存储、编辑、导入／导出，扫描参数的管理等 |
| 高级后处理 | 图像的高级后处理，往往取决于扫描协议的内容 |
| 远程服务 | 系统日志的实时监测和传输、远程服务器的连接等 |
| 系统调试服务 | 管理系统安装、调试、诊断、配置等专业维修行为 |
| DICOM | 管理患者信息的登记，图像信息的传输、打印、导出／导入等操作，确保患者信息安全和信息使用的合理合法 |

### 3. 扫描应用软件

扫描应用软件面向操作人员。通过扫描应用软件，操作人员可以进行患者信息的登记、扫描、存储、传输、打印，根据不同患者的扫描需求，实施包括扫描部位选择、扫描序列编辑、扫描图像的查看和初步分析等操作，并在扫描期间通过监控核心参数，确保患者在扫描过程中的安全；除此之外，操作人员可以在扫描应用软件中进行简单的日常图像质量的检测，确保图像质量满足临床诊断要求。下面以某应用软件为例介绍扫描应用软件的功能。扫描应用软件界面如图 4-1 所示。

扫描应用软件界面各栏目用途／说明见表 4-2。

主菜单栏 ——
启动板 ——
扫描列表视图 ——

图像和编辑栏 ——

生理信号显示栏 ——

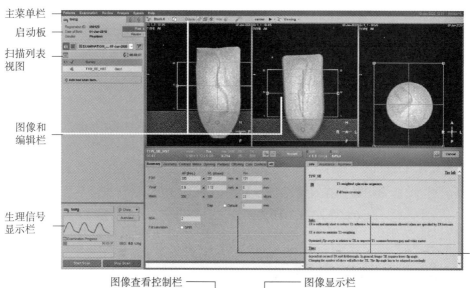

扫描参数编辑栏

图像查看控制栏 ——

图像显示栏

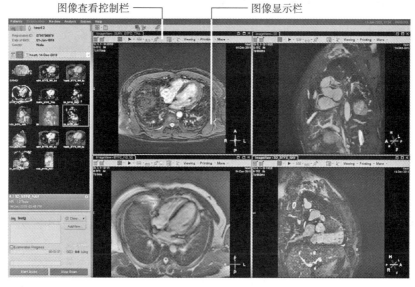

图 4-1　扫描应用软件界面

表 4-2 　　　　　　　　　扫描应用软件界面各栏目用途 / 说明

| 栏目名称 | 用途 / 说明 |
|---|---|
| 主菜单栏 | 包含患者、扫描、查看、分析、系统和帮助菜单 |
| 启动板 | 切换扫描和查看界面 |
| 扫描列表视图 | 显示、控制、编辑扫描卡片 |
| 图像和编辑栏 | 调整扫描的区域、方向、方法等，也可以用于简要显示扫描图像 |
| 生理信号显示栏 | 显示患者生理信号，包括呼吸、血氧、心电、心率，以及射频吸收功率（SAR）等 |

| 栏目名称 | 用途／说明 |
| --- | --- |
| 扫描参数编辑栏 | 编辑扫描参数，含几何尺寸、后处理、对比度等详细参数 |
| 图像查看控制栏 | 用于控制查看图像的方式 |
| 图像显示栏 | 提供图像的不同显示方式，包括患者图像打印排版等 |

虽然扫描应用软件面向操作人员，但是作为专业维保人员，也需要具备基本的操作扫描应用软件的能力，这样在日常维护过程中，一方面可以确认维修后设备是否正常运行，另一方面也可以更好地了解临床需求。

# 二、维修模式与常规扫描模式

为了保障核磁共振系统的稳定运行，生产厂家会对核磁共振系统的工作模式做一定的区分，一般分为维修模式和常规扫描模式。维修模式可以对系统进行检测、调试、校准和配置等维护工作；常规扫描模式可进行临床扫描，面对的是医院的操作人员，故也称为用户模式。

## 1. 维修模式特点与功能

维修模式用于对核磁共振系统进行调试、维修、校准、诊断、配置等一系列操作。以飞利浦核磁共振系统为例，维修模式分为以下四项功能模块。

（1）系统配置。用于配置、查看和修改系统参数，包含系统硬件配置、各类计算机软件配置、密钥安装管理、网络与 DICOM 通信设置、场地信息、扫描相关硬件参数管理等。该模块的信息不要轻易修改，否则会引起设备故障，如需修改应在专业人员指导下操作。

（2）安装调试。系统装机时使用，在机械安装、接线等完成后，需要按顺序完成所有内容，包含系统参数配置、固件下载、设备调试、参数校准、流程合规检查等。

（3）系统保养。保养周期内需要完成的系统测试，内容主要是针对射频、梯度等子系统的校准。

（4）系统维修。维修时使用，内部结构按各个子系统分类，包含连通测试、功能测试、参数校准等，在设备发生故障时提供证据，帮助维保人员锁定故障点。

## 2. 常规扫描模式特点与功能

一般情况下，常规扫描模式（用户模式）仅针对临床扫描需求，操作人员输入用户名和密码后直接进入扫描界面（见图 4-1）。在常规扫描模式下，操作人员可以新建患者扫描信息，进行不同部位的图像扫描，所能使用的扫描功能受控于核磁共振系统的硬件和软件配置（密钥），同样对于图像后处理的开放程度也取决于用户购买的后处理功能的可选选项，所以并不是同样的软件版本或者同样的硬件配置就一定具有同样的扫描和后处理功能。一般核磁共振厂家都提供不同的软硬件升级需求，在不需要支付太多费用的情况下可以定制化获得新的、更加高级的扫描或者后处理功能。

常规扫描模式一般有新患者图像扫描、旧患者图像查看、图像后处理、图像传输打印 / 归档、图像导出 / 删除、DICOM 传输节点设置等功能；对于某些具备科研功能的系统来说，常规扫描模式除了上述功能，还具有支持使用某些专用线圈进行动物实验、配合某些专用设备进行核磁共振功能成像、肿瘤评估、心血管疾病影像及中枢神经系统研究、疾病和老龄化影像研究等功能。

# 三、系统日志

## 1. 日志种类

核磁共振系统在日常运行过程中，会对系统软件和硬件各个子系统进行非常翔实的记录，并分类归档保存，对于一些可能影响扫描的故障进行实时报警，用户可以在扫描界面实时观察到报警信息。另外，对一些潜在隐患，系统也会通过远程服务网络将报错信息发送到服务器，以便专业维保人员及时对系统进行隐患排除，避免系统意外死机。核磁共振系统的日志文件包括很多种类，详见表 4-3。

表 4-3　　　　　　　　　　　　各类日志汇总

| 日志种类 | 功能 |
| --- | --- |
| Windows 系统日志 | 记录 Windows 操作系统运行状态，包括 Windows 和各类应用软件与安全相关的日志 |
| 系统运行状态日志 | 主要针对核磁共振系统运行状态的记录，包含每个子系统每次扫描过程中软件或硬件所有的运行状态的记录。当发生故障或者需要了解系统状态时，可以分析该日志文件。某些子系统还有专门的日志文件，更加详细地记录相关信息，以便专业维保人员可以更加深入地分析、调查 |
| 数据库日志 | 记录图像数据库（database）相关错误、警告信息 |
| 梯度子系统日志 | 记录梯度子系统故障时相关的状态信息，包括放大器状态、电源状态等，一般都有对应的故障代码，方便维保人员能够通过故障代码查找维修手册，快速定位故障点 |

续表

| 日志种类 | 功能 |
|---|---|
| 射频子系统日志 | 与梯度子系统日志文件类似，一般仅记录故障信息 |
| 扫描床日志 | 记录扫描床的运行位置信息，以及与患者扫描通信相关的故障信息，同样也会有故障代码供维保人员做分析判断 |
| 线圈状态日志 | 记录线圈识别、工作电压、通信状态等实时信息，针对不同的线圈分类记录 |
| 磁体状态日志 | 记录磁体压力、液氦水平、冷头状态、氦气压缩机状态等相关信息。一般情况下磁体相关故障有比较高的报警优先级，很多品牌的核磁共振系统都有远程服务网络，故磁体相关的报警信息都会第一时间通过远程服务网络通知维保人员 |
| 制冷系统日志 | 记录初级/次级水冷机运行状态信息，一般包括冷却水温度、流量、压力等数据，因为跟磁体相关，所以制冷系统的故障同样有比较高的报警优先级 |
| 扫描卡片日志 | 记录因扫描卡片导致的扫描中断事件 |

事实上，不同的软件版本也有不同类型和子系统的日志文件存在，不同厂家的核磁共振系统的日志文件也不同，在此不一一列举。后续以飞利浦系统软件为例进行介绍。

## 2. 日志查找方法

一般情况下，系统日志文件都集中在核磁共振主机的特定文件夹中，保存在 G 盘，路径如图 4-2 所示。日志文件名一般包括日志生成的日期和日志种类，可以通过文件名确定需要查看的日志文件，比如文件名为"Magnet20181212.log"的日志文件，就代表这个日志文件记录的是 2018 年 12 月 12 日这一天的磁体状态信息。其他子系统或日期的对应日志的查找方法类似。

## 3. 日志查看工具

日志查看工具用于打开系统记录的日志文件，供维保人员查询故障信息。一般情况下日志用文本编辑软件都可以打开，只是可读性比较差，而且由于文件较大，使用普通文本编辑软件打开日志要花很长时间，甚至导致死机，所以系统配备了专用的日志查看工具，如 LogBrowser、Logging Application，图 4-3 所示为使用两者打开的日志文件，通用型软件如 UltraEdit 也可打开日志文件。

通常专用的日志查看工具提供强大的信息检索功能，维保人员需要具备一定的专业知识才能够结合故障选择特定的关键信息来进行检索，否则在巨量的日志信息中很难发现关键故障信息，有时候面对一些复杂的故障，维保人员需要将检索条件设置得更加全面（除了使用多个条件，还需要加上逻辑运算）才能够找到关键信息。

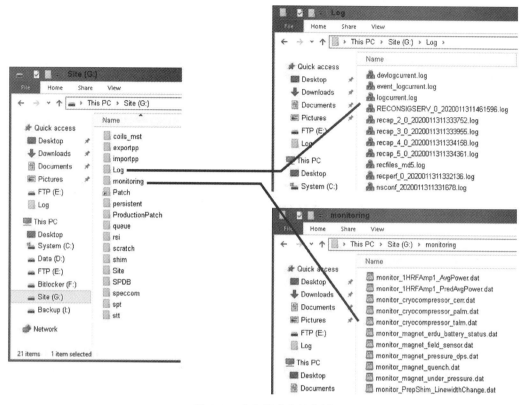

图 4-2　日志保存路径实例

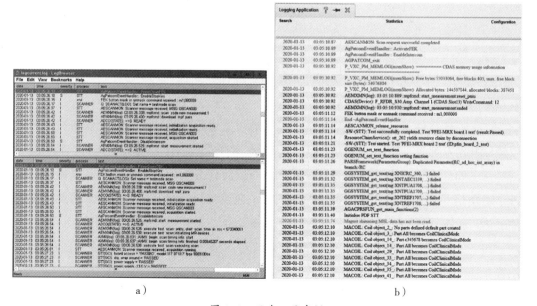

a )　　　　　　　　　　　　　　　　　　　　b )

图 4-3　日志工具实例

a ) LogBrowser　b ) Logging Application

## 四、软件常见故障的处理

### 1. 软件卡顿或系统死机

核磁共振系统主机除控制整个系统的运行之外，还需要提供图像数据的存储、传输、打印等功能，支持操作人员对图像进行高级后处理（包括再次重建），这些操作都会耗费大量的系统资源，在日常运行过程中难免会出现软件卡顿或者系统死机现象。

为了保证患者数据的安全，一般建议按照以下步骤来预防或者排除软件卡顿或者系统死机的问题。

（1）避免多个任务同时执行，比如一边扫描，一边传输图像，还一边做图像后处理。

（2）如果遇到轻微卡顿，可以等当前患者扫描完成，保存好患者数据后，对核磁共振系统主机进行重启。

（3）如果卡顿持续很长时间或者系统完全死机，建议先停止患者扫描，将患者转移出扫描间，再进行核磁共振系统主机强制重新启动。

（4）如果发生卡顿时屏幕有报错，记下报错信息和报错时间，以备万一重启无法解决时，为后续诊断提供更多的信息，帮助快速解决故障。

（5）建议定期对核磁共振系统主机进行重启，以避免因为核磁共振主机长时间运行引起卡顿或者死机。

（6）检查患者数据库的剩余空间，把患者数据存储至 PACS 等可靠终端后，删除数据库内的患者数据，释放空间。

（7）一般软件卡顿或者系统死机都可以通过重启解决，如果重启无法解决，可进行核磁共振系统主机的硬件自检，即进入 BIOS 对硬盘、内存、CPU 等进行自检。

（8）如果系统主机自检未能发现异常，可以对计算机的散热滤网或者风扇进行检查，特别是一些老旧或者环境不佳的计算机，在长时间持续大负荷运行后可能出现硬件过热，影响软件的正常运行。

（9）如果以上步骤都未能解决故障，建议对系统软件进行备份恢复或者重新安装、配置，详见后续技能要求部分。

一般软件卡顿或系统死机的原因来自核磁共振系统主机本身，但也不能完全排除系统其他硬件的原因，故如果在简单排查完计算机本身后，依然无法排除故障，建议进行其他模块的排查，首先可以尝试整个核磁共振系统的重启。

## 2. 应用程序无法使用

每一台核磁共振系统都有独立的使用协议（license），用来约定该系统所开放的功能。厂商会根据用户的需求，给用户建议，并最终生成一个协议文件，在核磁共振系统安装的过程中将此协议文件导入系统，应用软件在每次启动过程中根据协议文件的内容为用户加载对应的功能。图 4-4 所示为部分 license文件启用的应用项目。

通常用户协议分为永久性协议和临时性协议。永久性协议伴随整个系统的生命周期，长期有效，无须更新修改，通常是一些常规的扫描协议及后处理功能；临时性协议，一般是一些高级功能或者临时开放的科研协议，这一类协议

| Optionswitch | Expiration Date |
|---|---|
| Basic SW | 15-FEB-2020 |
| SMART-Scan spine | 15-FEB-2020 |
| MR-OR | 15-FEB-2020 |
| SMART-Scan brain | 15-FEB-2020 |
| SMART-Scan knee | 15-FEB-2020 |
| 2D-VCG | 15-FEB-2020 |
| 3D Spine VIEW | 15-FEB-2020 |
| 16 RF channels | 15-FEB-2020 |
| 2K imaging | 15-FEB-2020 |
| 3D MSK VIEW | 15-FEB-2020 |
| 3D Body VIEW | 15-FEB-2020 |
| Spectro 3D | 15-FEB-2020 |
| Advanced EPI | 15-FEB-2020 |
| GraSE | 15-FEB-2020 |
| 3D Brain VIEW | 15-FEB-2020 |
| Spectro SENSE | 15-FEB-2020 |
| High SENSE factors | 15-FEB-2020 |
| Kt-BLAST | 15-FEB-2020 |

图 4-4　license 文件启用的应用项目（部分）

有使用期限，到期后对应的功能会立刻失效。临时性协议一般为用户单独定制，比如需要为某一个课题进行一段时间的临床试验，或者厂商跟医院有合作课题或科研项目，在课题或科研项目存续期内开放对应功能。

license 引起的应用软件问题往往比较容易辨别，一般分为以下三种情况。

（1）当用户发现某个特定的功能无法使用，通常在新安装系统首次使用时就会被发现，需要联系厂商进行 license 核对，重新生成新的 license 并再次安装即可。

（2）在系统正常使用过程中有 license 相关的报错，这往往是因为某个临时性协议过期导致。

（3）使用协议与软件版本相关，主机经历过软件升级后，使用协议也需要升级，否则扫描软件无法使用，报错提示如图 4-5 所示，需要联系厂家重新生成新的 license 并再次安装。

## 3. 系统初始化报错

如之前介绍，核磁共振软件系统每次启动时会加载一系列基础进程，每一个进程都对应系统运行缺一不可的组成

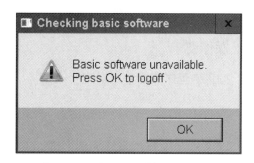

图 4-5　因使用协议引起的报错提示

部分。每一个进程的加载过程包含了软件进程启动和对应子系统硬件与通信的检测，所以遇到系统初始化报错，不要片面地认为只是软件问题，也需要从硬件角度去考虑，建议从以下几个方面来排查。

（1）确认初始化故障提示信息，从故障信息分析定位可能涉及的子系统。

（2）检查对应子系统硬件的运行状态，设备机柜一般配备状态指示灯，如果有异常显示，可以通过复位该子系统来尝试解决故障。

（3）子系统复位后，再重新启动整个系统，如果系统启动正常，则故障排除。

（4）对于患者数据库初始化故障，可以通过重新安装患者数据库来恢复，但是会丢失系统内所有患者数据，所以建议每次扫描完成后将患者数据备份至PACS，防止数据丢失。

（5）对于扫描卡片初始化故障，可以通过重新安装、导入扫描卡片来恢复。

（6）如果无法定位故障来自哪个子系统，则重启整个系统，来排除软件引起的初始化故障。

（7）如果软硬件复位都无法排除故障，需要使用日志查看工具，检查日志文件，并进一步分析、定位初始化故障原因。

（8）如必要，重新导入备份或者重新安装系统软件。

另外，核磁共振系统有每天定时系统自检的机制，有些时候自检失败也会导致系统初始化不成功，此时可以打开日志文件，查询自检失败的项目，再次执行该自检程序，然后再次启动系统即可正常运行。核磁共振系统也是一个医院网络中的一个节点，时刻跟医学影像信息系统（PACS）、放射科信息系统（radiography information system，RIS）、网络打印机之间保持着通信和数据交换，互相之间也会有影响，故可以通过网络隔离的方式来排除故障。

 **技能要求**

## 系统软件安装

**操作要求**

按正确程序完成主机系统软件安装。

**操作步骤**

以飞利浦 Multiva 系统为例，执行主机系统软件安装。

**步骤 1** 操作前务必确认原系统软件留有备份，患者图像数据已可靠存储。如果是系统第一次安装软件，则跳过此步骤。

**步骤2** 准备软件安装光盘或 U 盘，与用户协商确定常用用户的密码。

**步骤3** 检查计算机硬件型号，以及 BIOS 版本是否与软件版本兼容。如不兼容则需升级硬件或 BIOS 版本。

**步骤4** 插入软件安装光盘或 U 盘，重启主机，开机后选择从光盘或 U 盘启动，如图 4-6 所示。

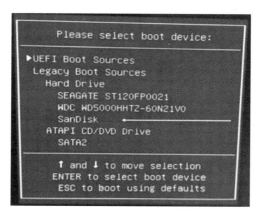

图 4-6　选择从 U 盘启动（箭头所指项目）

**步骤5** 等待软件安装窗口弹出，如图 4-7 所示，选择 "Start Installation"。

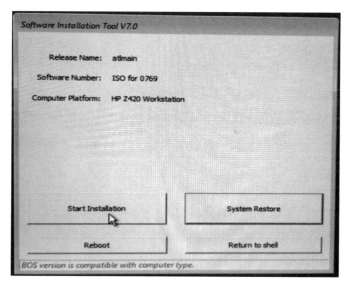

图 4-7　软件安装窗口

**步骤6** 软件自动安装，其间不需要干预，等待系统出现登录界面，如图 4-8 所示。

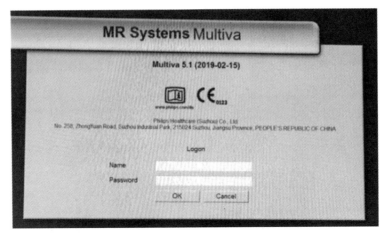

图 4-8　登录界面

**步骤 7**　登录维修用户 mrservice。

**步骤 8**　按用户意见，修改 mrservice 用户登录密码。

**步骤 9**　再次登录 mrservice 用户，系统软件安装完成。

注意：系统软件安装完毕后，系统恢复为出厂状态，后续需要按照实际情况完成配置信息输入才能正常使用。

# 系统软件配置

## 操作要求

1. 正确完成用户、硬件、网络、基础操作系统等配置。

2. 正确导入使用协议，确保应用程序正常运行。

3. 操作人员要对系统有深入了解，需要在专业技术人员指导下做细节配置。

## 操作步骤

以飞利浦 Multiva 系统为例，执行主机系统软件配置。

**步骤 1**　准备软件使用协议，向用户搜集系统和网络相关信息，用于后续 DICOM 设置，包括医院网络内的后处理工作站、PACS、RIS、打印机等。

**步骤 2**　登录维修用户 mrservice，从开始菜单进入 "Service Application"，如图 4-9 所示，箭头所指为目标程序。

**步骤 3**　检查系统时区和时间是否与当地一致，如果不一致应进行修改。修改路径如图 4-10 所示，"Configuration" → "System Configuration" → "Date & Time"，在时区和时间窗口做出修改。

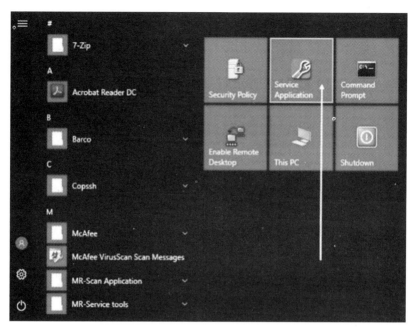

图 4-9　开始菜单

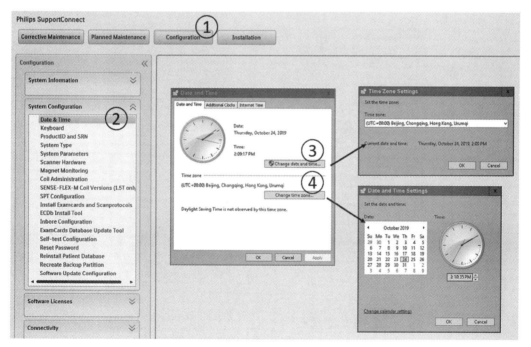

图 4-10　修改时区和时间

**步骤 4**　设置基础系统参数

（1）系统序列号。设置路径如图 4-11a 所示，"Configuration" → "System Configuration" → "ProductID and SRN"，按系统实际型号输入信息。

（2）系统类型。设置路径如图 4-11b 所示，"Configuration" → "System Configuration" → "System Type"，按系统真实情况输入信息。

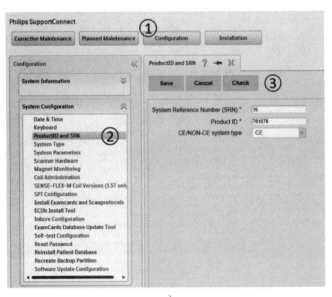

a）

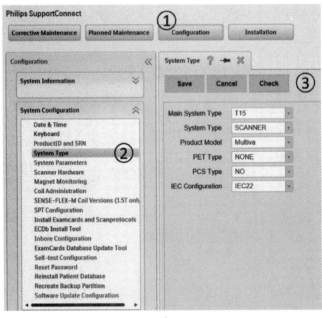

b）

图 4-11　设置系统序列号和类型

a）设置系统序列号　b）设置系统类型

（3）系统参数。设置路径如图 4-12 所示，"Configuration" → "System Configuration" → "System Parameters"，用于设置医院信息和图像查看相关参数，按用户使用习惯和当地实际情况输入信息。

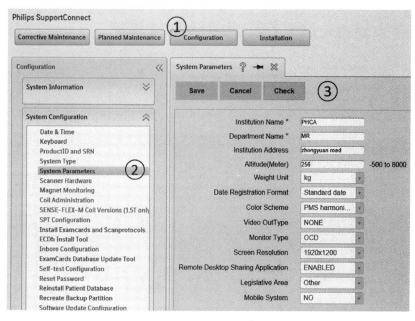

图 4-12　设置系统参数

**步骤 5**　安装使用协议

（1）将装有使用协议的 U 盘接入主机。

（2）在配置程序内按以下路径打开安装页面："Configuration" → "Software Licenses" → "Install License Keys"，如图 4-13 所示。

（3）单击 "Browse"，选择使用协议所在位置，加载使用协议。

（4）退出配置页面，重启主机。

图 4-13　安装使用协议界面

**步骤**6 配置系统主要硬件。按以下路径打开设置页面："Configuration" → "System Configuration" → "Scanner Hardware"，按系统真实配置信息选择各模块正确型号，如图4-14所示（由于篇幅关系未展示所有配置项目）。

图4-14 系统硬件配置界面（部分）

**步骤**7 配置系统线圈。按以下路径打开设置页面："Configuration" → "System Configuration" → "Coil Administration"，按真实线圈配置情况勾选相应线圈项目，如图4-15所示（由于篇幅关系未展示所有线圈项目）。

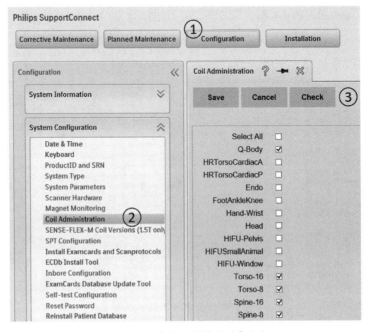

图4-15 线圈配置界面（部分）

**步骤 8**　激活设置，使已配置的信息生效。按以下路径进入激活程序："Configuration"→
"Activate Configuration"，单击"Next"，如图 4-16 所示。

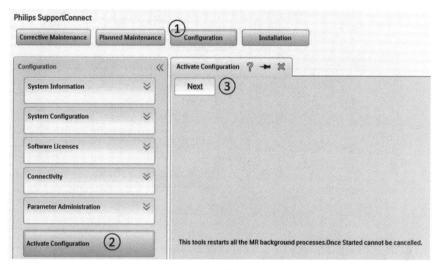

图 4-16　激活界面

**步骤 9**　安装扫描卡片和序列。按以下路径打开设置页面："Configuration"→
"System Configuration"→"Install Examcards and Scanprotocols"，程序自动运行，如
图 4-17 所示。

图 4-17　安装扫描卡片和序列界面

**步骤 10**　配置网络信息，输入信息需要由用户提供，应事先与相关人员沟通。

（1）更改计算机名。按图 4-18 中路径打开设置页面："Configuration"→"Connectivity"→
"Network"→"Computer Name"。输入计算机名。

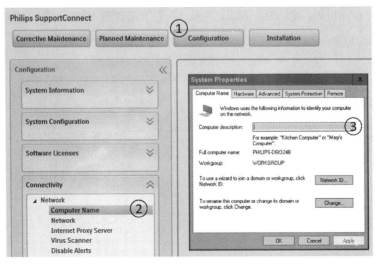

图 4-18　计算机名输入界面

（2）设置医院网络信息。按以下路径打开设置页面："Configuration"→"Connectivity"→"Network"→"Network"。注意若主机有多张网卡，应选择医院网络对应网卡，具体操作如图 4-19 所示。

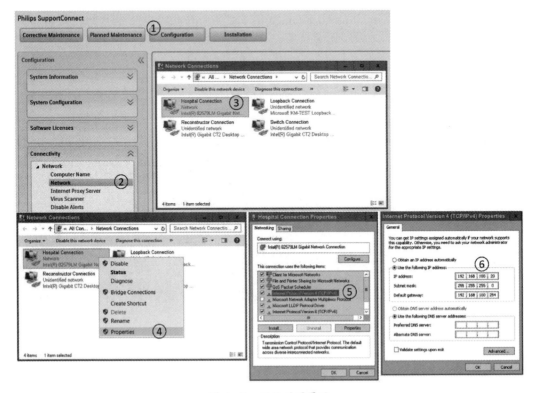

图 4-19　网络设置界面

**步骤 11**　配置 DICOM，输入信息由用户提供，应事先与相关人员沟通。

（1）添加本地 DICOM 信息。按以下路径打开设置页面："Configuration" →"Connectivity" → "DICOM" → "DICOM Configuration"，操作顺序如图 4-20 所示。

（2）添加网络 DICOM 节点。在 "DICOM Configuration" 界面内选择 "Add Device"，按节点具体信息进行选择和输入，如图 4-21 所示。

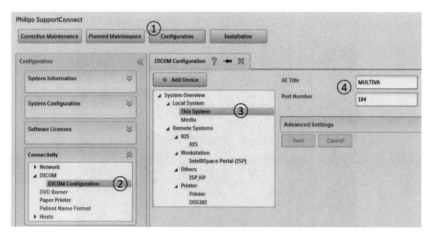

图 4-20　本地 DICOM 信息设置界面

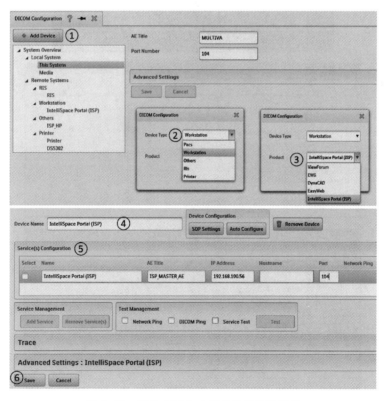

图 4-21　网络 DICOM 节点信息设置界面

**步骤 12** 激活，使已配置信息生效（与步骤 8 相同）。

**步骤 13** 用户相关设置，注意所做的修改需要与用户协商决定。

（1）密码策略与用户锁定策略设置。从开始菜单启动"Security Policy"（安全策略），分别选择"Password Policy"（密码策略）和"Account Lockout Policy"（用户锁定策略），结合用户需求和安全要求，设置合理策略，如图 4-22 所示。

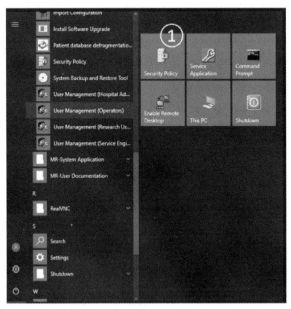

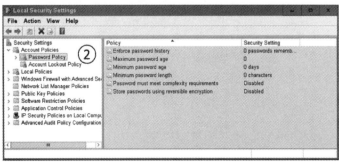

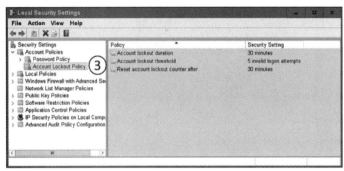

图 4-22 密码策略与用户锁定策略设置

（2）用户密码修改。以普通用户为例，按以下路径打开设置页面：开始菜单→"MR-Service tools"→"User Management（Operators）"，在弹出的窗口内输入新密码，如图 4-23 所示。

**步骤 14** 系统配置结束，整理工具，操作完成。

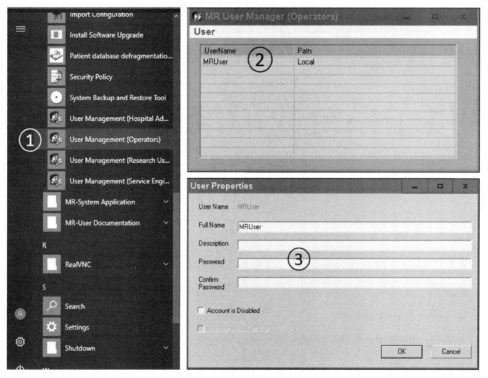

图 4-23　用户密码修改界面

# 梯度子系统故障维修

梯度子系统是整个核磁共振系统的重要组成部分，对核磁共振成像的空间定位具有关键作用。在梯度回波或某些快速成像扫描序列中，通过梯度子系统输出电流的变换，实现梯度场的快速翻转、切换等功能，对自由感应信号产生聚相（复相位）或散相（去相位）的作用，实现对核磁共振信号的编辑，使其携带并表现所需信息，产生可读出的核磁共振信号。

由于空间定位的需求，需要梯度子系统覆盖三维空间，所以梯度子系统具备三路输出，对应三个相互正交的方向，一般定义为 $x$、$y$、$z$ 三个轴。由于流经梯度子系统相应的电路或电缆都是大电流、高电压，因此在维修过程中必须做好适当的防护措施。

## 一、梯度子系统信号通路

### 1. 信号通路概况

图 4-24 描述了整个梯度子系统信号的产生及控制。

核磁共振系统操作人员从计算机端编辑输入的各项扫描参数，通过核磁共振系统内部网络，传送到信号控制和数据采集处理中心，有些厂商将执行这部分功能的硬件放在数据采集控制柜中。在数据采集控制柜内有一个专门实现信息转换的电路——单板机，其功能就是将从网络传送来的各项参数转换成核磁共振子系统硬件可以识别并可执行的各种指令，是系统的核心部件。

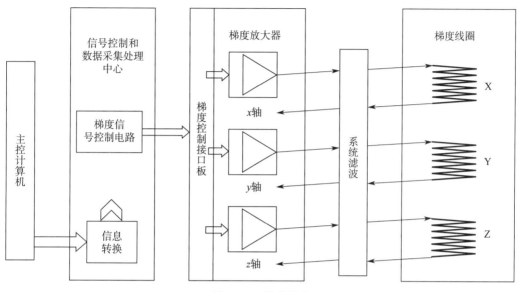

图 4-24　梯度链路

同处于数据采集控制柜中的梯度信号控制电路，也称为梯度波形发生器或梯度控制器。梯度信号控制电路收到扫描参数中包含有关梯度信息的指令后，就会产生相应的光信号，通过光纤传送给梯度放大器柜内的梯度控制接口板。梯度控制接口板具有数模转换器的功能，它将光信息中的梯度信号信息转换成小功率的模拟信号，分别提供给梯度放大器柜中的 x、y、z 轴模拟放大电路对信号进行放大。经放大后的大功率、高电压、大电流梯度信号通过专用的梯度电缆输送到位于系统滤波板的低通过滤器，然后再通过专用电缆分别将梯度信号传送到安装在磁体内径中的 X、Y、Z 梯度线圈，产生的梯度磁场与主磁场叠加后，改变了相应方向的磁场强度，配合核磁共振其他各子系统完成扫描任务。

## 2. 信号通路检查

梯度链路除了梯度放大器和梯度线圈，还有控制电路。各模块之间利用各类线缆连接，系统可以通过相应检查判断各接口板的状态，测试范围从主机到梯度控制接口板。信号通路检查主要检查板卡与主机、谱仪的信号通路是否通畅，板卡是否能被访问到，板卡的软件版本、供电等是否正常。该检查可确认梯度链路前端板卡的基本功能，但不能保证在线圈端产生的梯度磁场是否准确，所以后续还需进行一系列校准。

# 二、梯度子系统校准

## 1. 梯度匀场

在安装核磁共振系统的过程中，经过励磁操作，磁体线圈施加电流后产生主磁场，由于受到磁体制造过程中的工艺精度或磁体周边的工作环境等各种因素的影响，这个磁场是不均匀的，无法满足临床影像需求，必须对其进行适当的调整，才能得到均匀的磁场，通常把这个调整过程定义为零阶匀场。一般零阶匀场与梯度子系统无关，而是使用金属在局部改变磁场分布。经过零阶匀场调整后，磁场的均匀性也仅达到一个比较低的水平，在均匀空间内不同位置的磁场强度存在一定的差异。

核磁共振系统在实际扫描过程中，被扫描对象不同、负载不同，会加剧场强差异，磁场无法保持一定范围内的均匀，导致图像模糊或无法进行成像。为使在不同负载的情况下磁场仍然保持均匀，核磁共振系统在扫描前自动进行梯度场强调整，进而使主磁场与梯度磁场叠加后的磁场保持均匀，这个过程定义为一阶匀场。

一阶匀场利用的原理如下：核磁共振系统进行扫描时，对扫描物体施加射频能量，当射频停止后，产生自由感应衰减（FID）信号，由于磁场不均匀，FID 信号就衰减得很快，如图 4-25a 所示。如果是理想的均匀磁场，那么 FID 信号的衰减基本上与扫描物体相应的 $T_2$ 曲线接近，如图 4-25b 所示。

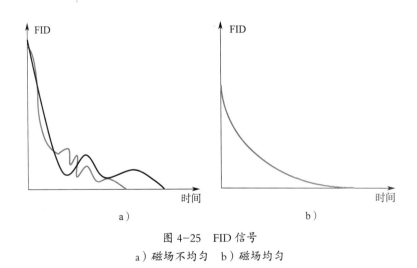

图 4-25　FID 信号

a）磁场不均匀　b）磁场均匀

一阶匀场实际上分为两个步骤完成。

（1）在核磁共振系统安装阶段进行系统性能配置与测试时，必须完成梯度磁场的一阶匀场。图 4-26 所示为一阶匀场调试示意图，在扫描中心放置特定的 3 L 水模，然后在调试项目中选择并运行 FID SHIM 进行梯度磁场的匀场。核磁共振系统接收到 FID 信号并进行采样比较，根据 $x$、$y$、$z$ 梯度轴对三个方向的磁场均匀性的影响状况，计算出需要在相应的三轴上预先施加的直流数值，再进行扫描采样，通过迭代计算，最后得到最理想的 FID 信号曲线所对应的 $x$、$y$、$z$ 三轴预加值，这些数据将存储在系统扫描数据库中，作为核磁共振系统扫描的梯度预设值。

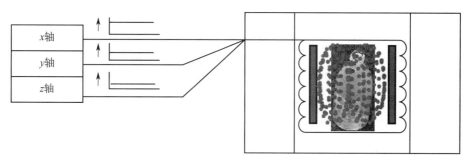

图 4-26　梯度一阶匀场调试示意图

（2）在日常扫描过程中，由于不同受检者体重、高度、体质（组织磁敏感特性）等因素的影响，磁场均匀性会受到一定的破坏，对图像质量产生影响。各个厂商的核磁共振系统针对不同的受检者，在实际扫描过程中进行实时的第二次一阶匀场，原理与第一次一阶匀场类似，不同之处在于，第二次对应的 $x$、$y$、$z$ 三轴直流预加值随着扫描的结束而丢弃，下次扫描重新计算匀场数据。

图 4-27 所示为某核磁共振系统第二次一阶匀场的设置界面。一般情况下，第二次一阶匀场可以选择不同的方式进行，一旦选定匀场方式之后，系统将会自动完成，最终使扫描区域内的磁场均匀性达到临床成像需求。

| Summary | Physiology | Geometry | **Contrast** | Motion |
|---|---|---|---|---|
| Flip angle (deg) | | 90 | | |
| Refocusing control | | constant | | |
| angle (deg) | | 120 | | |
| TR | | shortest | | |
| Halfscan | | yes | | |
| factor | | 0.655 | | |
| Water-fat shift | | maximum | | |
| Shim | | default | | |
| ShimAlign | | default | | |
| mDIXON | | auto | | |
| | | volume | | |
| Fat suppression | | SPAIR | | |
| power | | 1 | | |

图 4-27　两次一阶匀场设置界面

对于 1.5 T 场强的核磁共振系统，经过零阶匀场及两次的一阶匀场后，磁场的均匀性已经能够达到临床影像需求的标准。但对于 3.0 T 场强的核磁共振系统，某些扫描序列对磁场的均匀性要求更高，为达到要求，3.0 T 核磁共振系统都要进行更高阶次的匀场步骤，成像系统一般使用二阶匀场。要实现二阶匀场，硬件上需配置独立的直流电源，以及 $X^2$–$Y^2$、$Z^2$、XY、XZ、YZ 五组独立的二阶匀场线圈，这五组线圈一般镶嵌在梯度线圈组件中，如图 4-28 所示。

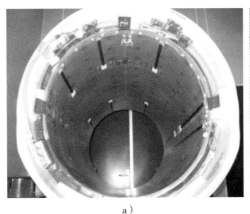 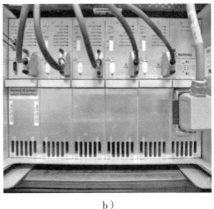

a）                    b）

图 4-28　梯度线圈组件

a）线圈接口　b）后端电源

## 2. 涡流补偿

梯度线圈是由铜质材料按一定结构绕制组成的。当它流经电流时，既表现出电阻特性，也表现出电感特性。梯度线圈等效电路如图 4-29 所示。

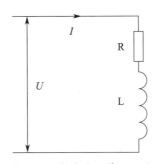

图 4-29　梯度线圈等效电路

当电流流经电阻与电感时，两端所测的电压 $U$ 由两部分组成，分别为电感电压与电阻电压，其数值为：

$$U = -L\left(\frac{\mathrm{d}I}{\mathrm{d}t}\right) + (I \cdot R)$$

从上式可以得到一个结论，最终所测到的电压是非线性变化的，如果要想得到理想的电压或电流，就必须进行额外补偿，该过程一般称为涡流补偿，也可称为电流补偿技术、预加重技术。涡流补偿过程涉及的各类信号如图 4-30 所示。

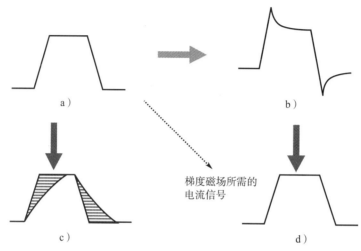

图 4-30　涡流补偿信号

a）梯度放大器输出的电流信号　b）预加涡流补偿后梯度放大器输出的电流信号

c）由于梯度场的涡流效应，实际获得的电流信号　d）预加涡流补偿后实际获得的电流信号

涡流补偿的目的是在梯度线圈获得图 4-30d 所示的电流信号，以满足序列要求。如果梯度放大器输出图 4-30a 的电流信号，由于梯度线圈具有的电阻及电感特性，梯度线圈实际上获得图 4-30c 的实际电流信号，电流信号发生变形，爬升时间显著提高，不符合序列设计，造成图像质量下降，需要对其做修正。

图 4-30b 为考虑到线圈电阻、电感特性，预加适当的涡流补偿后梯度放大器实际输出的电流信号，流经梯度线圈后，将获得图 4-30d 所示的实际电流信号。梯度放大器实际输出从图 4-30a 变化为图 4-30b 的电流信号，就是梯度涡流补偿的过程。

实际涡流补偿操作中，通过采集水模的回波信号来反馈梯度磁场的情况，由于电流信号变形（见图 4-30c），导致生成的梯度磁场也拖延变形，进而影响扫描序列中散相（去相位）、聚相（复相位）梯度脉冲的抵消效果，最终引起回波出现的时间点发生漂移，信号的漂移与差异也反映了涡流补偿的效果。所以系统不断采集回波信号，反馈给梯度子系统不断调整补偿程度，反复迭代最终确定最佳的梯度补偿值。

### 3. 增益补偿

增益补偿分为两个阶段，针对的对象不同，原理和方法也有区别。

（1）基于电流的增益补偿。梯度放大器的主要功能是将由梯度控制接口板输出的小功率模拟信号经过梯度放大器的放大电路后输出高电压、大电流的大功率模拟信号，其信号走向如图 4-31 所示。为检测经过放大后的信号是否达到要求，在梯度放大器的各个输出端设置了电流传感器。当放大器的输出信号流经传感器时，产生感生信号并输送回梯度控制接口板的比较电路进行比较，基于反馈的输出信号，进而调整梯度放大电路的输入端信号，直至梯度放大器的输出信号达到正常范围，这个过程就是梯度放大器的增益补偿。图 4-32 所示为电流传感器。

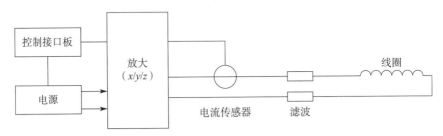

图 4-31　梯度信号走向图

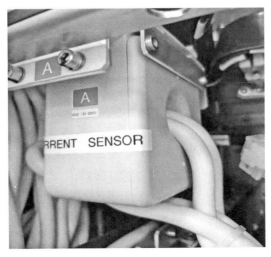

图 4-32　电流传感器

值得注意的是，电流传感器反馈的对象是输出电流，但梯度的作用是形成需要的磁场，电流并非最终的表现形式，所做的调整精确度不高，所以借助电流对增益的调整属于粗调，后续还需细调。

（2）基于图像的增益补偿。增益的细调处于梯度调整的末期阶段，需要利用特定水模层位成像。水模结构如图 4-33 所示。该层面信号点分布均匀，间距均为 25 mm，其图像如图 4-34 所示。理想情况下图像中信号点的间距也应该相等，但梯度输出的增益差异导致梯度磁场的实际强度与系统设定存在差异，导致空间定位的误差，最终图像呈现不同程度的变形，信号点的间距也随之出现差异，不再相等。

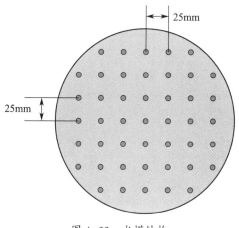

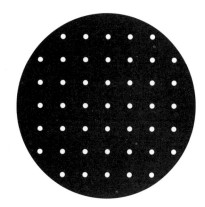

图 4-33  水模结构                    图 4-34  水模图像

某一层面的图像编码至少需要使用两个方向的梯度分别进行相位、频率编码。进行增益补偿时首先施加梯度脉冲，完成序列所需的编码，同时射频系统配合工作，接收信号并重建后得到图像。系统会计算图像每个信号点的间距，并将结果反馈给梯度，调整下一次扫描的梯度输出，循环迭代直至图像上两个方向的信号点间距均与实际水模的信号间距一致。经过调整，梯度的输出误差被控制在合理范围，保证图像不会变形。

由于梯度共有三个方向，但上述的调节过程只对两个方向的梯度做出调整，所以调试过程中需要将水模变换一个方向放置，选层方向、相位和频率编码梯度的方向也随之改变。两个方向的扫描成像，用于校准三个方向梯度，例如分别从横断位、冠状位两个方向扫描，用于完成增益补偿。

# 三、梯度故障常见诊断方法

## 1. 过温保护

梯度线圈流经的电流都非常大，某些情况下甚至达到 1 700 A。从热量公式 $Q=Pt=I^2Rt$ 中可以看到，核磁共振系统的扫描时间 $t$ 与热量 $Q$ 成正比关系，而核磁共振与其他影像设备相比，虽然线圈的内阻非常小（通常在 100 m$\Omega$ 以下），但扫描时间比较长，在扫描过程中梯度线圈仍会产生大量的热量，如果没有及时对其制冷，将会导致梯度线圈严重烧毁。目前对梯度线圈大部分都是采用液体制冷，这种制冷方式可以更加高效地将线圈产生的热量转移到制冷设备。

为确保梯度线圈不会过热，在梯度线圈的外侧或内侧还安装有温控感应器，如图 4-35 所示。

205

温控感应器

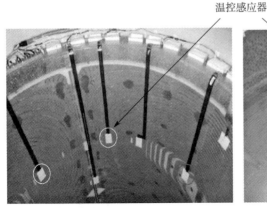

图 4-35　梯度线圈温控感应器

温控感应器的信号链路如图 4-36 所示，梯度线圈的温控感应器由多个感应器串联在一起，只要梯度线圈任一局部的温度过高，对应的温控感应器就会由于受热膨胀而断开连接进而使整个回路开路，梯度放大器随即停止工作而切断输出电流，避免梯度线圈过热而损坏。

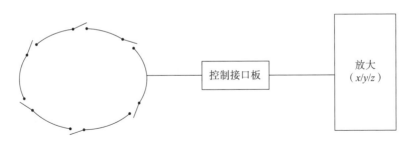

图 4-36　温控链路

## 2. 三轴互换

梯度放大器的 $x$、$y$、$z$ 三轴放大电路结构是完全一样的，三轴间的硬件也是一致的。当维修时，需要诊断其中的一些硬件是否有故障，可以交换三轴的某一部件，缩小故障范围。图 4-37 所示为三轴互换示意图。

图 4-37a 为正常接线链路，当故障发生时，例如扫描时系统报 $x$ 方向梯度故障，可以将梯度放大器 $x$ 轴的输出接入到 Y 线圈，将梯度放大器 $y$ 轴的输出接入到 X 线圈，再次尝试扫描或测试，并观察系统的故障是否转移，如果依然报 $x$ 轴故障，那么重点怀疑 $x$ 轴的梯度放大器或是前端接口板；如果报 $y$ 轴故障，则重点怀疑 $x$ 轴线缆、线圈等后端方向部件。

图 4-37b 中的编号 1 和 2 是建议的交换接口，可以进一步诊断是否是线缆引发故障。

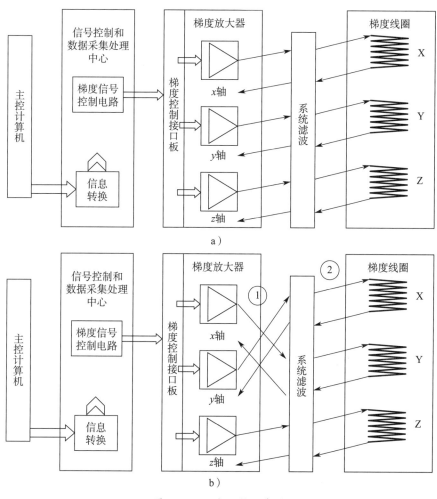

图 4-37　三轴互换示意图
a）正常梯度链路　b）放大器模块 XY 互换负载链路

与其他子系统相比，梯度子系统的故障诊断较为方便，设备本身就提供了可更换替代的部件。值得注意的是，维修期间特别是拆换部件时，一定要提前测量线路电压，给梯度子系统足够的放电时间，保障人身安全。

##  技能要求

### 涡流补偿

**操作要求**

1. 按系统提示完成校准流程，正确摆放水模。

2. 进入强磁场区域遵守安全作业规程。

## 操作步骤

以飞利浦 Multiva 系统为例，执行梯度涡流补偿。

**步骤1** 登录维修用户 mrservice，从开始菜单进入"Service Application"。

**步骤2** 按以下路径打开中心频率校准页面："Installation"→"System Level Procedures"→"MR Eddy current & osc cal.（std）"，如图 4-38 所示。

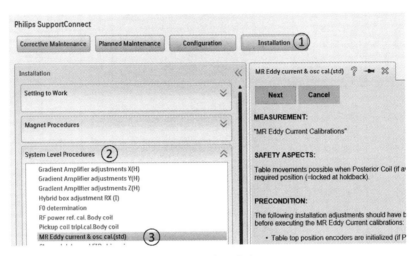

图 4-38 校准程序路径

**步骤3** 详细阅读页面内安全注意事项，检查前提条件是否满足。

**步骤4** 按流程提示，放置水模并送至磁体中心，如图 4-39 所示。完成后关闭磁体间房门，回到操作间。

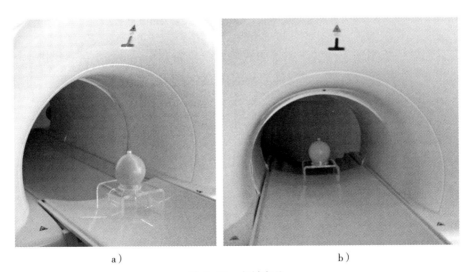

a)            b)

图 4-39 水模定位
a) 放置水模 b) 送至磁体中心

**步骤 5** 单击图 4-38 中的 "Next"，系统首先检查水模位置是否准确，如果需要可按提示移动水模位置。

**步骤 6** 系统自动执行涡流补偿，如图 4-40 所示。其间不需人为干预，等待校准完成。

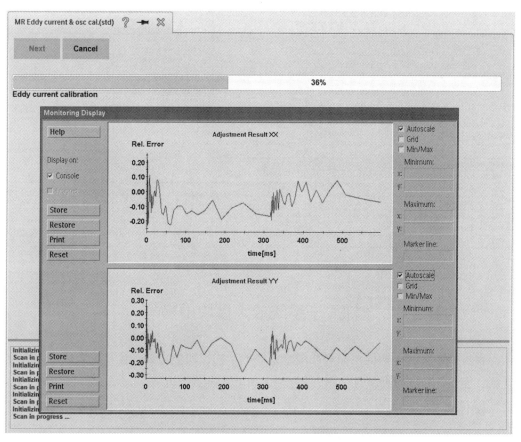

图 4-40 涡流补偿过程

**步骤 7** 校准完成后系统给出结果，如图 4-41 所示。

**步骤 8** 如果校准失败，可以从以下几点判断故障点。

（1）根据结果锁定相关梯度方向，可利用三轴互换判断具体位置。

（2）射频链路故障，包括射频发射或接收通路，详见下一学习单元。

（3）环境干扰，例如照明灯或其他外围设备存在干扰信号，可通过将其关闭或移除来判断。

| MR Eddy current & osc cal.(std) | ? → ✕ | | |
|---|---|---|---|
| **Save** | | | |
| **Result: Passed** | | | |
| Parameter Name | ActualValue | NominalValue | SpecValue |
| MEC: Result X-X | Passed | | Passed |
| MEC: Result Y-Y | Passed | | Passed |
| MEC: Result Z-Z | Passed | | Passed |
| MEC: Result Y-X | Passed | | Passed |
| MEC: Result Y-B0 | Passed | | Passed |
| MEC: Result Z-X | Passed | | Passed |
| MEC: Result Z-Y | Passed | | Passed |
| MEC: Result Z-B0 | Passed | | Passed |
| MEC: Result X-Y | Passed | | Passed |
| MEC: Result X-Z | Passed | | Passed |
| MEC: Result X-B0 | Passed | | Passed |
| MEC: Result Y-Z | Passed | | Passed |
| MEC: Phantom pos[mm] 1 | 0.8 | | |
| MEC: Phantom pos[mm] 2 | 2.3 | | |
| MEC: Phantom pos[mm] 3 | 0.0 | | |
| MEC: F0 [Hz] | 63893664.0 | | |
| MEC: Lin. Shim[mT/m] 1 | -0.0110 | | |
| MEC: Lin. Shim[mT/m] 2 | -0.0068 | | |
| MEC: Lin. Shim[mT/m] 3 | 0.0155 | | |
| MEC: exp. filter set. X-X 1 | 27.512267 | | |

图 4-41　梯度补偿结果报告（部分）

# 梯度子系统放大模块更换

梯度子系统除了梯度线圈和线缆，主要的结构模块集中在梯度放大器内，为方便更换，模块化程度很高，且 $x$、$y$、$z$ 三轴之间可互换。

**操作要求**

1. 按要求合理使用工具，接线符合力矩要求，遵守电气安全作业规程。

2. 按正确顺序拆装相应模块。

**操作步骤**

以飞利浦 Multiva 系统为例，更换梯度子系统的放大模块。

**步骤 1**　准备好旋具、力矩扳手等工具，如图 4-42 所示。

**步骤 2**　确认系统没有处于扫描或测试校准状态，在配电柜处关闭梯度放大器对应的开关，建议同时关闭梯度放大器自带开关，梯度放大器自带开关位置如图 4-43 所示，关闭开关后等待 10 min 再执行下一步骤。

**步骤 3**　测量 X、Y、Z 三路的输出电压，等待电压降至 10 V 以下才可执行后续拆解。

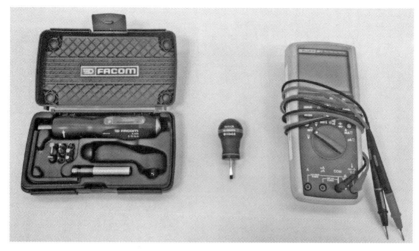

图 4-42　所需工具

**步骤 4**　拆除梯度放大柜表面的螺钉，移除内外柜门。螺钉位置如图 4-43 所示。

**步骤 5**　在水冷柜电控箱（见图 4-44）内关闭梯度放大器的水冷电路，水冷电路开关位置如图 4-45 所示，相应水泵停止工作。

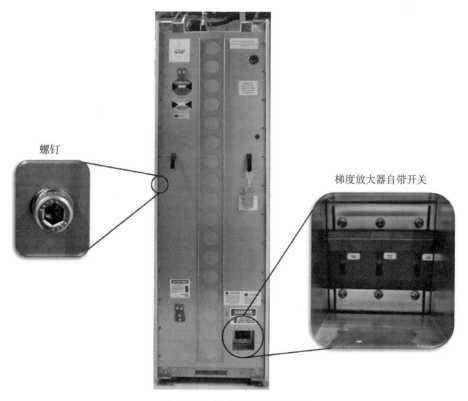

螺钉

梯度放大器自带开关

图 4-43　梯度放大器外观图

图 4-44　水冷柜电控箱

图 4-45　梯度放大器水冷电路开关

**步骤 6**　锁定要更换的放大模块，断开与之连接的水管，按下按钮，拔掉所需更换的放大模块的两路水管（输入和输出），如图 4-46 所示。

图 4-46　移除水管

**步骤 7**　拆除各类接线（见图 4-47）

（1）移除熔丝两端螺钉，拆下熔丝。

（2）移除接线螺钉，以断开其他接线。

（3）旋开右侧接口板的固定螺钉，拉开放大模块上下与机架固定的杠杆。

**步骤 8**　拉住把手向外缓慢拉动放大模块，把手位置如图 4-48 所示箭头位置。移出一部分，拔下接口板，如图 4-49 所示。随后继续把放大模块拉出，直至完全脱离机架。

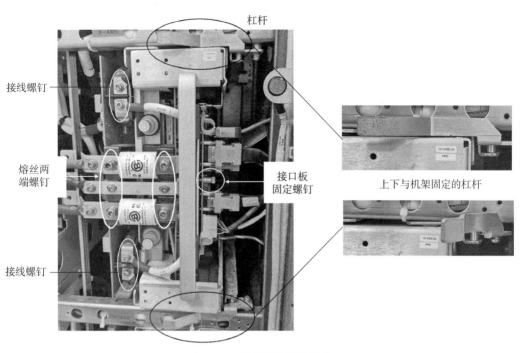

图 4-47　拆除螺钉所在位置

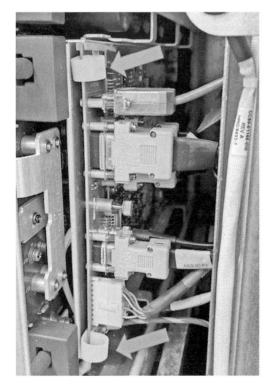

图 4-48　把手位置

图 4-49　拔下接口板

**步骤 9** 将旧放大模块妥善包装，方便后续运输；将新模块取出备用。

**步骤 10** 将新模块沿导轨推入机架，注意不要刮到旁边的接口板。

**步骤 11** 将接口板接入，随后继续向内推动放大模块。放大模块到位后，扣上杠杆，与机架固定。

**步骤 12** 固定接口板的螺钉，接入水管，连接螺钉和熔丝。各类螺钉的力矩要求如图 4-50 所示。

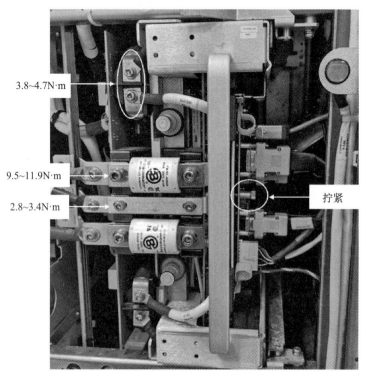

图 4-50 螺钉力矩要求

**步骤 13** 开启梯度放大器水冷电路，观察水压是否正常。

**步骤 14** 安装梯度放大器柜门，开启梯度放大器电源。

**步骤 15** 执行相关梯度调试程序。

**步骤 16** 检查扫描图像是否正常。

学习单元 ③

# 射频子系统故障维修

　　线圈是日常操作中最常见的射频相关器件，它构成射频链路的最后一环，但在线圈之前还有一系列部件，它们共同构成了射频子系统。射频子系统涉及的结构部件是整个核磁共振系统中最多的，了解射频结构对理解核磁共振系统运行很有帮助。由于射频子系统较为复杂，可能出故障的环节多，所以在故障排除和维修时往往难度较大。

　　从扫描流程区分，可以把射频子系统分为发射链路和接收链路。两个链路有部分器件重合，扫描期间发射与接收不断切换，分别完成射频能量发射和核磁共振信号接收的任务。任务不同对两个链路的要求也不同，发射链路要求对射频信号有效放大，并准确控制发射能量，将能量尽可能通过线圈发射到扫描空间，控制反射能量；接收链路要求对核磁共振信号尽可能有效接收，灵敏度高，信号传输高效，损耗小，抽样准确分辨率高。从维修角度，两者各有独特的校准与测试方法。

## 一、发射链路校准与测试

　　对发射链路进行校准和测试主要有两个目的：一是使射频脉冲保真，放大器的放大增益稳定、准确，射频脉冲经历放大后频率、波形尽量保持不变；二是使射频脉冲的功率满足扫描需要，在不同负载的条件下，都能实现序列设计的翻转效果。

### 1. 发射链路的构成和工作原理

以飞利浦 Achieva 1.5T 系统为例，其发射链路结构如图 4-51 所示。用户在主机端启动一个序列的扫描，扫描命令经由网络传输到谱仪的控制机。控制机一般为一台计算机或单板机，收到扫描命令后将扫描任务分解，其中对射频的要求（包括波形、时序、频率、幅度等）会发送至射频源。射频源也称为频率源或射频脉冲发生器，可产生满足序列要求的特定射频脉冲，但功率小，无法达到激发人体的要求，所以需要功率放大器进行功率放大。经过射频功率放大器放大后，射频脉冲的其他特性不变，功率大大提高，从毫瓦级变为千瓦级。该高功率射频脉冲经由同轴电缆经过系统滤波板传输至磁体间，首先来到发射开关，进行发射线圈的选择，发射开关输出端有两路，一般情况下使用体线圈作为发射线圈，所以射频发射信号从体线圈对应的接口输出，但如果系统配置了其他具有发射功能的局部线圈（一般是头线圈），那么可以选择这一局部线圈做发射线圈，射频脉冲从局部线圈对应的接口输出。由于配备局部发射线圈的比例很小，这里不展开介绍。

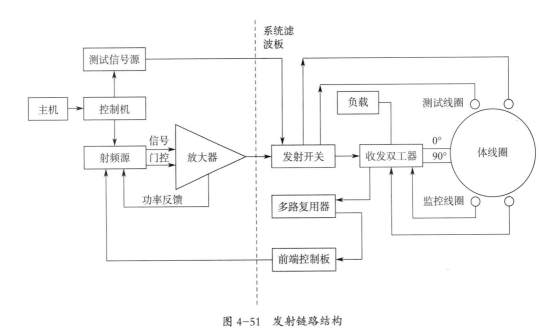

图 4-51　发射链路结构

经过发射开关射频脉冲来到收发双工器，收发双工器也称为射频开关，可以切换体线圈的工作模式（发射和接收），发射时切换为发射模式，为射频脉冲提供到达体线圈的通路。除了通路，该部件还具有移相器和功分器的功能，将射频信号一分为二，两路幅值相等，相位差距 90°。两路射频信号从相互正交的角度激励，可以合成一个分布更均匀的射频磁场。体线圈像一个发射天线，向其内部空间发射射频磁场，激发人体或水模，产生核磁共振信号。

## 2. 发射链路的辅助链路

出于优化射频能量、保护受检者和设备的考虑，发射链路还设置了一系列辅助链路。

（1）负载。体线圈和受检者作为发射链路的负载，消耗射频能量，但如果有能量未被吸收，这部分能量会经由原路返回。为了避免发射能量损坏前段设备，给收发双工器连接一个大功率电阻，消耗、降低反射能量。

（2）功率反馈。放大器的输出功率称为发射功率，链路后端的反射功率也经由同一线路返回到放大器。放大器实时监控发射功率和反射功率，并反馈给射频源。当检测到功率过高或过低，射频源会立即拉高门控电平，停止射频信号发射。该反馈装置可保护受检者免于遭受过强射频功率辐射，保障人身安全。

（3）监控线圈。射频脉冲被体线圈辐射到空间内，为监控实际产生的射频磁场是否安全和满足扫描需要，在体线圈所在的空间内设置两个小型接收线圈接收射频磁场。两路接收信号在收发双工器中合二为一，和信号一样送至多路复用器。在多路复用器内存在一个比较电路，将接收的信号与阈值做比较。如果信号低于阈值，则一切正常运行；如果信号高于阈值，比较电路会产生一个保险联锁信号，传送至前端控制板，前端控制板再将该联锁信号传送至射频源，射频源随后拉高门控电平，停止发射射频脉冲给放大器，发射流程被立即中断。发射环节关系高功率射频，具有一定风险，监控机制能有效保护系统器件。

（4）测试线圈。在正式序列扫描发射射频脉冲前，首先对链路进行检查，方法是在体线圈空间范围内设置一对测试线圈。这对测试线圈会发射一定带宽的变频信号，体线圈接收信号，由此得到线圈的响应，得知线圈谐振特性，计算出体线圈的中心频率、品质因数等主要参数。测试使用的变频信号由测试信号源发出，在发射开关处一分为二，两路信号分别供给到测试线圈对。

## 3. 功率校准

在系统安装期间，或者发射链路有器件更换后，需要对射频子系统做功率校准。从原理分析，射频发射链路对图像采集的主要贡献是提供序列设计需要的射频脉冲，射频脉冲的作用表现为对磁化矢量的翻转，所以会有 90° 脉冲、180° 脉冲等说法。实际扫描时由于每次扫描的对象不同（从射频技术角度称为负载不同），例如小水模 + 体线圈与受检者 + 体线圈两种情况，要达到同等 90° 翻转，所需的射频功率是不同的，扫描不同的对象，即使同是受检者，也有体型差异，所以每次正式扫描前，都会对新负载做功率微调。如果不调整或者调整不正确，会导致射频脉冲无法达到所需翻转角，影响图像质量。

射频子系统的功率调整靠调整射频源来实现。射频源内设置一系列衰减器，用来控制调整射频脉冲的发射功率。功率校准就是建立一个联系，射频源输出信号的幅度，代表着发射链路会发射对应的射频功率。为方便描述，用驱动值（drive scale，DS）来衡量射频源的输出信号幅度。

功率校准不是一蹴而就的，而是分为如下四个步骤，逐步对射频输出做修正。

（1）空载功率校准。该校准需要保持体线圈空载，因为空载体线圈无法消耗过多的射频能量，所以本步骤最高发射功率锁定在 5 kW。测试时射频源发射固定功率的射频信号，利用前面介绍的功率反馈机制，放大器监控发射功率，反馈给射频源，体线圈仅作为负载使用。校准时射频源发射信号幅值（$DS$）逐渐增大，当发射功率达到 5 kW 时停止射频发射，此时系统记录下 5 kW 时对应的 $DS$，为方便后续讨论称其为 $DS_1$。

（2）标准水模所需功率校准。本步骤负载变为标准水模，功率校准链路如图 4-52 所示。

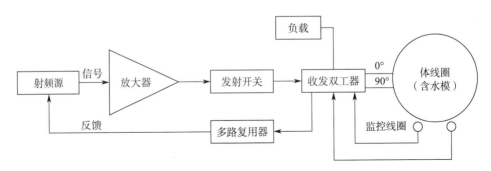

图 4-52　标准水模功率校准链路

与第一步不同的是，本步采用监控线圈反馈射频场，射频源发射的同时，体线圈内的监控线圈采集射频场，并通过多路复用器，最终将结果反馈至射频源。校准开始时采用 $DS_1$ 作为射频源输出的变化起始点，逐渐增加，同时监控体线圈内射频场的增加情况。当达到目标射频场强度时，系统记录下对应的 $DS$，称为 $DS_2$，因为负载增加，所以 $DS_2$ 大于 $DS_1$。

使用标准水模得到的 $DS_2$，更趋近于实际扫描情况，可作为实际扫描功率校准的起始参考点。前两步校准在系统装机时、射频子系统有器件更换后，必须要完成，并且要按顺序完成，因为第一步的结果是第二步的起始点，直接影响后续校准。前两步的校准结果会作为系统参数保存。

（3）实际扫描达到目标射频磁场时所需功率校准。第三步和第四步是针对每个受检者的个体差异设置的，在每个受检者正式扫描启动前，系统会自动完成这两步射频校准。第三步所用链路与第二步相同，校准方法也一样，利用监控线圈反馈射频场强度，校准开始时采用 $DS_2$ 作为射频源输出的起始点，当达到目标射频场强度时，系统记录下对应的 $DS$，称为 $DS_3$。这一步与第二步相比，区别在于负载不同（第二步为水模而第三步为人体），是基于实际扫描的情况作射频校准。

（4）实际扫描达到目标翻转角时所需功率校准。最后一步是在 $DS_3$ 的基础上，最终确定 90° 脉冲所需的射频输出。测试方法与实际扫描类似，射频发射固定序列，同时梯度配合，随后接收核磁共振信号，第一次序列脉冲采用 $DS_3$ 作为射频源输出，利用接收的核磁共振信号强度计算实际射频脉冲翻转角，根据结果对射频源输出再做修正，再发射序列，接收核磁共振信号并计算翻转角，循环往复，直至翻转角达到 90°，系统记录下对应的 $DS$，称为 $DS_4$。第四步校准不仅用到射频激发链路，还涉及信号接收、梯度系统输出，可以说是一次小型的正式扫描。

与前两步的统一化、标准化相比，后两步针对的是每个受检者的个体差异做细节调整。前两步要求必须完成，后两步可以不做，如果跳过后两步直接扫描，系统不会阻止，但图像质量会受影响。

## 4. 驻波比测试

（1）定义。驻波比（voltage standing wave ratio，VSWR）是信息传输中的一个通用概念，它的定义为：

$$VSWR = \frac{V_F + V_R}{V_F - V_R}$$

其中 $V_F$ 是信号源向负载方向入射信号的幅值，$V_R$ 是负载向信号源反射的信号幅值。如果负载与信号源实现阻抗匹配，理论上 $V_R$ 为零，$VSWR=1$。驻波比用来衡量射频链路阻抗是否匹配，它的值越大，意味着反射能量越高，射频链路的匹配度越低，不利于射频发射。

（2）测试过程。首先保持发射链路完整，各部件处于上电工作状态。测试时射频源发射固定功率的射频信号，利用前面介绍的功率反馈机制，放大器监控发射、反射功率，结果反馈给射频源，由此得到驻波比。为确保结果可信，测试会执行 3 次以上。第一次测试结果用于验证反馈电路是否正常。正常情况下驻波比应为正数，如果发现其值为负数，可能有两个原因：入射、反射两路反馈信号的线路接错或断路；射频源异常。第二次测试前将反射功率反馈线断开，其驻波比应该比第一次要小，以此确认驻波比测试链路的功能正常。第三次将系统复原再做测试，1.5T 系统驻波比不应大于 1.5。

（3）故障诊断。图 4-53a 所示为驻波比完整测试链路。如果发现测试结果超过正常范围，说明发射链路有模块损坏，或线路存在接触不良。链路上的任一连接都会影响整体链路的反射功率，因此排查时可以利用 1.5T 系统自身配备的高功率负载作为标准负载进行排查。射频链路的特征阻抗设计为 50 Ω，负载也是 50 Ω，将其从原有链路上断开。原有发射链路也可以在以下三个位置点断开：一是发射开关与收发双工器之间；二是发射开关与系统滤波板之间；三是放大器输出端，如图 4-53b 所示。将 50 Ω 负载接入断点，短接后续链路，缩短测试范围。每次短接后重新测试驻波比，用于排查是哪一段连接导致反射功率增加。

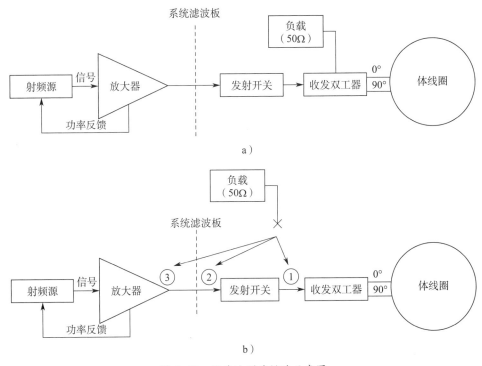

图 4-53　驻波比测试链路示意图
a）完整链路　b）故障排查接线

## 5. 射频功率放大器增益与线性测试

射频功率放大器是发射链路关键器件，主要功能是对射频脉冲进行有效放大。以飞利浦 Achieva 1.5T 系统所用的 MKSS30 型为例，其输出峰值功率 18 kW，固定增益 72.6 dB，射频脉冲的功率调整由射频源完成。设计要求射频功率放大器除功率放大外，对射频信号无其他影响；面对不同功率的射频脉冲，射频功率放大器的放大增益保持恒定，保持线性；放大增益准确。可以针对射频功率放大器的性能进行测试。

测试链路与发射链路无异，射频源发射小功率信号，经由放大器放大后，靠反馈链路将发射功率反馈至射频源。首先发射与反馈链路会进行一轮校准，掌握线缆造成的增益衰减。测试过程中射频源发射特定轮廓的射频脉冲，幅值从 5 000 W 逐渐减小至 0.5 W，其间不断监控放大器的输出功率，计算实际增益，得到增益最大值与最小值。理想情况下增益最大值等于最小值，实际情况要求两者差异不得大于 3.2 dB。

受到监控的不仅是幅值，还有发射信号的相位，测试过程类似，得到最大相位差，实际要求相位角度最多相差 16°。

MKSS30 放大器有两个工作模式，高模式和低模式，高模式用于核磁共振成像，放大增益 72.6 dB，低模式用于核磁共振波谱，放大增益 57 dB。高模式的测试最高功率为 5 000 W，低模式的测试最高功率为 500 W。两个模式下放大器的性能均需要测试。

# 二、接收链路检测与校准

## 1. 接收链路的构成

与发射链路相比，接收链路流经的信号功率低，主要针对核磁共振信号做接收，但接收链路的变化更丰富。核磁共振系统分为 8 通道、16 通道、32 通道或更多，这里的通道就是指向接收链路的。接收链路侧重于对信号的有效接收，要求灵敏度高、信噪比好，通路数量往往与这两点性能正相关。以飞利浦 Achieva 1.5T 系统为例，其接收链路结构主要如图 4-54 所示。

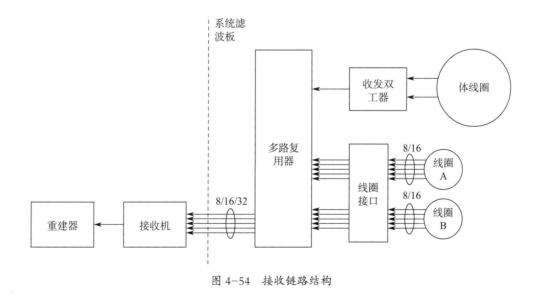

图 4-54　接收链路结构

接收链路总体上可以分为体线圈接收和其他局部线圈接收两种。

体线圈采用正交接收方式，两路信号相位相差90°，在收发双工器合成，转为一路信号，送至多路复用器，再送至接收机。接收机综合了前文中滤波、数模转换和检波的功能。

局部线圈是指针对具体人体部位的专用线圈，其特点是体积小，使用灵活，一般系统配备两个线圈接口，可单线圈使用，也可以同时接入两个线圈联合使用。系统通道数量的差异也是在这一部分，下面举三个例子：

（1）8通道。两个线圈接口分别提供8路接收线，可配合8个单元及以下的线圈使用，两个接口共16路接收线，接入多路复用器，输出8路通道至接收机。

（2）16通道。两个线圈接口分别提供16路接收线，可配合16个单元及以下的线圈使用，两个接口共32路接收线，接入多路复用器，输出16路通道至接收机。

（3）32通道。两个线圈接口分别提供16路接收线，两个接口共32路接收线，接入多路复用器，输出32路通道至接收机。每个线圈接口可以接16个单元及以下的线圈，具有32个单元的接收线圈有两个接头，需要同时接入两个线圈接口。

通道的概念至接收机结束，接收机将各个通道的模拟信号进行抽样，模拟信号转变为数字信号，数字信号即为原始数据，原始数据经过整理集成后传输至重建器做计算，得到图像。

注意体线圈不能与局部线圈同时接收信号。与局部线圈相比，体线圈的体积大，接收范围大，不可避免会引入更多噪声，所以体线圈的信噪比弱于局部线圈，但是体线圈可以完成全身等大范围扫描。局部线圈由于体积小，更贴合扫描部位，而且内部分布多个线圈单元，信号灵敏度高，但需要占用多个通道资源。同样的扫描体积，线圈单元越高，每个线圈单元越小，接收噪声越小，需要的通道越多，所以通道数量多往往意味着更优质的接收性能。

### 2. 接收通路检测

除了线圈本身的性能，后续的接收链路也对信号进行调制，这部分链路也需要进行测试，其测试链路如图4-55所示。由测试信号源发射测试信号，送至多路复用器的输入通道（分为A和B两路输入），随后测试信号经由多路复用器传送至接收机，系统接收到信号，实时显示出来，如图4-56所示。

该测试可定性测量多路复用器至接收机的信号通路，有以下两种结果。

（1）如果测试结果发现有一路通道信号缺失，可以交换两路到达接收机的信号传输线，如果缺失信号序号不变，说明接收机一端故障；如果缺失信号的序号随交换而改变，说明多路复用器或线缆（连接多路复用器和接收机）故障。

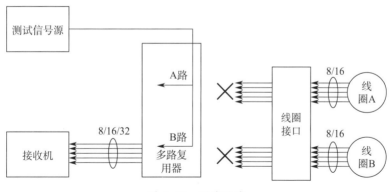

图 4-55　测试链路

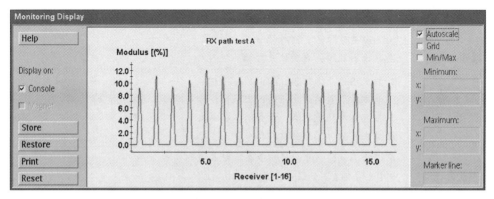

图 4-56　测试结果实例（16 通道系统）

（2）如果测试结果正常，但扫描受检者图像发现有部分区域信号缺失或减弱，说明前端线圈接口或线缆（连接线圈接口和多路复用器）故障。

## 3. 接收通路校准

该校准的作用是保证接收通路的调制准确。在多路复用器的每个信号通路都设置了一系列衰减器，对接收信号做衰减，目的是防止低相位编码梯度时信号过高，超过接收机的数模转换模块的接收范围，发生信号溢出。衰减器包含 12 个衰减挡位，范围为 0 ~ 43 dB。这些衰减器需要做校准，保证信号衰减准确。

其测试链路与之前讨论的通路检测类似，测试信号源发射校准信号至多路复用器，经衰减器衰减后，送至接收机。每挡衰减器的信号都与初始信号（0 dB）做比较，得到实际衰减倍数。

除了每挡衰减器的校准，所有通路 0 dB 的接收信号也很重要，其幅值（信号电平）要求不低于 -37 dBFS，否则说明信号过低，此时建议做前面介绍的通路检测排查故障。除了每个通路自身，各通道间也会做比较，所有通道中 0 dB 信号的最大值和最小值的差异不得超过 8 dB。

# 三、射频子系统常见故障和处理方法

射频子系统结构复杂，一旦有故障产生，可能涉及几个器件，需要逐个排查。特别是发射链路，涉及高功率射频发射，安全要求更高，维修相对来说难度较大。表 4-4 总结了 MKSS30 放大器的一些常见故障，可按照表中的处理方法解决。

表 4-4　　　　　　　　　　　　MKSS30 常见故障与处理方法

| 故障名称 | 故障处理方法 |
|---|---|
| 逻辑性关机（射频源与放大器的状态控制缺失导致） | 1. 放大器与射频源的通信失败：检查连接<br>2. 连接线缆故障：更换线缆<br>3. 射频源故障：更换射频源<br>4. 放大器故障：更换放大器 |
| 放大器温度过高 | 1. 放大器停止工作 30 min，用于冷却<br>2. 清理放大器前后面板的进出风口，检查风扇工作状态<br>3. 检查外部环境状态，设备间温、湿度<br>4. 放大器故障：更换放大器 |
| 功率放大模块（PA 管）故障 | 1. 放大器固件版本过低：更新高版本固件<br>2. PA 管安装不到位：反复拔插<br>3. PA 管故障：可与其他 PA 管交换判断确定是 PA 管自身问题，还是接口问题<br>4. 放大器 PA 管接口故障或控制部分故障：更换放大器 |
| 功率放大集成模块（IPA）故障 | 1. IPA 安装不到位：再次安装并确认<br>2. IPA 驱动模块故障：更换 IPA 驱动模块<br>3. 放大器故障：更换放大器 |
| 供电故障 | 1. 供电电压不正确：检查外围供电<br>2. 放大器故障：更换放大器 |
| 发射峰值功率/平均功率超限 | 1. 序列脉冲要求的射频功率高于系统设定的安全上限：联系临床修改扫描参数<br>2. 射频链路负载异常：检查射频链路（测试 VSWR）<br>3. 放大器故障：射频监控模块功能故障，建议更换放大器 |
| 反射峰值功率超限 | 1. 放大器固件版本过低：更新高版本固件<br>2. 射频链路负载异常：检查射频链路（测试 VSWR）<br>3. 放大器故障：射频监控模块功能故障，建议更换放大器 |

## 技能要求

### 系统中心频率校准

中心频率是射频子系统运行的重要指标，如果偏离，超出射频功率放大器、线圈的频率范围，将导致射频信号发射失败，扫描无法进行。中心频率很敏感，容易受到负载影响。人体进入扫描区域时，人体导体的属性会改变磁体腔内磁力线的分布，改变磁场强度，进而改变系统的中心频率。所以每次正式扫描前，系统都会通过采集信号得到当下的中心频率，该中心频率数据会作为系统参数被记录下来，该参数随每次扫描更新。正常人体对磁场分布的改变是有限的，变化不大，但如果受检者佩戴了项链等金属饰品，会对磁场产生较大影响。中心频率与系统记录值差异过大，超过系统可以自动调整的频率范围，将导致扫描中断，此时如果要恢复系统，需要执行中心频率校准。

### 操作要求

1. 按系统提示完成校准流程。

2. 进入强磁场区域遵守安全作业规程。

### 操作步骤

以飞利浦 Multiva 系统为例，执行系统中心频率校准。

**步骤 1**　登录维修用户 mrservice，从开始菜单进入"Service Application"。

**步骤 2**　按以下路径打开中心频率校准页面："Installation" → "System Level Procedures" → "F0 determination"，如图 4-57 所示。

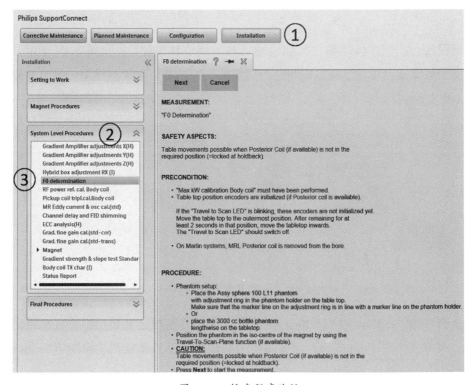

图 4-57　校准程序路径

**步骤3** 详细阅读页面内安全注意事项，检查前提条件是否满足。

**步骤4** 按流程提示，放置水模并送至磁体中心，如图4-58所示。关闭磁体间房门，回到操作间。

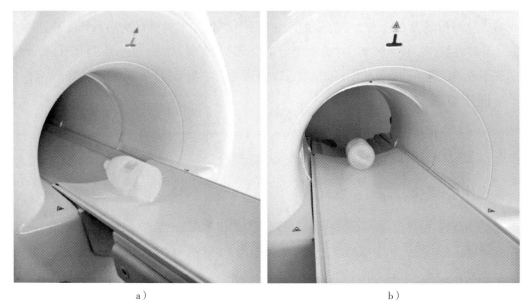

a) b)

图4-58 水模准备

a) 放置水模 b) 送至磁体中心

**步骤5** 单击图4-57中"Next"，进入校准细节参数设置，如图4-59所示。该步骤定义了频率搜索步幅、校准期间是否显示信号等细节，建议接受系统给出的默认设置，不做更改。

图4-59 校准细节参数设置

**步骤6** 单击图4-59中"Next"，系统自动开始按规定参数扫描，直至锁定当下的中心频率，如图4-60所示。注意即使中心频率已经被搜索到，系统依旧会持续扫描，因此中心频率处于不断更新的状态。

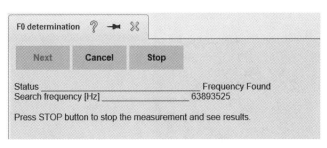

图 4-60　频率锁定

**步骤 7**　单击图 4-60 中"Stop"，停止扫描，随即系统给出最终校准结果，如图 4-61 所示。

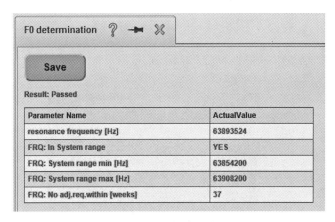

图 4-61　校准结果

# 射频功率放大器更换

射频子系统涉及的器件众多，由于篇幅关系，下面以飞利浦 Multiva 系统为例，执行射频功率放大器 MKSS30 的更换步骤。

## 操作要求

1. 按正确步骤执行器件更换。
2. 严格遵守高功率射频链路的安全操作规范。

## 操作步骤

**步骤 1**　确保系统没有处于扫描或测试状态，关闭主机，关闭机柜内射频功率放大器对应开关，并关闭射频功率放大器前面板开关，如图 4-62 所示。

**步骤 2**　断开放大器的供电线和地线，断开射频输入、输出线，断开与射频源连接的其他线缆。

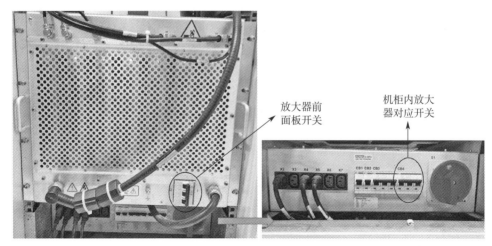

图 4-62　放大器开关所在位置

**步骤 3**　移除 8 颗固定螺钉，如图 4-63 所示。

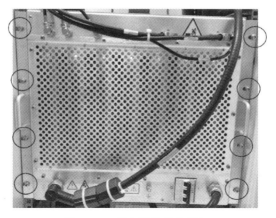

图 4-63　放大器的固定螺钉

**步骤 4**　将新放大器的包装箱打开，取下上盖，把上盖翻转，内侧向上，如图 4-64 所示。

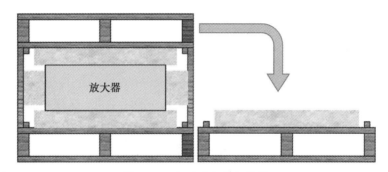

图 4-64　打开放大器包装箱

步骤5 将上盖放置在机柜前，紧靠放大器下方放置，作为旧放大器的支撑底座使用。用力将放大器从机柜拉出，使其移动到支撑底座上，如图4-65所示。

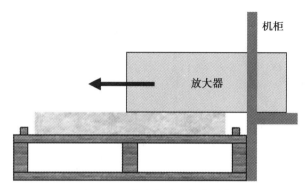

图 4-65 将放大器从柜中移出

步骤6 将新放大器的侧盖移到旧放大器所在的底座上，用于后期包装。旧放大器连带底座移动到旁边，空出位置。

步骤7 将新放大器连带底座推至机柜前方，正对放大器的空位，将新放大器推到机柜内，确保位置准确，随后用螺钉紧固。

步骤8 将新放大器底座移至旧放大器所在箱子做上盖，包装好准备后续运输。

步骤9 连接所有射频线缆、控制线缆。

步骤10 连接电源线。

步骤11 恢复机柜状态，启动放大器开关。

步骤12 重启主机，等待5 min，待所有进程启动后，进入"Service Application"执行测试与校准，包括功率校准（空载和标准水模功率校准）。

步骤13 执行实际扫描，检查图像是否正常。

# 射频源 TXR 板更换

下面以飞利浦 Multiva 系统为例，执行射频源 TXR 板的更换步骤。

**操作要求**

1.按正确步骤执行器件更换。

2.严格遵守高功率射频链路的安全操作规范。

**操作步骤**

步骤1 准备静电防护设备，佩戴手环。

**步骤2** 确保系统没有处于扫描或测试状态,关闭主机,关闭谱仪电源开关,如图 4-66 所示。

图 4-66 谱仪电源开关所在位置(箭头所指)

**步骤3** 断开 TXR 板上的所有接线,包括射频线、控制线和光纤。

**步骤4** 松开首尾两颗固定螺钉,如图 4-67 所示。

**步骤5** TXR 板两端有个黑色推杆,如图 4-67 所示,按下红色按钮的同时向外扳黑色推杆,双手同时操作,板卡会从卡槽弹出。小心将板卡沿着卡槽移出,不要损坏插针,将旧 TXR 板放置在防静电毯上。

**步骤6** 取出新板卡,小心将新板卡沿着卡槽推入谱仪机柜,直到两端的黑色推杆碰到支撑架,双手同时操作,向内按压黑色推杆,将板卡固定,锁紧两侧固定螺钉。

**步骤7** 将旧板卡放入新板卡的包装内,等待后期运输。

**步骤8** 恢复板卡原有接线,开启谱仪电源开关。

**步骤9** 重启主机,等待 5 min,待所有进程启动后,进入"Service Application"执行测试与校准,包括功率校准(空载和标准水模功率校准)。

**步骤10** 执行实际扫描,检查图像是否正常。

固定螺钉

a）

红色按钮

黑色推杆

b）

图 4-67　TXR 板螺钉和推杆所在位置

a）固定螺钉位置　b）推杆位置

# 线圈故障维修

## 一、线圈状态控制和供电

### 1. 调谐与失谐

发射线圈和接收线圈是不可以同时工作的，这就需要核磁共振系统对线圈进行状态控制，使发射线圈和接收线圈按照一定的时序进行工作。为了将这一过程讲解清楚，需要引入一组新的概念——调谐（tune）和失谐（de-tune）。

调谐状态是指通过一定的技术手段使线圈的接收（或发射）频率与磁体的中心频率达到一致，即常说的谐振状态，此时的线圈针对某一频率是可以发射或接收的，也可以简单理解为此时的线圈是可用的状态。

失谐状态是指通过一定的技术手段使线圈的接收（或发射）频率与磁体的中心频率发生较大偏离，此时的线圈针对某一频率是不能发射和接收的，也可以简单理解为此时的线圈处于不可用的状态。

在调谐状态下，对于体线圈来说还有发射状态和接收状态的选择，即是做发射线圈，还是做接收线圈，参与到扫描过程中。

扫描过程中，无论处于发射阶段还是接收阶段，任何时刻都只能有一个线圈（暂不考虑接收联用的情况）处于 tune 状态。各线圈状态的组合见表 4–5。

表4-5 　　　　　　　　　　　　　　　　　　　　线圈状态组合

| | 体线圈状态 | 其他接收线圈状态 |
|---|---|---|
| 体线圈发射时 | tune | de-tune |
| 体线圈接收时 | tune | de-tune |
| 其他线圈接收时 | de-tune | tune |

## 2. 体线圈状态控制

首先看体线圈是如何实现调谐和失谐状态的，这就涉及体线圈的组成。体线圈是由 16 根铜柱组成的鸟笼形线圈，如图 4-68 所示。

电路板（二极管）　　　　　铜柱

图 4-68　鸟笼形体线圈

鸟笼形体线圈的每根铜柱由电路板相连，电路板上分布有二极管，这些二极管的通断决定每根铜柱的通断状态，进而决定整个体线圈的状态。系统专门设置了一个控制电路，供给二极管不同的电压，用于控制体线圈的状态。如果控制电路输出反向电压，则二极管处于截止状态，体线圈就处于 de-tune 状态；如果控制电路输出正向电压，则二极管处于导通状态，体线圈就会处于 tune 状态。

## 3. 其他线圈状态控制

以表面线圈为例，其基本电路框图如图 4-69 所示。

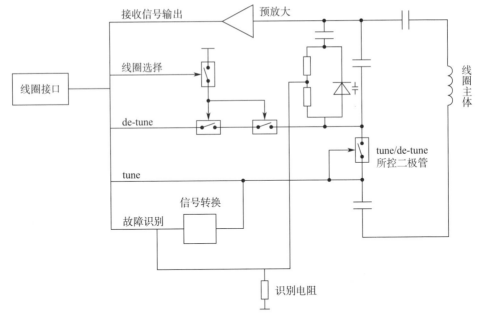

图 4-69　表面线圈基本电路框图

从图中可以看到 tune 和 de-tune 信号控制链路被简化为开关，实际上是由二极管组成的开关电路。当输入反向电压时，二极管处于反向截止状态，该开关是断开的，即实现了 de-tune 的状态；当输入正向电压时，二极管处于正向导通状态，该开关是闭合的，即实现了 tune 状态。输入正、反向电压的时序是由 tune/de-tune 选择开关来控制的。

除了状态控制电路，图中还有以下部分：

（1）线圈主体。主要是按照尽量贴近扫描部位的原则由大量铜皮或者铜线组成的感应导体。

（2）预放大。将线圈采集的电信号进行初步放大，以减小信号传输过程中噪声的影响。随着科技的进步，现在很多线圈不但在线圈内部就进行了信号预放，甚至还进行了模数转化，这就完美地避免了信号传输过程中的噪声干扰。

线圈要实现信号采集、线圈状态控制等功能，不可缺少的条件是线圈需要多种供电，而这些供电都来自线圈与核磁共振系统的唯一接口，即线圈插座，如图 4-70 所示。如果怀疑线圈供电有问题，可直接用万用表测量插座供电电压值是否正常，结果分为两种情况：供电正常且稳定，则说明供电没有问题，需要排查线圈本身的问题；供电异常，就可以暂时排除线圈的问题了，要进一步确认上一级的控制及供电是否正常，先解决供电异常的故障，再看线圈能否恢复正常工作。

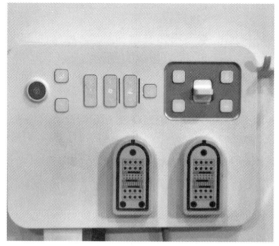

图 4-70　常见线圈插座

# 二、线圈无法识别故障诊断

### 1. 线圈的识别电路

线圈的基本电路中非常重要的一部分就是线圈的识别电路，如图 4-69 中故障识别线路部分，这部分有两个作用。

（1）检测线圈各个组件的工作状态。如果 tune 线路、de-tune 线路、预放大等出现故障，这条线路将输出故障信号。

（2）线圈识别。每台核磁共振设备会配备多个线圈，每个线圈安装有不同的线圈识别电阻，系统通过读取线圈的识别电压来确认当前连接的线圈。

### 2. 线圈无法识别的原因

（1）线圈控制部分出现故障，即线圈控制部分供电或者控制信号出现了问题。故障在控制系统，不在线圈上。

（2）线圈识别线路出现断路，即与线圈识别相关的线路出现了断路，通常由反复插拔的线圈插座或者线圈线缆引起。

（3）线圈识别电阻出现故障，即线圈内部用来识别线圈的电阻阻值发生了变化，导致系统不能识别，这是线圈内部故障。

### 3. 线圈无法识别的诊断

如果系统无法识别连接线圈，将不允许继续扫描。由于每台核磁共振设备配备的线圈很多且使用频繁，发生线圈无法识别的故障还是很常见的。线圈无法识别的诊断可遵循以下步骤。

（1）线圈无法识别时，系统将不能继续扫描，通常扫描界面会有"Coil A failure""Coilerrors"或者"Unknown coil"等报错提示，提示位置如图4-71所示。鼠标单击报错信息位置，可以看到更多的信息。

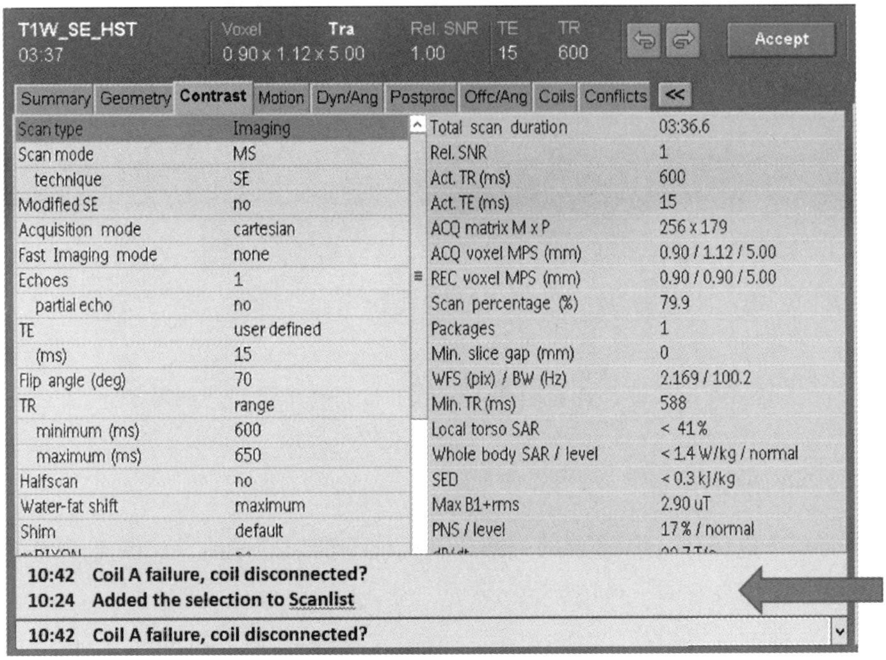

图 4-71　系统报错提示位置（箭头所指）

（2）扫描时遇到提示线圈故障，首先重新插拔线圈，如果线圈由多个部分组成，要重新组合线圈，排除线圈本身组件或者线圈插头接触不良的情况。

（3）如果重新插拔线圈不能解决问题，需要将线圈插到另一个线圈插口做扫描测试。如果故障排除，则是刚才的线圈插口或者其控制部分的故障。

（4）如果交换线圈插口后，故障依然存在，就需要尝试其他线圈是否可以正常扫描。如果可以，则可确认是线圈的故障；如果多个线圈都存在相同故障，则是线圈控制部分导致的线圈扫描故障。

（5）如果多个线圈在两个接口扫描时都有故障报错，需要测量线圈接口的电压，如果电压异常，则可确认是控制部分的故障。

（6）如果线圈接口电压无异常，需要查看日志，看具体的报错是核磁共振系统的哪部分导致的；如果日志没有明确报错是哪部分引起的故障，则需要对线圈的控制板卡部分进行检测，一般出故障的部分就会明确报错。

# 三、线圈检测方法

## 1. 日志分析

核磁共振系统都有强大的日志系统，里面详细记录系统的运行状态和报错信息，每天都会产生一个以日期命名的日志，例如 log201901010000.log。当天的日志以 logcurrent.log 命名，如图 4-72 所示。日志文件的存放路径为 G:\Log，复杂的问题可以将日志文件发给专业人员帮忙分析。

图 4-72　日志列表

每个序列在正式开始扫描之前都会有一个预扫描过程，预扫描过程包含了很多扫描必需的检测和准备，其中一项就是线圈识别和线圈检测，该部分在日志里以"CI:"开头，CI 是 coil identification 的缩写，如图 4-73 所示。如果线圈的识别或者检测出现故障，在预扫描的 CI 过程就会有报错产生，扫描将会被禁止。所以当扫描过程中出现线圈报错时，要重点关注 CI 及其后的报错。

| 2020-01-06 | 11:08:02.68 | PREPDUR: read shims: took 2 msec |
| 2020-01-06 | 11:08:02.68 | CI: Coil identification |
| 2020-01-06 | 11:08:02.68 | CI: Detected: BODY_QUAD /CDAS.ConnPFEI/PFEI.ConnQBC |
| 2020-01-06 | 11:08:02.68 | CI: Detected: HST_SC_AH_PH /CDAS.ConnPFEI/PFEI.ConnB |
| 2020-01-06 | 11:08:02.68 | CI: Used: FE::GetObj( 1)->coil_id.cmp(0) BODY_QUAD /CDAS.ConnPFEI/PFEI.ConnQBC |
| 2020-01-06 | 11:08:02.68 | CI: Used: FE::GetObj(25)->coil_id.cmp(0) BODY_QUAD /CDAS.ConnPFEI/PFEI.ConnQBC |
| 2020-01-06 | 11:08:02.68 | PREPDUR: CI: took 12 msec |
| 2020-01-06 | 11:08:02.68 | AXMX(log): StateUpdate: /ExaminationState/ExamEnvironment/@DoorSwitch:closed |
| 2020-01-06 | 11:08:02.68 | AXMX(log): StateUpdate: /ExaminationState/ExamEnvironment/@RFDisturbanceAllowed:false |

图 4-73　日志片段

下面以飞利浦系统自带的日志查看程序 Logging Application 为例介绍如何利用分析工具分析日志，分析工具界面如图 4-74 所示。由于软件版本和厂家不同，分析工具的名称和打开方式也不同，其他系统的用户可以参考用户手册。

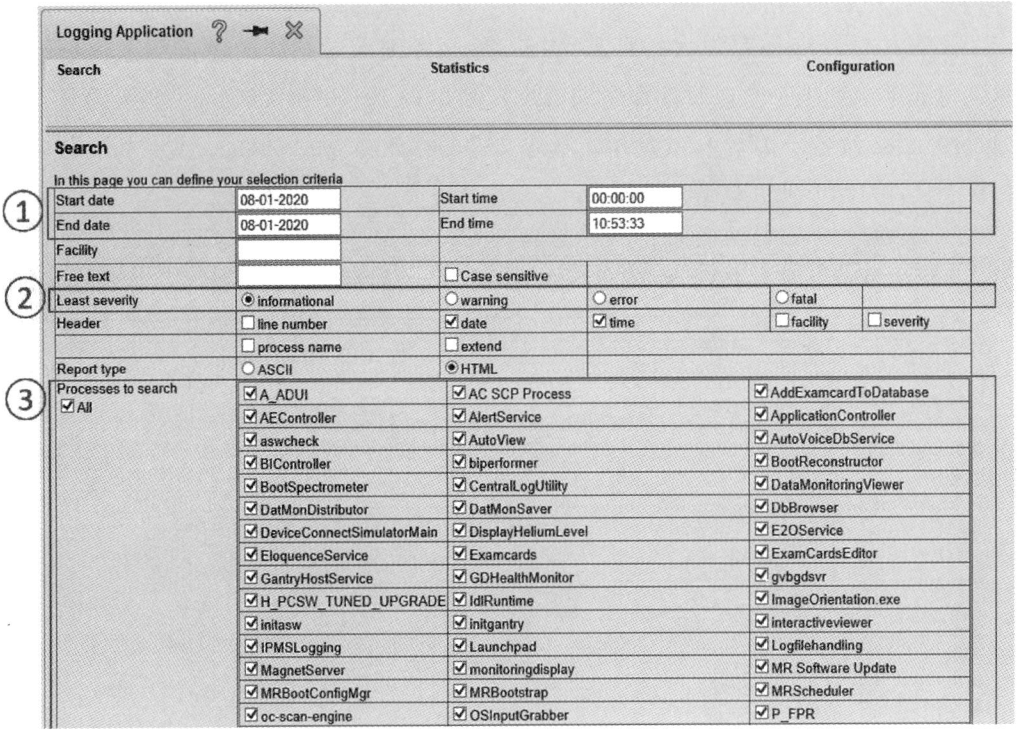

图 4-74　分析工具界面

该分析工具可提供以下三个筛选功能。

（1）搜索时间。即要搜索信息的时间段，一般是故障发生的时间，越精确越好。

（2）搜索信息的级别。依次分为信息（information），警告（warning），错误（error）和重大错误（fatal）。由于信息量很大，如果搜索时间段设置的范围较大，可以先搜索 error 或 fatal，缩小搜索内容，找到准确报错时间，再缩小时间范围进行精确搜索。

（3）进程，即日志搜集系统中运行的各个进程的信息。由于日志信息量很大，只勾选故障相关进程的信息可以更容易筛选出所需要的信息，尽快诊断问题。限于篇幅图 4-74 只截取了部分进程。

举例：系统在 2019 年 11 月 26 日上午 11 点 56 分出现了扫描中断，扫描界面报错，打开 Logging Application 工具，搜索时间设定为 2019 年 11 月 26 日 11:56 到 12:00，为去掉无关进程信息，只保留 Scanner 进程信息，筛选后的日志如图 4-75 所示。

**Logging Application**

| Search | Statistics | Configuratio |
|--------|-----------|--------------|

| | | |
|---|---|---|
| 2019-11-26 | 11:56:45.12 | Performance Logging [ScanExec] 0 event Preparation starts |
| 2019-11-26 | 11:56:45.12 | CI: Coil identification |
| 2019-11-26 | 11:56:45.13 | CI: Detected: BODY_QUAD /CDAS.ConnPFEI/PFEI.ConnQBC |
| 2019-11-26 | 11:56:45.13 | CI: Detected: SENSE_NEURO_VASC /CDAS.ConnPFEI/PFEI.ConnA |
| 2019-11-26 | 11:56:45.13 | CI: Detected: SENSE_SPINE_15 /CDAS.ConnPFEI/PFEI.ConnB |
| 2019-11-26 | 11:56:45.13 | CI: Used: FE::GetObj( 1)->coil_id.cmp(0) SENSE_SPINE_15 /CDAS.ConnPFEI/PFEI.ConnB |
| 2019-11-26 | 11:56:45.14 | CI: Used: FE::GetObj( 2)->coil_id.cmp(0) BODY_QUAD /CDAS.ConnPFEI/PFEI.ConnQBC |
| 2019-11-26 | 11:56:45.14 | CI: Used: FE::GetObj(22)->coil_id.cmp(0) BODY_QUAD /CDAS.ConnPFEI/PFEI.ConnQBC |
| 2019-11-26 | 11:56:45.14 | CI: Used: FE::GetObj(25)->coil_id.cmp(0) SENSE_SPINE_15 /CDAS.ConnPFEI/PFEI.ConnB |
| 2019-11-26 | 11:56:45.14 | PREPDUR: CI: took 13 msec |
| 2019-11-26 | 11:56:45.15 | RX: ipr_perform_rx_calibrations |
| 2019-11-26 | 11:56:45.15 | PREPDUR: RX: took 2 msec |
| 2019-11-26 | 11:56:45.15 | Initial Shim Set For Preparation ... |
| 2019-11-26 | 11:56:45.16 | PREPDUR: setshims: took 0 msec |
| 2019-11-26 | 11:56:45.16 | read shim[ 0] = 0.000 (x) prepare |
| 2019-11-26 | 11:56:45.16 | read shim[ 1] = 0.000 (y) prepare |
| 2019-11-26 | 11:56:45.16 | read shim[ 2] = 0.000 (z) prepare |
| 2019-11-26 | 11:56:45.17 | read shim[ 3] = 0.000 (z2) prepare |
| 2019-11-26 | 11:56:45.17 | read shim[ 4] = 0.000 (zx) prepare |
| 2019-11-26 | 11:56:45.17 | read shim[ 5] = 0.000 (zy) prepare |
| 2019-11-26 | 11:56:45.17 | read shim[ 6] = 0.000 (x2-y2) prepare |
| 2019-11-26 | 11:56:45.18 | read shim[ 7] = 0.000 (2xy) prepare |
| 2019-11-26 | 11:56:45.18 | PREPDUR: read shims: took 2 msec |
| 2019-11-26 | 11:56:45.18 | VSWR: perform VSWR check |
| 2019-11-26 | 11:56:45.19 | RF::RCU_1H b1 0.00 ch1 dmd 12.86 am_scales 1.0000 drive_scale 0.0000 10W 0.998 [B] ms |
| 2019-11-26 | 11:56:45.19 | 1H TX1: Interlock error, value read from InterlockStatusRegister = 0505 |
| 2019-11-26 | 11:56:45.19 | AXMX(log): 11:56:45.190::AXMX: process(): error code =0x8 context = AXMX_flush() |
| 2019-11-26 | 11:56:45.20 | AXMX(log): 11:56:45.194::AXMX: process(): rf interlock error |
| **2019-11-26** | **11:56:45.20** | **AXOBJFE(log): Start translation of interlock.** |
| **2019-11-26** | **11:56:45.20** | **AXOBJFE(log): 1H CDAS-TXR: channel 1, value of 1H Interlock Status Register: 0x505** |
| **2019-11-26** | **11:56:45.20** | **AXOBJFE(log): 1H CDAS-TXR: channel 1, Frontend and BackPlane Interlock Detected.** |
| **2019-11-26** | **11:56:45.21** | **AXOBJFE(log): 1H CDAS-TXR: channel 1, value of 1H Interlock Backplane Protocol Status Register: 0x2** |
| **2019-11-26** | **11:56:45.21** | **AXOBJFE(log): 1H CDAS-TXR: channel 1, Interlock Backplane Protocol TimeOut 1 Received.** |
| **2019-11-26** | **11:56:45.21** | **F_RFDR_Board_Frontend(log): FE interlock: value of FiberInterfaceStatus register: 0x704** |
| 2019-11-26 | 11:56:45.21 | F_RFDR_Board_Frontend(log): PFEI-CFINT: 1H interlock detected by PFEI-CFINT! |
| **2019-11-26** | **11:56:45.22** | **F_RFDR_Board_Frontend(log): PFEI-CFINT: value of CFINT_Coil_Error register: 0x2** |
| 2019-11-26 | 11:56:45.22 | F_RFDR_Board_Frontend(log): PFEI-CFINT: Coil B Malfunction |
| **2019-11-26** | **11:56:45.22** | **AXOBJFE(log): Finished translation of interlock.** |
| **2019-11-26** | **11:56:45.23** | **Q_DS_DeviceServer(log): Starting dump of the status of all Network Devices** |
| **2019-11-26** | **11:56:45.23** | **Q_DS_DeviceServer(log): Dump of the status of all Network Devices finished** |
| 2019-11-26 | 11:56:45.23 | AXMX(log): 11:56:45.264::AXMX: process(): throw scan abort exception |
| 2019-11-26 | 11:56:45.23 | PREPDUR: RCU: took 82 msec |
| 2019-11-26 | 11:56:45.24 | PREPDUR: all: took 102 msec |
| 2019-11-26 | 11:56:45.24 | AEMXMN(log): 11:56:45.264::execute_scan:DAS aborted scan, resetting |
| 2019-11-26 | 11:56:45.24 | AEMXMN(log): 11:56:45.265::reset_scan: Started |

图 4-75　筛选结果（部分）

日志中 CI 进程如下：

CI：Detected：BODY_QUAD/CDAS.ConnPFEI/PFEI.ConnQBC

CI：Detected：SENSE_NEURO_VASC/CDAS.ConnPFEI/PFEI.ConnA

CI：Detected：SENSE_SPINE_15/CDAS.ConnPFEI/PFEI.ConnB

说明在线圈识别阶段，系统识别到了三个线圈，分别为：BODY_QUAD（体线圈），SENSE_NEURO_VASC 和 SENSE_SPINE_15，在线圈识别阶段是正常的。

在后续的线圈检测阶段出现了报错："1H interlock detected by PFEI–CFINT 和 Coil B Malfunction"，再看前面 CI 阶段 ConnB 连接的线圈是 SENSE_SPINE_15，由此可以诊断为 SENSE_SPINE_15 在 B 口连接时可以被识别，但在线圈检测阶段出现了该线圈的故障报错。

为了进一步确认问题可以交换两个线圈接口的线圈，将 SENSE_SPINE_15 插到 A 口，如果 A 口也有相同报错，则说明 SENSE_SPINE_15 内部出现了故障。

## 2. 图像质量检测

如果某个线圈扫描过程中没有出现扫描中断，但是扫描出来的图像质量出现了问题，例如信噪比差或均匀度差，用前述的方法不容易判断故障的根源。针对线圈引起的图像质量问题，可执行保养章节中提及的专用线圈图像质量检测，这里不再赘述操作方法和报告解读方法。检查报告里会明确显示线圈各个通道接收信号的均匀度及图像信噪比情况。如果检查结果显示某个通道或者多个通道是不达标的，那么就可以确认是这个线圈的故障引起的图像质量问题；如果该检查结果没有问题，就需要结合扫描参数、扫描环境、射频子系统、梯度子系统等综合考虑，逐一排查问题。

## 3. 线圈供电检测

如前所述，线圈的状态控制依靠供给电压，一旦供电异常，线圈可能出现各种故障。供电检测属于系统检测部分，可帮助维保人员缩小排查范围，如果发现供电异常，可暂时排除线圈的问题。供电检测的位置在线圈插座，测试前拔下所有插在线圈插座上的线圈，使用万用表测试接口中电压测试点。测试点如图 4-76 所示，具体电压需要向厂家确认。

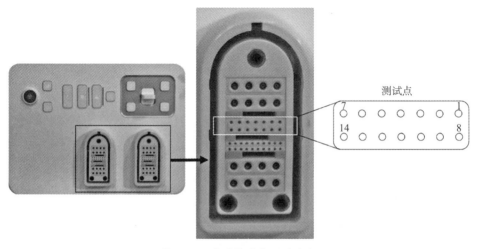

图 4-76　线圈插头电压测试点

# 制冷系统故障维修

学习单元 **5**

制冷系统涉及水冷机、冷头、氦气压缩机，三者形成冷量循环为超导磁体制冷，其中任意一项故障，都会导致整个制冷系统的异常，未受控的热量会加速磁体内液氦挥发，导致磁体内压力升高，甚至引起失超事故。当制冷系统发生故障时，需立刻做出应对。水冷机与空调类似，属于外围辅助设备，不在核磁共振系统范围内，所以本单元只介绍冷头与氦气压缩机的故障维修。

## 一、冷头故障判断

### 1. 冷头表面结霜、凝结水珠

（1）由于冷头端设置了泄气阀门，当磁体压力升高，将引起阀门排气泄压，温度极低的氦气经由冷头排到失超管道内，冷头表面温度下降，所以随着时间的增加，空气中的水分会在冷头表面凝结成冰霜。日常使用中，场地停电是一个主要诱因，停电导致制冷系统不工作，使液氦挥发为氦气，磁体内压力升高，最终导致冷头表面结冰。

（2）磁体经历运输、安装或长时间维修而结冰，这类结冰属正常情况，如图 4-77 所示。此时可开启手动阀门快速降低磁体压力，并使用热风枪加热使冰快速融化。

241

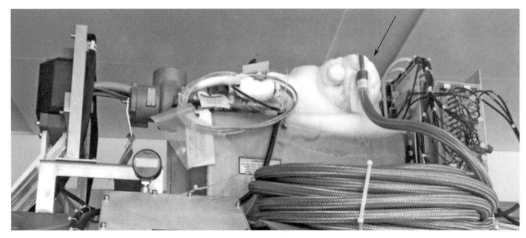

图 4-77　冷头结冰（磁体处于安装阶段）

（3）由于磁体及外接阀门、气管等有泄漏点，或遭到外力打击后损坏，磁体经由泄漏点排气导致表面结冰，这种情况需要寻找泄漏点并修复。

注意还有一类结冰的说法，指的是冷头内部或磁体内部由于进入杂质气体，低温下凝结成固体。这类结冰不会出现在冷头或磁体表面，需要用特殊的处置手段清除。

## 2. 冷头制冷效率低

制冷系统依然工作，但制冷的效果减退，无法提供足够冷量，具体现象有磁体压力升高、磁体挥发率升高，或是零挥发磁体出现氦气挥发现象。与制冷系统完全死机、不工作相比，制冷效率下降的故障更复杂，判断制冷效率是否降低，需要搜集长期液氦液位数据，计算统计液氦挥发速率，并与该类型磁体的标准挥发率比较（以飞利浦F2000 磁体为例，标准挥发率为 0.065 L/h），判断是否出现挥发率升高的趋势。如果挥发率升高，意味着制冷系统效率下降，可以从以下几个角度来诊断故障。

（1）磁体方面

1）磁体有泄漏点。虽然制冷系统正常工作，但由于磁体泄漏导致外界热量增加，冷量相对比热量少，表现为制冷效率下降。解决此类故障需要寻找泄漏点并修复。

2）磁体内部结冰。空气等气体杂质通过各种通道来到磁体内，由于磁体腔体处于低温，空气凝结为固体，阻碍热交换过程，使制冷效率下降。图 4-78 所示为去除冷头后磁体接口处的冰霜。此类故障可以通过执行除冰操作解决。

（2）水冷机方面。检查水冷机提供的冷却液压力、温度是否处于正常范围。如果水压不足或水温过高，会导致热交换效率下降，热量无法完全吸收，制冷效果下降。

图 4-78　磁体结冰情况（箭头所指为大冰块）

（3）氦气压缩机方面

1）检查水冷机流入压缩端的冷却液流量、温度是否正常，水质是否干净，水路是否有漏点或堵塞。主要检查近氦气压缩机一侧的状态，包含氦气压缩机内部的水管。

2）检查氦气压缩机是否能够保持长时间连续性的正常工作，工作模式是否正确。工作模式影响氦气压缩机对冷头的供电和氦气循环，以 HC-8E 型氦气压缩机为例，应确认工作在"NORMAL OPERATION"状态，如图 4-79 所示。

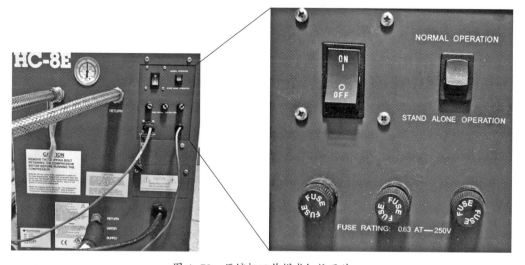

图 4-79　压缩机工作模式切换开关

3）检查氦气压缩机的两路氦气压力是否处于标准范围，气管是否漏气；手握氦气管感受温度，看两路氦气管之间是否有温差。氦气的压力和温度影响冷头的制冷效率。

此类故障可以通过补充氦气、排查漏点等操作排除。

（4）冷头方面

1）检查是否有异常声响，是否有额外的摩擦声或者冷头内气流响动频率是否发生变化。冷头温度异常、冷头结冰等原因都有可能引发异常声响。

2）检查是否有污染物。污染物包括氦气中混入空气杂质，或是压缩机的润滑油。随着油吸附器的性能下降，润滑油易混入氦气中来到冷头并附着在内壁上，造成冷芯磨损。排除此类故障可以执行氦气置换，同时需要更换油吸附器。

3）冷头整体性能下降。如果冷头工作 3 年以上，且没有发现其他方面的问题，则可以更换冷头。

# 二、氦气压缩机故障判断

## 1. 氦气压力下降

氦气压缩机与冷头间用氦气作为冷媒传递冷量，类似于空调中的氟利昂。氦气压力，特别是供给冷头的压力要维持在高位，此高压氦气在冷头结构内完成膨胀吸热的动作，压力决定了其吸热的效果，压力降低会使冷头制冷效率也随之下降。由于氦气在一个封闭的通道内循环，压力是可以保持稳定的，如果压力下降，意味着出现了泄漏点，可以从以下几个方面进行检查。

（1）检查气路各连接处是否正确连接，是否紧固，包括氦气压缩机端与氦气管、冷头端与氦气管等接头。可以用检漏工具测试各连接处是否漏气，如图 4-80 所示。

（2）查找氦气压缩机至冷头漏气点，针对氦气压缩机—气管—冷头的链路，从氦气压缩机开始逐段断开，测试压力是否能保持恒定，判断漏气点。供给（supply）和返回（return）两路可以分开排查。

（3）氦气压缩机故障导致其无法有效压缩气体，或者氦气压缩机内部有漏气点，或者氦气压缩机的压力表故障导致无法正确显示读数。遇此类故障需更换氦气压缩机。

（4）后续恢复需要补充氦气压缩机压力。

图 4-80　利用检漏工具检查

### 2. 氦气压缩机不工作

氦气压缩机的功能是提供高压氦气给冷头制冷，同时向冷头供电。氦气压缩机不工作，导致冷头随之停止工作，制冷系统无法制冷。可以从以下几点进行检查。

（1）检查氦气压缩机供电。检查供电的相位、幅值、频率等是否出现异常，可利用相序表、万用表等工具测量。

（2）检查保护开关。氦气压缩机内部设置了保护开关，监控气体温度、润滑油温度和压缩机温度，当温度过高时开关断开，氦气压缩机的供电随之切断。一般温度升高是由于水冷机的冷却水供给出了问题，所以首先检查水冷机提供的流量和水温是否在正常范围内，再检查氦气压缩机内部的水路是否有泄漏和堵塞。

（3）检查熔丝状态。在冷头的供电线路上设置了三个熔丝，检查三个熔丝的通断状态，更换断掉的熔丝。熔丝位置如图 4-81 所示。

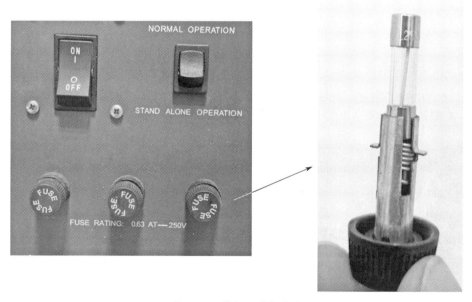

图 4-81　氦气压缩机熔丝

（4）检查氦气压缩机压力。氦气压缩机内氦气压力如果过高、过低都会导致氦气压缩机停机。可通过补压、泄压方式使氦气压缩机压力恢复。

（5）检查冷头一侧外部结冰情况。如果冷头一侧外部结冰严重，此时冷头电动机温度很低，即使供电正常电动机的运转也会受阻，导致氦气运输受阻，在运行了一段时间后会触发压缩机内压力阈值，导致压缩机停止工作。遇到此种情况，可开启手动阀门快速降低磁体压力，并使用热风枪加热使冰快速融化。

# 三、制冷系统维修方法

## 1. 氦气置换

（1）氦气置换的定义与原因。氦气置换是指将制冷系统中的氦气进行更换、冲洗、加压的过程，以保证制冷系统更加高效工作。氦气置换具体范围是冷头、氦气压缩机及连接氦气压缩机和冷头的氦气管。

冷头是整个氦气回路中温度最低的位置，在冷头日复一日的运行过程中，氦气管路中的杂质会慢慢地凝结、积聚，这些杂质包含材料碎屑、冷头本身摩擦后产生的细小颗粒以及氦气回路中的其他气体杂质在冷头内部形成的固体冰，因此必须对冷头进行氦气置换。

（2）需要对冷头进行氦气置换的情况

1）对 4K 磁体进行除冰后。

2）冷头更换后。

3）冷头制冷效率变低（磁体压力变高、液氦消耗快）的时候。

（3）氦气置换的准备和注意事项

1）配备专业的个人防护用品，如图 4-82 所示。

a） b） c） d）

图 4-82 个人防护用品

a）面罩 b）护目镜 c）防冻手套 d）防冻围裙

2）氦气虽无色无味无毒，但室内氦气过多可能会导致窒息，所以建议配备氧监仪，确保室内安全的氧气含量。维修期间保持磁体间的房门开启，如发生氧气含量低的情况，操作人员应立即移步至通风好的开阔地带，如遇不适应立刻就医。

3）氦气置换通常都是在强磁场条件下操作，切记只能使用无磁工具。

4）氦气置换需要用到专业工具和高纯度氦气（99.999%，5级）。

（4）氦气置换的操作步骤。目前不同核磁共振设备厂家的冷头大部分来自日本住友（SUMITOMO），氦气置换的操作方法大致相同，现以飞利浦 10 K 冷头置换氦气为例来介绍。

1）关闭氦气压缩机，并拆除冷头上的氦气管。冷头两个氦气接口安装转接头，如图 4-83 所示。转接头包含阀门与接头，并分为输入端和输出端，氦气从输入端加入，流经冷头内部，通过输出端泄放掉。

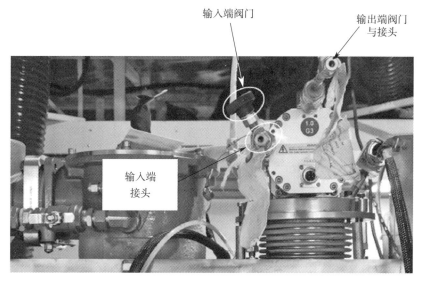

图 4-83　冷头端安装转接头

2）冷头连接磁体冷头加热器。首先保持加热器电源为关闭状态，加热器如图 4-84 所示，其功能为显示冷头温度以及加热冷头的两级至设定温度。冷头温度升高有利于杂质汽化，更容易从冷头排出。随后打开冷头加热器电源，将设定温度调节至 15 ℃，并打开两级加热器开关，等待冷头一级和二级温度升至设定温度。

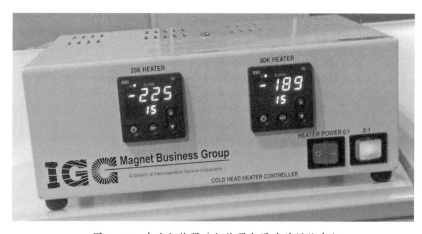

图 4-84　冷头加热器（加热器电源为关闭状态）

3）等待冷头温度达到设定温度期间，建议更换氦气压缩机内部的油吸附器，过程详见本学习单元技能要求部分。油吸附器属于消耗品，随着使用时间增加效力会减弱，更换新的油吸附器可以保证置换后的氦气纯净。

4）氦气钢瓶接上减压阀和气管，如图4-85所示。在保持微弱气流流出的情况下将气管连接至冷头

图4-85　氦气钢瓶与减压阀

氦气输入端接头，为冷头提供纯净的新鲜氦气。首先保持冷头氦气输入端接头和输出端接头处于关闭状态。

5）连接冷头电源线，将氦气压缩机切换到维修模式运行，切换按键如图4-86箭头所示，启动冷头。打开冷头氦气输入端阀门，保证始终有新鲜氦气供给到冷头，听见2~3次"扑哧"声后迅速关闭输出端阀门，给冷头加压，等待2~3 s后再次打开输出端阀门，排出氦气，重复步骤至少20次。过程中旧氦气逐渐被新氦气置换，杂质也随之排出冷头外。在气体充足的情况下尽量多次重复步骤以提升置换效果。

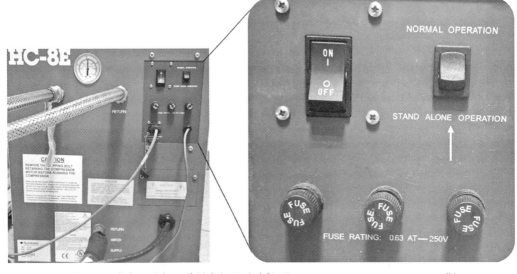

图4-86　氦气压缩机工作模式切换（选择"STAND ALONE OPERATION"）

6）调节氦气钢瓶减压阀将冷头压力补充至正常压力，关闭氦气输入端阀门，并关闭氦气压缩机，拆除外围的管路及阀门，恢复正常工作状态。

氦气置换与其他冷头维修操作相比，比较简单，但也应注意强磁场下的操作注意事项。

## 2. 磁体除冰

核磁共振系统的磁体制冷依靠高效的冷头来完成，通常情况下磁体内部液氦和氦气处于密封状态，但是因为定期维护需要，磁体上面需要安装各种阀门（安全阀和泄压阀）和维修接口。固态冰如果集中在冷头附近，会降低冷头的制冷效率，此时应该对磁体进行除冰工作。磁体除冰工作是一个非常复杂的过程，需要专业的工具、资深的磁体除冰技术人员，以及大量的液氦和氦气，往往需要一周左右的时间，所以这是一个费钱、费时、费力的过程。

（1）磁体结冰的原因

1）对于 10 K 磁体，磁体会通过阀门缓慢往空气中泄放氦气来维持磁体的安全压力。在氦气外泄过程中，因为气体分子的微观运动，外界的空气和水分子也会缓慢进入磁体内部而形成固体冰。

2）对于 4 K 磁体，如果日常使用过程中磁体有异常微小泄漏，就会在磁体内部形成固态冰。

3）对于超导磁体，每次失超后如果不能短时间内（30 min 左右）完成爆破膜更换，空气也会通过失超管进入磁体内部形成大量的固态冰。

（2）磁体除冰的分类。磁体除冰分为主动除冰和被动除冰。主动除冰是指在磁体运行过程中，当发现冷头制冷效率下降或者液氦消耗异常的时候，主动打开磁体进行除冰的行为。被动除冰是指在磁体失超之后，因为爆破膜破裂后空气从失超管进入磁体后形成冰，针对此类情况而进行的除冰行为。主动除冰和被动除冰的区别在于主动除冰需要首先对磁体进行降场处理后才能进行除冰工作，其他除冰过程两者完全一样。

（3）需要对磁体进行除冰的情况

1）开启泄压阀时，没有或只有非常微弱的氦气从泄压阀排出。泄压阀位置如图 4-87 所示。

2）开启电极口或者加液氦口时，没有或只有非常微弱的氦气从接口排出。电极口和加液氦口位置如图 4-87 所示。

3）加装液氦效率低（能够感觉到加液氦口有堵塞物）。

4）励磁电极口无法插入电极，或励磁电极电压高。

5）磁体压力无法控制（压力异常升高或压力平衡加热器功率变低）。

6）磁体失超后未能及时更换爆破膜，导致磁体内部可能进入空气。

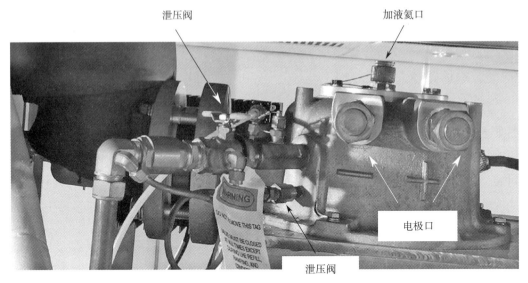

图 4-87　泄压阀、电极口和加液氦口位置

（4）磁体除冰安全事项与准备工作

1）人身安全事项

①除冰期间超低温的液氦 / 氦气可能会导致冻伤，务必使用防冻防护用品。

②氦气虽无色无味无毒，但室内过多的氦气可能会导致窒息，所以必须配备氧监仪，确保室内安全的氧气含量。

③如发生氧气含量低的情况，操作人员应立即移步至通风好的开阔地带。如遇不适应立刻就医。

2）准备工作。在对超导磁体进行除冰前，需要做以下准备工作。

①确认磁体及冷头型号。冷头一般分为 10 K 冷头和 4 K 冷头，对应的磁体结构和型号不同，所用的工具也略有区别。

②与冷头和磁体型号对应的除冰工具。

③足够量的液氦和高纯度氦气（99.999%，5 级）。

④励磁匀场工具，用于除冰完成后重新对磁体进行升场（励磁），必要时还需要对磁体进行重新匀场。

⑤至少需要两位工作人员同时在场。

（5）降场前除冰。在对一个依然保持强磁场的超导磁体进行主动除冰前，首先需要进行降场工作。而磁体内部的冰可能导致降场过程不能顺利进行，降场前还需要执行除冰工作，这个过程有非常大的风险，可能导致磁体在降场过程中发生失超。下面介绍一下主要操作流程。

1）磁体泄压。首先打开磁体泄压阀，仔细聆听是否有正常气流声，如果有气流声，观察磁体压力是否缓慢下降，等待磁体压力下降到安全值。如果泄压阀不能够让磁体压力下降，那么需要打开电极口或者加液氦口观察是否有大量气流喷出。如果有大量气流喷出，则慢慢等待磁体压力下降到安全值，开始电极插入及降场工作；如果没有气流或气流微弱，则需要按照步骤 2）继续除冰工作以保证磁体有通畅的泄压通道。

2）准备好专用的除冰铜杆，用热风枪将铜杆加热至温热，如图 4-88 所示。将加热的除冰铜杆插入加液氦口，让其自然下落（不要施加外力下压，也需要控制下落速度，避免急坠），当铜杆停止下降后将铜杆拔出。重复操作，直至铜杆接触到加液氦口底部。加液口通畅后应该会有大量的氦气从加液氦口喷出，磁体压力会慢慢降至安全值。

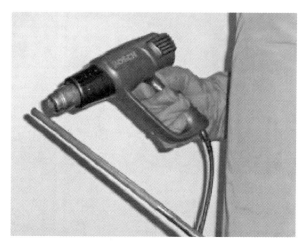

图 4-88　铜杆与热风枪

3）尝试将正负电极插入电极口测量电极之间的电压，如果电压符合降场要求，则可以直接进行降场工作；如果电极无法插入或电极之间电压无法满足降场要求，则需要对电极口进行除冰。

4）将电极加热至室温，保证电极干燥，将电极缓慢轻柔插入电极口（切勿施加外力），3 ~ 5 s 后取出。重复操作后，再次测量电极压降，如满足降场要求则可进行降场工作。

（6）常规除冰流程。简单来说，除冰的方法就是将磁体的各接口打开，用接近室温的氦气，将磁体内凝结的各类固态杂质汽化，随氦气流出磁体。除冰前首先按磁体降场流程将磁场消除，这里略过降场，主要介绍无磁场超导磁体的除冰过程，实际操作过程可能因磁体型号和生产厂家不同而有区别，请遵照每个厂家的除冰指导手册进行操作。下面以飞利浦 10 K 磁体为例说明。

1）准备工作。准备除冰工具，包括氦气钢瓶与减压阀、磁体维修口的透明替代盖板、铜管等，如图 4-89 所示。首先确认磁体内部液氦容量不低于 25%，如果过低，除冰前要添加液氦。将氦气压缩机关闭，打开磁体泄压阀将磁体压力降低，断开磁体与系统的电子控制。

2）拆除磁体维修口，迅速用透明替代盖板将原维修口封闭，过程如图 4-90 所示。将磁体原有的爆破膜更换为中空爆破膜，中空爆破膜如图 4-91 所示。中空结构的爆破膜使磁体与外部失超管连通，所以除冰期间大量氦气经由失超管排出，过程中杂质也随氦气排出磁体外。除冰过程应随时监测磁体内液氦液位，以防在除冰过程中磁体内液氦完全消耗光。

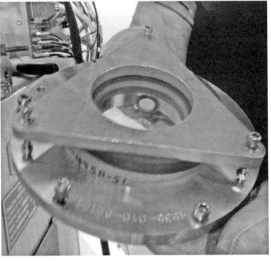

a ）　　　　　　　　　　　　b ）

c ）

图 4-89　除冰工具

a ）氦气钢瓶与减压阀　b ）磁体维修口的透明替代盖板　c ）铜管（与氦气钢瓶相连）

a ）　　　　　　　　　b ）　　　　　　　　　c ）

图 4-90　用盖板替代磁体维修口

a ）原磁体维修口　b ）拆除原磁体维修口　c ）安装透明替代盖板

图 4-91　中空爆破膜

3）用强光手电观察维修口内冰的分布，取下盖板中央的橡胶塞，将铜管伸入维修口内，控制氦气钢瓶的出气压力，用氦气吹固态冰所在的位置，边吹边观察，如图 4-92 所示，确认可见之处的冰都被吹干净。铜管由于开孔方向不同，分为直吹和侧吹两种，如果有需要可以更换铜管，改变氦气的出气方向。

手电筒　　　　　铜管

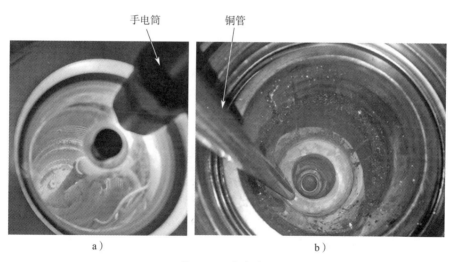

a）　　　　　　　　　　　　　　　　　b）

图 4-92　吹冰过程

a）用强光手电观察冰的分布　b）用氦气吹除冰

4）如确认已经清除干净所有冰，更换透明塑料盖板便于密封和观察，将中空爆破膜更换成完好的爆破膜，并连接好所有维修口管路，将磁体静置至少 2 h，再检查磁体维修口内部是否有冰聚积。如果有冰，则需要再次按照以上步骤除冰；如果没有冰出现，则 10 K 磁体除冰完成。其他类型的磁体，如果需要对其他出口（如冷头基座）除冰，也可按上述步骤操作，只是工具尺寸会有所不同，这里不再赘述。

除了以上介绍的工作流程，影响除冰结果的关键因素还有人员。除冰是一项非常专业、细致的操作，只有经过培训并获得相应资质的人员才可以操作，每一步操作都非常关键，稍有不慎都可能对人员或者设备造成不可逆的损伤。能够进行除冰工作的维保人员需要经过很长时间的经验积累，前文只对主要过程做了阐述，实际工作过程中的很多细节都是非常重要的，忽略一个细节或者步骤颠倒都可能造成除冰工作的失败，所以只允许有专业资质的维保人员在工具完备和防护用品齐全的前提下进行磁体除冰工作。

### 3. 冷头更换

冷头的结构主要包括冷芯（活塞）、电动机、氦气管路等。冷头更换一般分为更换整个冷头和更换冷芯两种，下面主要介绍更换冷芯的流程。与更换整个冷头相比，更换冷芯更复杂，在现实维修中比例较高。

（1）需要更换冷头的情况。磁体冷头更换是磁体维修、保养工作中比较常见的操作。需要更换冷头的情况有以下三种。

1）如果氦气置换工作未能恢复制冷效率，进一步的维修操作即为冷头更换。

2）冷头出现异常响声，且经过除冰操作未能解决。

3）厂家定期对冷头进行更换以预防突发的冷头异常状况。

（2）冷头更换准备工作和注意事项

1）准备好安全防护用品，与氦气置换和磁体除冰相同。

2）识别磁体和冷头类型，提前准备好新冷头、相关的更换工具和足够的高纯度氦气（99.999%，5级）。

3）冷头一般都是在有强磁场的情况下更换，要求使用无磁工具。

4）更换过程中需要监控磁体的状态，避免因为冷头更换导致磁体异常甚至失超。确认磁体液位不低于最低安全液位，整个过程保持磁体正压，确保磁体制冷系统指标（初级水冷温度、流量、氦气压缩机压力等）都符合要求。

5）确保冷头的表面没有异物或者水分，否则会造成冷头工作异常。

6）避免冷头更换过程中触碰到高压电线，建议更换前关闭梯度放大器。

（3）冷头的主要更换流程

1）连接冷头加热工具，注意将加热工具远离磁体放置。在加热开关关闭的情况下打开加热器电源，记录下冷头两级温度。

2）打开磁体泄压阀，降低磁体压力。

3）关闭氦气压缩机，在确认冷头电动机未工作的情况下，拆除冷头电源线和连接冷头的两根氦气管，安装两个氦气转接头，打开输出氦气转接头，卸除冷头内高压，随后拆除两个氦气转接头。

4）打开冷头加热器的加热开关，等待一二级冷头温度上升到设定温度。在等待冷头加热期间可以更换氦气压缩机内部的油吸附器。每次更换冷头建议同时更换油吸附器。

5）当冷头温度加热至设定温度后，拆除冷头固定螺钉和原有冷芯（见图 4-93）。使用纱布、高纯度酒精清洁冷芯腔体内部的杂质，随后将新冷芯垂直、缓慢地放入冷芯腔体，注意放入过程不能有明显阻力。切勿使用强力将冷芯装入腔体，否则可能会导致冷头无法工作。

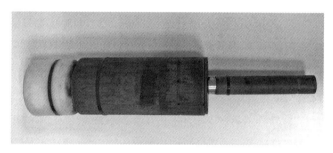

图 4-93　冷芯

6）如果放入过程有明显阻力，取出冷芯，拆下冷芯第二级，尝试单独插入冷芯第二级，如果有阻力，将冷芯第二级拔出，仔细观察冷芯表面的擦痕，使用细砂纸在擦痕附近轻轻打磨，然后再放入腔体，循环多次直至打磨到冷芯第二级可以顺畅地插入冷芯腔体后，将第一、二级冷芯装配好，再把冷芯缓慢地插入冷芯腔体。

7）拧紧冷头固定螺钉，恢复冷头原有结构，然后对冷头进行氦气置换，详情见前文，在此不再赘述。

冷头的更换是一项非常专业、细致的操作，必须由经过培训并获得维修资格证书的专业人员进行。其中对冷芯的处置尤其重要，需要限制冷芯在空气中的暴露时间，甚至可能涉及现场修正，所以要求操作人员具备丰富的处理经验。

## 🔊 技能要求

## 冷头故障判断

**操作要求**

1.搜集各项信息。

2.综合分析数据得出诊断方向。

**操作步骤**

冷头的工作状态对超导磁体的正常运行起着至关重要的作用。如果冷头故障或彻底不工作，会造成液氦的过多消耗，甚至导致失超。由于冷头冷芯在运行过程中会与冷套产生摩擦，且冷头处于 24 h 不间断的工作模式，这导致冷头使用寿命有限。冷头工作年限是判断冷头故障的依据之一，此外还要按以下几个步骤来综合判断。

**步骤 1** 听冷头运行的声音

正常的冷头工作声音是有规律的活塞运动的声音，类似鸟鸣叫的声音，日常工作中可以参考新装机时的声音作为判断标准。没有冷头工作的声音说明冷头已经停止工作；声音过于低沉（声音小）是冷头出现故障的提示，可能是冷头工作年限过长，冷芯与冷套之间摩擦导致密封不严；摩擦声音过于刺耳可能是冷芯出现了破损，有尖锐的颗粒与冷套摩擦产生噪声。

**步骤 2** 查看磁体压力

每个磁体都会有一个显示磁体压力的压力表，不同型号磁体的正常压力也有所不同，正常范围需要向厂家确认。如果磁体压力超出正常范围，可能是冷头制冷效果不佳导致的，需要排查冷头故障。

**步骤 3** 查看氦气压缩机压力

配有压力表，不同型号的氦气压缩机正常工作的压力范围不一样，需要向厂家确认。冷头正常工作时，氦气压缩机的动态压力处于一定的波动范围且波动有力，如果波动范围过小或者波动无力，也是冷头出现故障的提示。

**步骤 4** 查看液氦消耗记录

查看液氦的消耗情况是判断冷头工作效率的重要标准。目前，医院大部分超导磁体分为两类：4 K 磁体和 10 K 磁体。4 K 磁体是零消耗的磁体，一旦液位开始下降，如果没有出现停电或者水冷机故障，就说明冷头或者氦气压缩机出现了故障；如果是 10 K 磁体，超过液氦的正常消耗速度，也需要检测冷头的运行情况。

**步骤 5** 综合分析，得出结论

结合步骤 1~4 综合分析后得出结论。

（1）磁体的液氦消耗超出了正常范围，磁体压力偏低，氦气压缩机压力和冷头声音正常。这种情况不能判断为冷头故障，很可能是磁体存在微漏的情况，液氦通过漏点消耗掉了，需要查漏。

（2）冷头声音略显沉闷，但液氦消耗正常。这可能是冷头使用寿命将尽的征兆，但不能作为需要更换冷头的依据，需要持续检测液氦的消耗情况。个别磁体这种情况可以持续几年，液氦消耗一直正常。所以判断冷头是否需要更换的主要标准还是要看液氦的消耗是否超出了正常范围。

（3）冷头使用寿命还有很长时间，氦气压缩机压力和冷头声音都正常，磁体压力偏高，液氦消耗超出了正常范围。这种情况重点考虑是否发生过停电或者水冷机故障，要检查供给氦气压缩机的冷却液温度和流量是否达标，同时要考虑冷头和氦气压缩机内的氦气是否受到了污染，导致热交换性能降低，需要做冷头和氦气压缩机氦气置换来排查问题。

# 氦气压缩机油吸附器更换

## 操作要求

1. 按正确步骤完成部件更换。

2. 合规操作，遵守高压安全操作规范。

## 操作步骤

以 HC-8E 型氦气压缩机为例，执行油吸附器更换操作。

**步骤 1** 准备各项护具和工具，如图 4-94 所示。

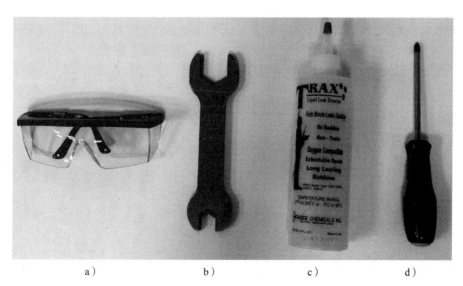

图 4-94　护具和工具

a）护目镜　b）扳手　c）检漏液　d）旋具

**步骤 2** 关闭氦气压缩机，断开氦气压缩机的电源。

**步骤 3** 断开氦气压缩机输出端的氦气管。如果接触不到油吸附器或者空间狭小、不方便拆卸，还需要断开氦气压缩机输入端的氦气管和水管，断开氦气压缩机到冷头的电源线，断开氦气压缩机的数据/控制线（见图4-95）。随后移动氦气压缩机到空间大、方便操作的地方。

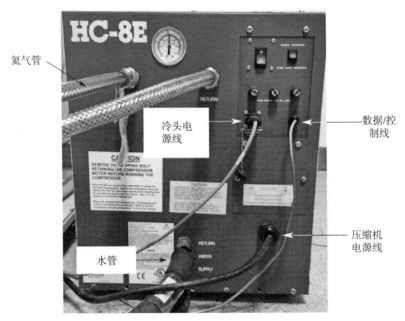

氦气管
冷头电源线
数据/控制线
水管
压缩机电源线

图 4-95　氦气压缩机接线

**步骤 4**　拆除氦气压缩机顶盖和侧盖，以便接触到油吸附器，如图4-96所示。

a）　　　　　　　　　　b）

图 4-96　拆除氦气压缩机顶盖和侧盖（图中箭头所指为油吸附器）
a）拆除顶盖　b）拆除侧盖

**步骤 5** 断开油吸附器和氦气压缩机的自封连接头，如图 4-97 所示。

图 4-97 断开自封连接头

**步骤 6** 拆除将油吸附器固定到氦气压缩机前面板的螺母，如图 4-98 所示。

图 4-98 拆除螺母

**步骤 7** 拆除固定油吸附器到氦气压缩机底部的螺钉和垫片，如图 4-99 所示。

**步骤 8** 移除旧的油吸附器，如图 4-100 所示。将旧油吸附器妥善包装，方便后期运输。

**步骤 9** 拆除新油吸附器氦气管的保护盖，将新油吸附器放置到氦气压缩机内对应位置。

图 4-99 拆除底部螺钉

图 4-100 移除油吸附器

**步骤 10** 紧固油吸附器底部与氦气压缩机固定的螺钉。

**步骤 11** 锁紧油吸附器和氦气压缩机前面板固定的螺母。

**步骤 12** 连接氦气压缩机和油吸附器之间的自封连接头。最少用两把扳手紧固此连接头，紧固时注意不要过紧。

**步骤 13** 用检漏液检测自封连接头，确保不漏气。

**步骤 14** 安装氦气压缩机外壳。

**步骤 15** 移动氦气压缩机到原来的位置，连接水管、数据 / 控制线、氦气管、电源线等。

**步骤 16** 检查氦气压缩机压力，确保静态压力在规定范围内。如果压力不足，需要加氦气补压。检查完毕后开启氦气压缩机。

# 基于虚拟仿真软件的伪影判断与解决方案

核磁共振伪影是指在核磁共振系统扫描或信息处理过程中，由于某一种或几种原因，图像中出现的一些人体解剖结构并不存在的纹理，也称假影。伪影通常会使图像质量严重下降。下面针对"截断伪影""卷褶伪影""化学位移伪影""灯芯绒伪影""运动伪影""射频噪声伪影"和"射频拉链伪影"，分别基于虚拟仿真软件进行每种伪影的成因分析与图像复原实验，为指导伪影维修实战奠定基础。

## 一、截断伪影

1. 启动计算机，在桌面上双击 MRISim.3 图标 ，打开核磁共振虚拟仿真软件，单击"MRI Imaging and Artifacts"图标，进入成像和伪影模块，选择"左 CSF 右 Fat"样品模板，如图 4-101 所示。

2. 采集图像，设置矩阵插值方式为"无"，其他采用默认参数：$G_x=G_y=1.9$，$D_y=1.28$，$SW=100$，$TD=128$，$NE=128$，单击信号采集按钮 ▶，当信号采集完后自动显示 K 空间，单击傅里叶变换按钮 **FFt**，获取样品图像，如图 4-102a 所示。仔细观察图像，在图像交界处，可看到横向和竖向条纹出现。

3. 保持其他参数不变，将 $SW$ 减小到 50，再次获取图像，可以看到竖向条纹更明显，如图 4-102b 所示。

4. 保持其他参数不变，将 $D_y$ 增大到 2.56，再次获取图像，可以看到横向条纹更明显，如图 4-102c 所示。

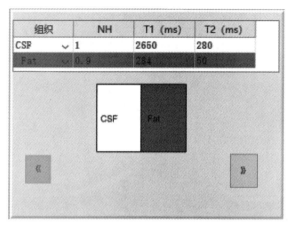

图 4-101 "左 CSF 右 Fat"样品

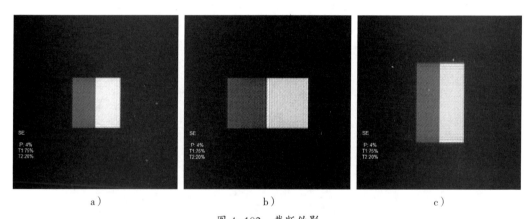

a )            b )            c )

图 4-102 截断伪影

a ) 横向和竖向条纹出现    b ) 竖向条纹出现    c ) 横向条纹出现

# 二、卷褶伪影

1. 更换成大脑模板，设置矩阵插值方式为"无"。其他采用默认成像参数，获取图像如图 4-103a 所示。

2. 分别增加 $G_x$ 一倍（即设置 $G_x$=3.8）或减小 $SW$ 一半（即设置 $SW$=50），获取图像并观察图像变化，可以看到横向的卷褶伪影，如图 4-103b 所示。

3. 分别增加 $G_y$ 一倍（即设置 $G_y$=3.8）或延长 $D_y$ 一倍（即设置 $D_y$=2.56），获取图像并观察图像变化，可以看到纵向的卷褶伪影，如图 4-103c 所示。

4. 设置 $G_x=G_y=3.8$，$D_y=2.56$（为提高图像分辨率，可设置 $NE=TD=256$）时，图像如图 4-103d 所示，在横向和纵向均出现了严重的卷褶伪影。

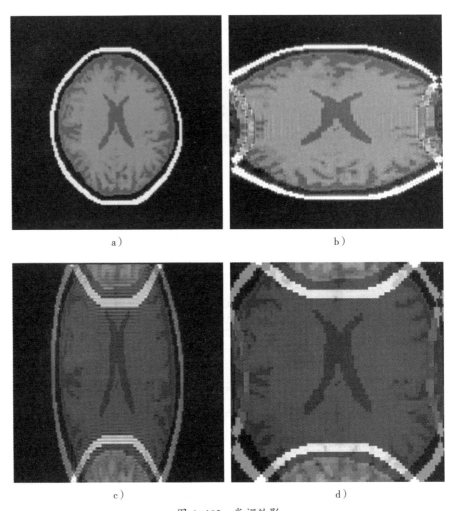

图 4-103　卷褶伪影

a）正常图像　b）横向出现卷褶伪影　c）纵向出现卷褶伪影　d）横向和纵向均出现卷褶伪影

# 三、化学位移伪影

1. 采用默认参数获取图像，采用"外 CSF 内 Fat"样品模板，假定没有化学位移差异，图像如图 4-104a 所示。

2. 分别更改化学位移场强"chemical shift"，依次设置为 0.5 T、1.0 T、3.0 T，由于脂肪的化学位移固定，获取的图像分别如图 4-104b、c、d 所示。

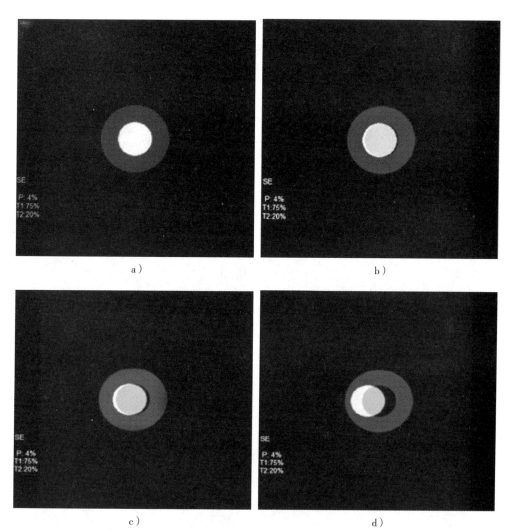

图 4-104　脂肪和水在不同场强下的化学位移伪影表现

a）正常图像　b）场强 0.5 T　c）场强 1.0 T　d）场强 3.0 T

## 四、灯芯绒伪影

1. 采用默认成像参数，选择颅脑模板，获取并记录图像。

2. 在误差参数里，设置尖峰数据点"data sparkle"位置为"（60，60）"，获取图像，如图 4-105a 所示，伪影体现为一组较宽的明暗相间条纹叠加在原图像上。

3. 设置尖峰数据点"data sparkle"位置为"（36，96）"，获取图像，如图 4-105b 所示，伪影体现为一系列平行的明暗相间条纹叠加在原图像上。

4. 设置尖峰数据点"data sparkle"位置为"（24，108）"，获取图像，如图 4-105c 所示，伪影体现为一系列平行的明暗相间条纹叠加在原图像上。

5.设置尖峰数据点"data sparkle"位置为"（118，118）"，获取图像，如图4-105d所示，伪影体现为一系列平行的明暗相间条纹叠加在原图像上。

6.任意设置尖峰数据的位置，获取并观察图像伪影的表现。

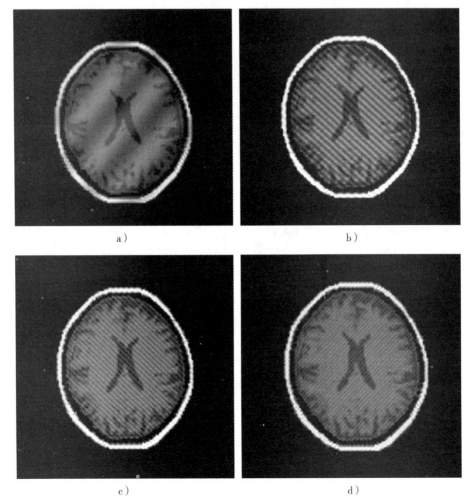

图4-105　不同位置的尖峰数据点产生的条纹伪影

a）（60，60）　b）（36，96）　c）（24，108）　d）（118，118）

## 五、运动伪影

1.采用默认成像参数，选择颅脑模板，获取并记录图像。

2.先后设置伪影误差参数的梯度不稳定度"G stability"的 $x$ 和 $y$ 值为5%，获取并观察图像效果，如图4-106a和4-106b所示。

3.设置伪影误差参数里的样品在相位方向上的运动程度为5，获取并观察图像效果，如图4-106c所示。

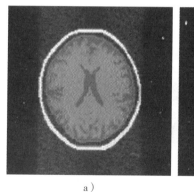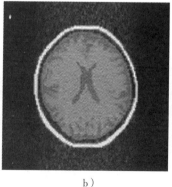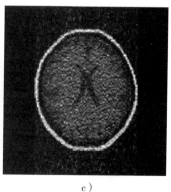

a） b） c）

图 4-106 不同运动导致的运动伪影

a）$x$ 梯度不稳定 b）$y$ 梯度不稳定 c）相位方向上运动

## 六、射频噪声伪影

1. 采用默认成像参数，选择颅脑模板，获取并记录图像，如图 4-107a 所示。

2. 在伪影参数里，设置射频串扰频率为 20 kHz，采集重建图像。观察并记录图像，如图 4-107b 所示，伪影体现为拉链状的噪声条带。

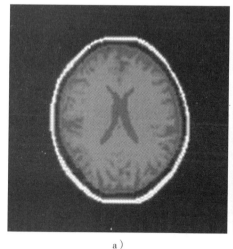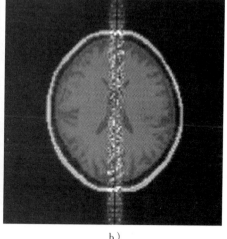

a） b）

图 4-107 射频噪声伪影

a）正常图像 b）纵向拉链状的噪声条带

## 七、射频拉链伪影

1. 采用默认成像参数，选择颅脑模板，获取并记录图像，如图 4-108a 所示。

2. 设置激励回波信号幅值比例为 10%，然后采集数据。在数据采集过程中，观察信号的起始端叠加出现的 FID 信号。重建图像如图 4-108b 所示，伪影体现为横向拉链状的噪声条带。

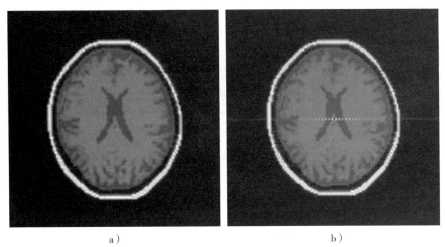

a )                    b )

图 4-108　射频拉链伪影

a ) 正常图像　b ) 横向拉链状的噪声条带

# 学习单元 7

# 扫描床及辅助系统故障维修

核磁共振系统中扫描床主要起到两个作用：一是支撑患者、线圈和其他扫描辅助设备；二是移动患者，包括将患者和线圈送入、送出磁体中心，下降高度便于患者上下扫描床。

基于这两个作用，扫描床需要具备四个能力：一是承重能力，能够承载患者的体重，包括在运动状态下；二是运动能力，包括水平运动和垂直运动，满足实际扫描场景的需要；三是紧急制动，运动过程可能会发生意外情况危害患者人身安全或系统安全，当意外发生时，运动必须立即停止，保障安全；四是操作友好，尽可能优化扫描的操作流程，提高处置效率，所以往往在扫描床基础功能之上开发出其他功能，如某些线圈（如脊柱线圈）被固化在扫描床结构内，接入生理门控信号设备、移动床板推车等。

各个厂家扫描床设备型号会根据自身特点和市场定位做设计调整，不尽相同，这里不展开讨论，本单元主要以飞利浦 Multiva 系统的 MT 型号扫描床为例进行介绍。

## 一、机械结构

机械结构就像是扫描床的骨架，支撑着床体和患者，结构上要兼容运动需求，空间上能够容纳扫描床其他部件，如电动机（分为垂直电动机与水平电动机）、电源、控制系统等。

MT 型号扫描床在垂直方向运动时最大承重为 150 kg，在垂直方向静止时最大承重为 250 kg。结构主体上呈剪刀结构，剪刀臂的交点位置与垂直电动机上端相连，随着垂直电动机的下降，交点随之下降，剪刀臂也会张开角度，床板高度随之下降；反之垂直电动机上升，交点被抬升，剪刀臂张角减小，床高度上升。剪刀臂结构如图 4-109 所示。

剪刀臂交点

垂直电动机

图 4-109　床体结构

为了防止床在高承重状态或者维修过程中出现突然下塌，发生意外事故，对剪刀臂的支撑除了垂直电动机，还有限位挡块，位置如图 4-110 所示。挡块限制了剪刀臂滑动的最大范围，卡住了剪刀臂的支撑脚，阻止了剪刀臂继续下滑，保证即使在电力丧失、垂直电动机被拆除的情况下，床的机械结构依然能保持稳定。

剪刀臂支撑脚　　　　限位挡块

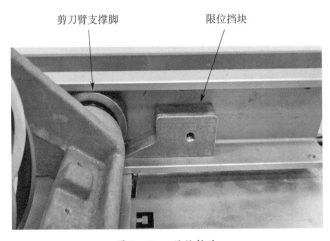

图 4-110　限位挡块

床体中电动机、电源等装置包含了大量铁磁性物质，在强磁场环境下如果不做限制会被吸入磁体内，所以床体固定是一项刚性要求，必须严格按照厂家规定实施定位、固定、调水平等操作。

# 二、进动控制

## 1. 水平运动

扫描床水平方向运动除了要完成进出磁体的任务，还要实现运动位置的实时反馈，将扫描区域准确地送至磁体中心，并在全身扫描的场景下实现自动移床。

（1）水平运动系统的构成

1）操作面板。即人员完成操作的接口，可实现各项运动、定位操作，其各按键如图 4-111 所示。

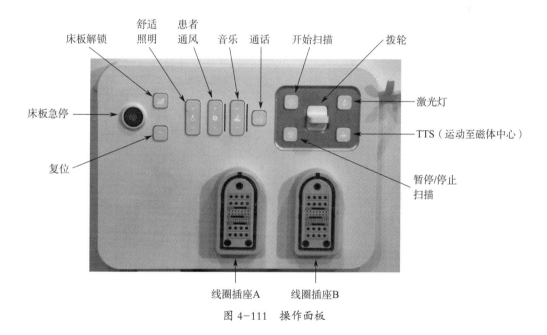

图 4-111　操作面板

2）传动单元。实现动力单元与床板间的动力传导，一般包含齿轮、皮带、离合等，如图 4-112 所示。离合吸合后，电动机通过皮带带动齿轮旋转，齿轮通过与床板的齿轮咬合，带动床板向前或向后移动。

3）动力单元。包含水平电动机、刹车等，实现动能输出，具备变速能力，实现缓慢启动、全速移动和逐渐停止，提高患者的扫描体验。水平动力单元如图 4-113 所示。

4）位置编码器。随齿轮转动记录反馈床板的实时位置和行进长度，如图 4-114 所示，图中箭头所指为位置编码器。

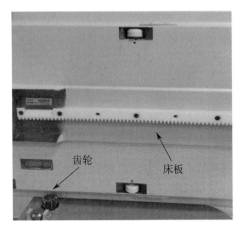

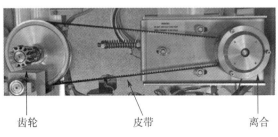

a）

b）

图 4-112 传动单元

a）床板背面 b）床体内部俯视图

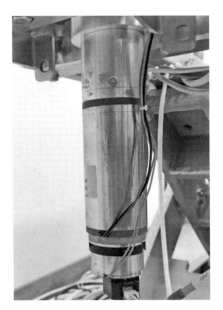

图 4-113 水平动力单元

图 4-114 位置编码器

5）电源。提供床内各个模块的供电，其位置如图 4-115 所示。床的供电链路如图 4-116 所示，220 V 线电压通过配电柜、系统滤波板供给电源，经过变压输出床体所需的电压。

图 4-115　电源

6）控制系统。接收操作面板的命令，并控制水平电动机的启动、制动和速度控制。

（2）水平运动的机制。图 4-116 给出了水平运动涉及的各个模块。下面以实际扫描场景中将患者或水模送至磁体中心为例，介绍水平运动的机制。

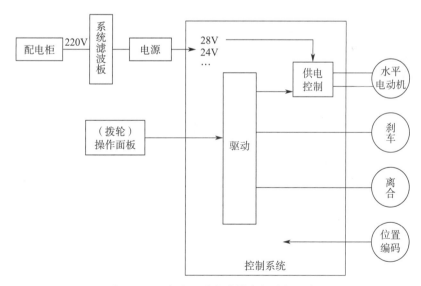

图 4-116　水平运动所涉模块与供电链路

1）确认床板处于受控状态，离合保持吸合，床板的运动只由水平电动机驱动。

2）用水模代替患者置于床板上，开启激光灯，然后按下"TTS"按键，随即激光灯熄灭。由于激光灯与磁体中心的距离是固定的，所以控制单元获得本次运动的长度。

3）操作人员向上拨动拨轮，水平电动机运转，带动离合上端的齿轮运转，床板也随之向前运动。其间，编码器实时记录并反馈床板的运动距离，当即将到达磁体中心时，控制单元进入刹车程序，逐步减小水平电动机的供电，电动机运转速度逐渐降低直至停止，床板也随之逐渐减速至静止。激光灯所标记的部位到达磁体中心。

床板除了由电动机驱动，还可转换为手动驱动（人力驱动）。可以通过操作面板"床板解锁"，松开离合，断开齿轮与电动机的联动，操作人员可以手动推拉床板实现移动，再次按"床板解锁"按键可恢复电动机驱动。解锁功能可以帮助操作人员在动力系统故障的情况下通过手动完成床板的水平移动，配合激光灯定位，将患者或水模送至磁体中心。

## 2. 垂直运动

扫描前患者摆位时可以适当下降床体的高度，方便患者坐下躺好，方便操作人员摆放线圈。随后再上升床体，使床板到达正确的位置，满足后续水平运动的基本条件。

（1）垂直运动系统的构成。为了完成床体升降的任务，垂直运动系统由以下几个模块构成。

1）动力单元。包括垂直电动机和刹车，供给升降动力，并起到支撑机械结构的作用。垂直电动机外形如图 4-117 所示。

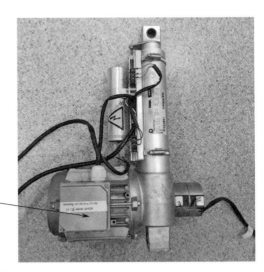

图 4-117　垂直电动机外形

2）限位开关。包括上限位开关与下限位开关。当垂直电动机升降到设定位置时被触发，使电动机运动停止。

3）控制系统。接收操作面板的命令，并控制垂直电动机的启动、制动。

4）供电。垂直运动供电链路如图 4-118 所示，220 V 线电压通过配电柜、系统滤波板供给垂直电动机。

（2）垂直运动的机制。垂直运动涉及的各个模块如图 4-118 所示。下面以实际扫描场景中先下降床体高度再上升为例，介绍垂直运动的机制。

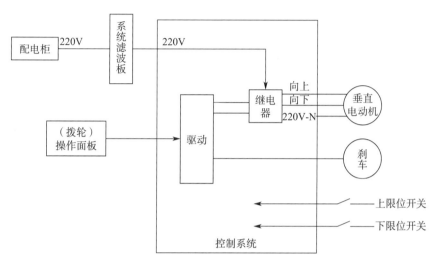

图 4-118　垂直运动所涉模块与供电链路

1）确认床体处于受控状态，无紧急制动被触发，床板水平方向退出磁体来到最外侧。

2）操作人员向下拨动拨轮，控制系统接收到操作人员信号，驱动线路控制电动机供电方向，使电动机反转，开始收缩长度，床体的剪刀臂也随之下降，床板高度也下降。当下降到适合高度时，操作人员松开拨轮，供电与电动机的运动停止，随后患者躺上床板开始摆位。

3）患者摆位完成后，操作人员向上拨动拨轮，控制系统接收到操作人员信号，驱动线路控制供电方向，使电动机正转，拉伸长度，床体的剪刀臂也随之上升，床板高度也上升。当电动机撑杆到达上限开关设定的最高点，开关被触发，中断信号被传送至床的控制系统，控制系统断开继电器，切断电动机供电，电动机运动停止，床板来到最高处，垂直运动结束。

与水平运动相比，垂直运动的精度要求相对较低，所以控制链路相对简单，也没有速度调整。某些核磁共振系统甚至会用固定床高的配置，不具备垂直方向升降功能。在实际使用中，很多医院会自行搭配木质台阶，保持床在最高位置，不做垂直方向的升降动作，让患者自己登台阶到相应高度上下床。

如果垂直运动系统发生故障，是否必然导致系统无法扫描？要看故障时床体处在垂直方向哪个位置，如果床板已经到达最高点则不影响，此时相当于扫描床退化为固定高度类型。如果床板不在最高点，而故障使垂直上升无法实现，那么从逻辑上床体是无法切换到水平运动的，不能将患者送入磁体，所以无法扫描。

## 三、安全保障结构

扫描时床板上一般会有患者、线圈等负载，在运动过程中患者的手臂、线圈的线缆可能会卡到缝隙中，或是患者自身发生意外情况，需要迅速停止床的运动。为了满足紧急制动需求，围绕床体在多个不同的位置设有紧急制动开关，如图 4-119 所示。

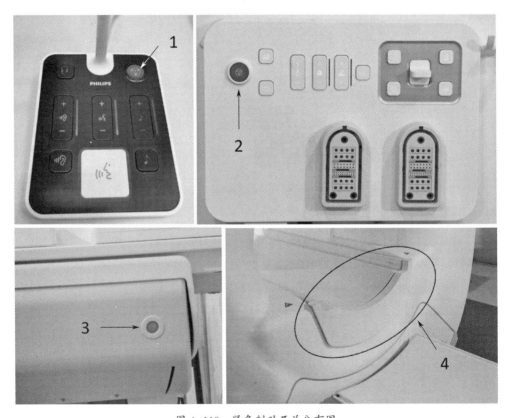

图 4-119　紧急制动开关分布图

1—对讲机端的停止按钮　2—操作面板的停止按钮　3—床两侧的床板释放按钮　4—防夹手开关

对讲机端的停止按钮位于操作间，方便操作人员发现异常立刻停止床运动。按下按钮红灯亮起，电动机运动停止，床板处于解锁状态。

操作面板的停止按钮位于磁体间，功能与对讲机端的停止按钮相同。

床两侧的床板释放按钮（TTR）位于床的两侧（近磁体端），按下按钮电动机运动停止，床板处于解锁状态。按一次急停生效，再按一次急停失效，恢复正常状态。

防夹手开关是一个夹板，位于磁体外壳上，当线圈、线缆或患者胳膊、手指等被卡在磁体与床之间，挤压夹板时，急停生效，水平运动停止。

这些开关通过控制系统与同一个继电器相连，其中任何一个开关被触发，继电器都会断开电动机、刹车和离合的供电，使运动停止，床板自动变为手动状态，相关结构如图 4-120 所示。

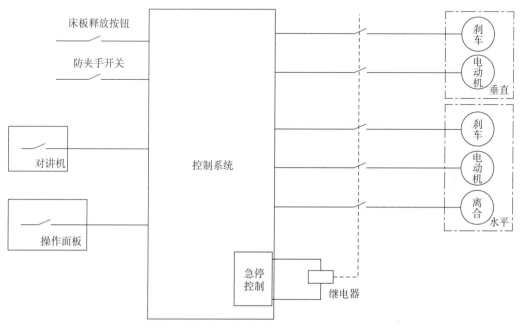

图 4-120　紧急制动相关结构

紧急制动开关触发后床运动停止，经各项检查并将异常解除后，按下操作面板的复位按钮，可恢复床体受控状态，随即停止按钮的红灯熄灭。

## 🎙 技能要求

### 交互界面按键功能检测

**操作要求**

1. 正确执行按键功能相关检测操作。

2. 根据检测结果和故障现象，分析可能的故障点。

**操作步骤**

以飞利浦 Multiva 系统为例，检测磁体端交互界面的按键和床运动系统的功能。

注意：操作需要进入磁体间，进入前需要去除随身携带的磁场下危险物品和易损物品（如铁磁性旋具等工具、钥匙、手机、门禁卡、U 盘等）。植入心脏起搏器的人员严禁进入磁体间。

**步骤 1** 护士铃及对讲系统检测

（1）进入磁体间，确认护士铃接入系统，随后捏动护士铃（可重复几次），如图 4-121 所示。

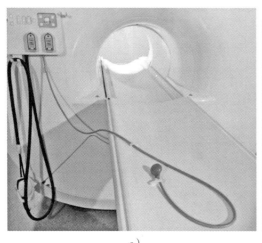
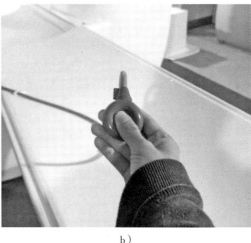

a）                        b）

图 4-121　护士铃检测

a）确认护士铃接入　b）捏动护士铃

（2）确认在磁体间能听到报警音；来到操作间，确认能听到对讲系统发出的报警音，能看到对讲机的对讲按钮四周有灯闪烁，如图 4-122 所示。

图 4-122　对讲机对讲按钮（箭头所指）

（3）如果未能出现报警音或灯闪烁，可能的故障有：护士铃气囊漏气、位于操作面板的接口板卡故障。

**步骤 2**　舒适照明、患者通风、激光灯检测

（1）检查操作面板上舒适照明按键的关、开、亮度调节功能是否正常，如图 4-123 所示。

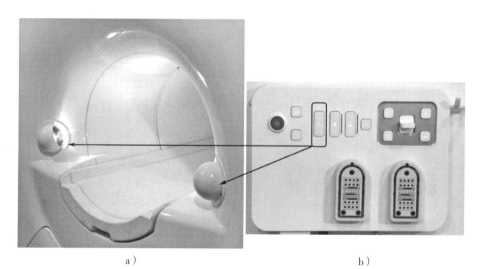

图 4-123　患者舒适照明功能检查

a）照明灯开启状态　b）操作面板相应按键

（2）如果照明功能不正常，可能的故障有：灯泡故障、床控制单元故障、灯泡供电（床下电源）故障。

（3）检查操作面板上患者通风按键的关、开、风量调节功能是否正常，检查磁体腔内是否有气流供给，相应按键状态如图 4-124 所示。

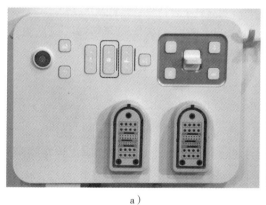
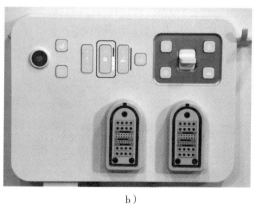

图 4-124　患者通风按键状态

a）开启前　b）开启后

（4）如果通风功能不正常，可能的故障有：风机故障、控制板卡故障、风机供电故障（注意风机供电位于系统滤波板，不在床体范围内）。

（5）开启激光灯，检查是否有激光射出，光线是否完整（呈十字结构），如图4-125所示。

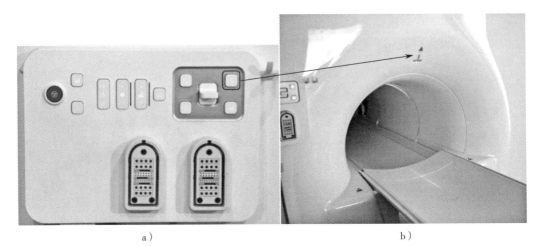

a）                                        b）

图4-125　激光灯功能检查

a）操作面板相应按键　b）激光灯与光线状态

（6）如果激光灯功能不正常，可能的故障有：磁体罩壳安装不到位，阻挡光线；床控制单元故障；激光灯自身故障或供电故障。

**步骤3** 水平运动检测

（1）确认床板处于垂直方向最高位，床板处于受控状态（不处于手动、紧急制动等状态）。

（2）拨动拨轮，检查床板是否可以向前或向后移动，运动过程应无明显噪声，无明显摩擦、挤压，床板到达可动范围边界应能自动停止。测试过程如图4-126所示。

（3）如果扫描床水平运动功能不正常，可能的故障有：水平运动单元（包括水平电动机和刹车等）故障，位置编码器故障，皮带、齿轮等机械部件故障。

**步骤4** 垂直运动检测

（1）确认床板位于磁体最远端，退回到水平运动原点，床板处于受控状态（手动、紧急制动等状态未激活）。

（2）拨动拨轮，检查床板是否可以匀速向上、向下移动，运动过程应无异常噪声，外壳无明显摩擦、挤压，到达最低、最高位置应能自动停止，到达最低位置后，向上拨动拨轮，确认床可以再次抬升。测试过程如图4-127所示。

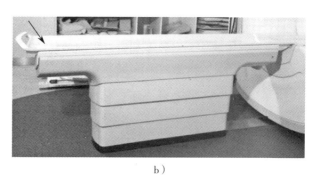

拨轮

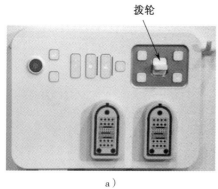

图 4-126　水平运动功能检查

a）操作面板　b）床板位于磁体外侧（箭头所指为床板）　c）床板位于磁体内

拨轮

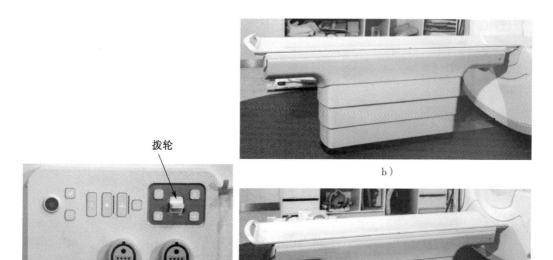

图 4-127　垂直运动功能检查

a）操作面板　b）床板位于最高位置　c）床板位于最低位置

（3）如果扫描床垂直运动功能不正常，可能的故障有：垂直电动机故障；限位开关故障；床体的外壳安装不到位，限制运动。

**步骤5** 紧急制动检测

（1）在床处于行进状态下，依次测试以下各个紧急制动开关，观察扫描床运动是否立即停止。

1）对讲机端的停止按钮。

2）磁体端操作面板的停止按钮。

3）床左侧的床板释放按钮。

4）床右侧的床板释放按钮。

5）防夹手开关。

上述开关位置详见图 4-119。

（2）如果扫描床未立即停止运动，可能的故障有：

1）如果单个按钮出现异常，可能为接触不良或自身故障。

2）如果多个按钮出现异常，可能为继电器故障或床控制单元故障。

# 扫描床板进深长度校准

## 操作要求

1. 按系统提示完成校准。

2. 了解校准功能和使用时机。

## 操作步骤

以飞利浦 Multiva 系统为例，执行床板进深长度校准。

**步骤1** 根据系统实际情况判断是否要执行校准。当发现床板行进范围过小，或者床板到达最外 / 最内侧时水平电动机依然运转，故障原因之一是由于床板进深长度校准不当，导致系统记录错误，影响了实际床板行进范围，这时应执行校准。

**步骤2** 登录维修用户 mrservice，从开始菜单进入 "Service Application"，如图 4-128 所示，箭头所指为目标程序。

**步骤3** 按以下路径进入校准工具界面："Installation" → "Table length adjustment"，根据测试页面的指导文字，确认做好相应准备，如图 4-129 所示。

**步骤4** 根据页面指示，手动推行床板，系统自动计算床板可行进的范围。测试过程如下。

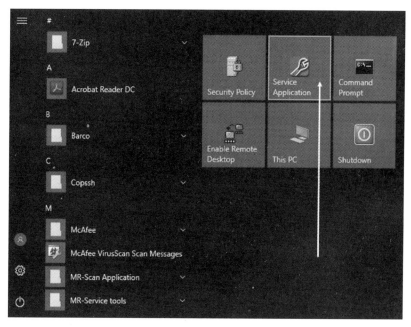

图 4-128　开始菜单

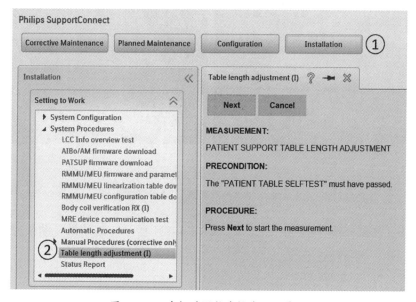

图 4-129　床板进深长度校准工具界面

（1）手动将床板拉到磁体最外侧，如图 4-130a 所示。

（2）将床板向磁体侧推入一段距离停下，系统记录行进初始点（大于 10 cm），如图 4-130b 所示。

（3）继续将床板推入磁体洞内，如图 4-130c 所示。

（4）床板到达磁体最内侧，系统记录行进终点，如图 4-130d 所示。

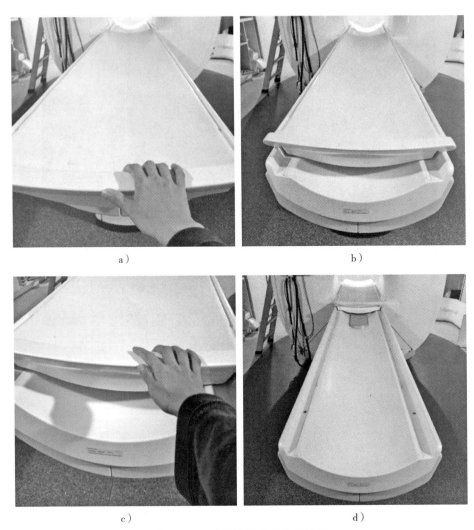

a）

b）

c）

d）

图 4-130　床板进深长度校准过程

a）将床板拉到磁体最外侧　b）将床板推入一段距离　c）继续推床板　d）床板到达磁体最内侧

**步骤 5**　测试完成，系统给出结果，如图 4-131 所示。该结果自动录入床控制单元，限制以后的床板行进范围。

| Table length adjustment (I) | |
|---|---|
| **Save** | |
| Result: Passed | |
| Parameter Name | ActualValue |
| PMT: Table length [mm] | 2137.8 |

图 4-131　校准结果